新細胞生物学

<small>慶應義塾大学薬学部教授</small>
竹鼻 眞
<small>武庫川女子大学薬学部教授</small>
高橋 悟
<small>帝京大学薬学部教授</small>
野尻久雄

編 集

東京 廣川書店 発行

執筆者一覧 (五十音順)

内海 文彰	東京理科大学薬学部准教授
宇根 瑞穂	広島国際大学薬学部教授
岡 美佳子	慶應義塾大学薬学部准教授
木村 道夫	日本薬科大学准教授
小林 恒雄	星薬科大学教授
高橋 悟	武庫川女子大学薬学部教授
竹鼻 眞	慶應義塾大学薬学部教授
野尻 久雄	帝京大学薬学部教授
服部 成介	北里大学薬学部教授
藤室 雅弘	京都薬科大学教授
水野 英哉	武庫川女子大学薬学部准教授
山口 雅史	広島国際大学薬学部准教授

新細胞生物学

編者 竹鼻 眞（たけはな まこと）
　　 高橋 悟（たかはし さとる）
　　 野尻 久雄（のじり ひさお）

平成25年3月20日　初版発行©
平成27年1月30日　2刷発行

発行所　株式会社　廣川書店

〒113-0033　東京都文京区本郷3丁目27番14号
電話 03(3815)3651　FAX 03(3815)3650

序　　文

　ワトソン・クリックによるDNA二重らせんの提示からヒトゲノムプロジェクトと，この分野の加速度的な発展のおかげで，ヒトの遺伝子配列の情報が明らかになり，それらの遺伝子がコードしているタンパク質の解析も着実に進みつつあり，生物学の発展には眼を見張るものがある．
　細胞は生命の基本単位であり，その機能を理解するための「細胞生物学」は，生命科学や医療系分野を学ぶものにとって基礎となる必須の分野となっており，その範囲は分子生物学や遺伝子工学などをも含む非常に広範囲に渡っている．

　本書は通常医療系学部では半年から1年で学ぶ細胞生物学を分かりやすく理解をしてもらうために，「できるだけ平易に，しかも密度を濃く，正確な知識を身につけられること」という目標を心掛けて書かれたものである．生化学など，他の同系分野との重複を最小限にし，細胞生物学に何が必要なのかを考慮して，ことさら細かい記述にこだわらずに正統的な内容でまとめることを心掛けた．
　高校で生物を学んでこなかった学生にも取り組みやすい内容となっており，また，将来さらにこの分野の学問を究めようとする学生にも入門書として必要な知識を得るために十分な内容である．現在，生命科学の根幹を成すと思われるこの分野に触れる絶好の書と確信している．

　廣川書店から「細胞生物学の教科書を新たに出版したいが，実際の授業時間，授業内容に即した実用的な教科書にしたい」とのお話を頂き，大学で実際にこの分野の授業を担当されている先生方にお集まりいただいて編集会議を開催し，先生方にはお忙しいにもかかわらずご執筆をいただきました．諸先生方に大いに感謝申し上げるとともに，常に叱咤激励をしてくださいました廣川書店花田康博氏に厚く御礼申し上げます．

2013年2月

竹鼻　眞

目 次

第1章 細胞を構成する分子

序　生命にかかわる生体分子 …………………………………………………………… *1*
1.1　タンパク質 …………………………………………………………………………… *2*
　　1.1.1　タンパク質とアミノ酸 ………………………………………………………… *2*
　　1.1.2　タンパク質の構造 ……………………………………………………………… *2*
1.2　糖　質 ………………………………………………………………………………… *5*
1.3　核　酸 ………………………………………………………………………………… *8*
　　1.3.1　核酸とヌクレオチド …………………………………………………………… *8*
　　1.3.2　核酸の構造 ……………………………………………………………………… *10*
　　1.3.3　遺伝情報の発現 ………………………………………………………………… *11*
1.4　脂　質 ………………………………………………………………………………… *11*
1.5　細胞の起源と進化 …………………………………………………………………… *15*
　　1.5.1　細胞とはなにか ………………………………………………………………… *15*
　　1.5.2　細胞の発見 ……………………………………………………………………… *15*
　　1.5.3　細胞の起源 ……………………………………………………………………… *16*
　　1.5.4　原核生物から真核生物へ ……………………………………………………… *17*
　　1.5.5　単細胞から多細胞へ …………………………………………………………… *19*

第2章 細胞と組織 ………………………………………………………………………… *21*

序　多細胞生物を構成する細胞と，細胞を構成する細胞膜とは ……………………… *21*
2.1　細胞の集合と組織構築 ……………………………………………………………… *22*
　　2.1.1　上皮組織 ………………………………………………………………………… *22*
　　2.1.2　支持組織 ………………………………………………………………………… *22*
　　2.1.3　筋組織 …………………………………………………………………………… *24*
　　2.1.4　神経組織 ………………………………………………………………………… *25*
2.2　細胞の構造と種類 …………………………………………………………………… *26*
　　2.2.1　原核生物と真核生物の相違点 ………………………………………………… *26*
　　2.2.2　原核生物 ………………………………………………………………………… *27*
　　2.2.3　真核生物 ………………………………………………………………………… *28*
2.3　細胞膜 ………………………………………………………………………………… *29*

  2.3.1 生体膜の基本構造と構成成分 …………………………………… 29
  2.3.2 生体膜の形成 ………………………………………………………… 32
  2.3.3 生体膜の流動性 ……………………………………………………… 33
 2.4 膜タンパク質 …………………………………………………………………… 35
  2.4.1 膜タンパク質 ………………………………………………………… 35
  2.4.2 細胞膜の裏打ち構造 ………………………………………………… 37
 2.5 膜の非対称性 …………………………………………………………………… 37
  2.5.1 脂質の非対称性 ……………………………………………………… 37
 2.6 膜の物質輸送 …………………………………………………………………… 40
  2.6.1 脂質二重層を通過できる分子 ……………………………………… 40
  2.6.2 膜輸送タンパク質による物質の輸送 ……………………………… 41
  2.6.3 エンドサイトーシスとエキソサイトーシス ……………………… 49

第3章 細胞小器官 ……………………………………………………………… 53

 序 細胞小器官とは ………………………………………………………………… 53
 3.1 核 ………………………………………………………………………………… 54
  3.1.1 核の構造 ……………………………………………………………… 54
  3.1.2 核 膜 ………………………………………………………………… 55
  3.1.3 核膜孔 ………………………………………………………………… 55
  3.1.4 クロマチン …………………………………………………………… 57
 3.2 ミトコンドリア ………………………………………………………………… 61
  3.2.1 ミトコンドリアの起源 ……………………………………………… 61
  3.2.2 構 造 ………………………………………………………………… 62
  3.2.3 外膜と膜間腔の機能 ………………………………………………… 63
  3.2.4 内膜における酸化的リン酸化 ……………………………………… 64
  3.2.5 マトリックス ………………………………………………………… 65
  3.2.6 内膜の透過 …………………………………………………………… 65
 3.3 ペルオキシソーム ……………………………………………………………… 67
  3.3.1 形 態 ………………………………………………………………… 67
  3.3.2 機 能 ………………………………………………………………… 67
 3.4 小胞体 …………………………………………………………………………… 70
  3.4.1 滑面小胞体 …………………………………………………………… 71
  3.4.2 粗面小胞体 …………………………………………………………… 72
  3.4.3 粗面小胞体におけるタンパク質の合成 …………………………… 73
  3.4.4 小胞輸送 ……………………………………………………………… 78

3.4.5 　小胞体における Ca^{2+} の貯蔵と放出 ………………………………………… *78*
3.5 　ゴルジ体 ……………………………………………………………………………… *79*
　　3.5.1 　小胞体で合成された水溶性タンパク質のゴルジ体での流れ ………………… *80*
　　3.5.2 　ゴルジ体における糖鎖の修飾とプロセシング ………………………………… *81*
　　3.5.3 　輸送小胞の形成とタンパク質の選別そして輸送と膜融合 …………………… *82*
3.6 　リソソーム …………………………………………………………………………… *87*
　　3.6.1 　自食作用とリソソーム …………………………………………………………… *88*
3.7 　タンパク質の品質管理と分解 ……………………………………………………… *90*
　　3.7.1 　小胞体内におけるタンパク質の品質管理 ……………………………………… *90*
　　3.7.2 　分子シャペロンと熱ショックタンパク質 ……………………………………… *92*
　　3.7.3 　小胞体ストレスと小胞体ストレス応答 ………………………………………… *93*
　　3.7.4 　ユビキチン・プロテアソームシステム ………………………………………… *94*

第4章　細胞骨格 ………………………………………………………………………… *97*

　序　細胞骨格とは ………………………………………………………………………… *97*
　4.1 　細胞骨格と構成タンパク質 ………………………………………………………… *99*
　　4.1.1 　アクチンフィラメント …………………………………………………………… *99*
　　4.1.2 　微小管 ……………………………………………………………………………… *101*
　　4.1.3 　中間径フィラメント ……………………………………………………………… *103*
　4.2 　アクチンフィラメントの機能 ……………………………………………………… *104*
　　4.2.1 　細胞膜の支持 ……………………………………………………………………… *104*
　　4.2.2 　細胞運動（移動） ………………………………………………………………… *106*
　　4.2.3 　細胞運動（筋収縮） ……………………………………………………………… *107*
　　4.2.4 　細胞分裂（細胞質分裂） ………………………………………………………… *111*
　4.3 　微小管の機能 ………………………………………………………………………… *112*
　　4.3.1 　細胞内輸送 ………………………………………………………………………… *112*
　　4.3.2 　細胞分裂（核分裂） ……………………………………………………………… *113*
　　4.3.3 　細胞運動（繊毛，鞭毛） ………………………………………………………… *114*
　4.4 　中間径フィラメントの機能 ………………………………………………………… *115*
　　4.4.1 　細胞形態の維持 …………………………………………………………………… *115*
　　4.4.2 　核膜の裏打ち ……………………………………………………………………… *116*

第5章　細胞接着とコミュニケーション ……………………………………………… *117*

　序　細胞のコミュニケーションとは …………………………………………………… *117*
　5.1 　細胞接着を担う細胞膜上の接着分子 ……………………………………………… *118*

- 5.1.1 カドヘリンスーパーファミリー ……………………………… 118
- 5.1.2 インテグリン ……………………………………………… 119
- 5.1.3 免疫グロブリンスーパーファミリー ………………………… 120
- 5.1.4 セレクチン ………………………………………………… 121
- 5.2 細胞-細胞間の接着装置 …………………………………………… 121
  - 5.2.1 密着結合（タイトジャンクション）………………………… 121
  - 5.2.2 接着結合 …………………………………………………… 122
  - 5.2.3 デスモソーム ……………………………………………… 124
  - 5.2.4 ギャップジャンクション ………………………………… 124
- 5.3 細胞間の情報伝達 ………………………………………………… 125
  - 5.3.1 細胞間接着依存伝達 ……………………………………… 126
  - 5.3.2 シナプス伝達 ……………………………………………… 127
  - 5.3.3 パラクリン（傍分泌）伝達 ……………………………… 128
  - 5.3.4 エンドクリン（内分泌）伝達 …………………………… 128
- 5.4 細胞内の情報伝達 ………………………………………………… 128
  - 5.4.1 Gタンパク質共役型受容体（7回膜貫通型受容体）……… 130
  - 5.4.2 イオンチャネル共役型受容体 …………………………… 135
  - 5.4.3 酵素共役型受容体 ………………………………………… 136
  - 5.4.4 核内受容体による情報伝達 ……………………………… 141
  - 5.4.5 タンパク質の分解によるシグナル伝達 ………………… 142
- 5.5 細胞-細胞外マトリックス間の接着 …………………………… 143
  - 5.5.1 ヘミデスモソーム ………………………………………… 143
  - 5.5.2 フォーカルアドヒージョン ……………………………… 144
- 5.6 細胞外マトリックス ……………………………………………… 145
  - 5.6.1 コラーゲン線維 …………………………………………… 145
  - 5.6.2 エラスチン ………………………………………………… 147
  - 5.6.3 フィブロネクチン ………………………………………… 147
  - 5.6.4 ラミニン …………………………………………………… 148
  - 5.6.5 ビトロネクチン …………………………………………… 148
  - 5.6.6 プロテオグリカン ………………………………………… 149

第6章 細胞分裂と増殖 ……………………………………………… 151

序　細胞分裂と増殖 …………………………………………………… 151
6.1 遺伝子の複製 ……………………………………………………… 152
  - 6.1.1 DNA複製 ………………………………………………… 153

6.1.2	DNAの損傷と修復機構	159
6.1.3	DNAの組換え（相同組換え）	161
6.2	細胞周期と細胞分裂	162
6.2.1	体細胞分裂	162
6.2.2	細胞周期	164
6.2.3	M 期	165
6.2.4	間 期	170
6.3	細胞周期の制御	172
6.3.1	細胞周期エンジン	172
6.3.2	Cdkの活性制御の仕組み	174
6.3.3	サイクリンB-Cdc2（Cdk1）複合体とMPF活性	176
6.3.4	細胞周期チェックポイント	177
6.3.5	増殖因子による細胞増殖開始	180
6.4	DNAから染色体	182
6.4.1	染色体の構造	183

第7章 がん　185

序	がんとは何か	185
7.1	がん研究の歴史	186
7.2	正常細胞とがん細胞の違い	188
7.3	がん遺伝子の発見	189
7.3.1	ラウス肉腫ウイルスのがん遺伝子 *src* の発見	189
7.3.2	ヒトのがん遺伝子の発見	190
7.3.3	共通のがんの発症メカニズム：遺伝子変異	191
7.4	がん遺伝子産物の機能と変異	193
7.4.1	チロシンキナーゼ遺伝子の変異	195
7.4.2	Bcr-Abl 遺伝子融合と白血病	195
7.4.3	甲状腺がんと *c-ret* 遺伝子変異	196
7.4.4	EGF受容体遺伝子ファミリーおよびその他の遺伝子	197
7.4.5	*ras* 遺伝子産物 Ras	197
7.4.6	Rasの下流因子	198
7.4.7	核内転写因子，その他	199
7.5	がん抑制遺伝子	199
7.5.1	がん抑制遺伝子に生じる変異	199
7.5.2	*Rb* 遺伝子	201

7.5.3	*p53* 遺伝子	202
7.5.4	Ras およびその下流を抑制する遺伝子	203
7.5.5	*BRCA1* および *BRCA2* 遺伝子	204

7.6 ウイルスおよび細菌感染によるヒトのがんの発症 ………… 204
   7.6.1 ヒトパピローマウイルスと子宮頸がん 205
   7.6.2 肝炎ウイルスと肝がん 205
   7.6.3 成人T細胞白血病 206
   7.6.4 バーキットリンパ腫 206
   7.6.5 ヘリコバクター・ピロリ菌感染と胃がん 207

7.7 多段階発がん ………… 207
   7.7.1 大腸がんの段階的発症 207

7.8 がん治療のための薬剤 ………… 209
   7.8.1 分子標的薬 209
   7.8.2 Bcr-Abl 阻害薬 211
   7.8.3 EGF 受容体阻害薬 211
   7.8.4 乳がん治療薬トラスツズマブ 213
   7.8.5 抗 CD20 抗体による悪性リンパ腫の治療 213
   7.8.6 VEGF およびその受容体に対する薬剤 213

7.9 がん治療の展望 ………… 214

第8章 個体の発生・細胞の分化・老化・死とは 215

序 発生とは ………… 215

8.1 有性生殖 ………… 215

8.2 生殖細胞分裂・配偶子形成 ………… 216
   8.2.1 原始生殖細胞 217
   8.2.2 減数分裂 217

8.3 受精と発生 ………… 221
   8.3.1 受精と着床 221
   8.3.2 胚葉の分化 222
   8.3.3 催奇形因子と臨界期 223

8.4 分 化 ………… 225
   8.4.1 細胞の分化 225
   8.4.2 誘 導 225
   8.4.3 分化と遺伝子 227
   8.4.4 エピジェネティクス 229

8.5 幹細胞 ………………………………………………………… 231
8.5.1 体性幹細胞 ………………………………………… 231
8.5.2 ニッチ ……………………………………………… 233
8.5.3 胚性幹細胞 ………………………………………… 233
8.5.4 iPS 細胞 …………………………………………… 234
8.6 老　化 ………………………………………………………… 235
8.7 細胞死：ネクローシスとアポトーシス ……………………… 236
8.7.1 アポトーシス ……………………………………… 237
8.7.2 発生中の形態形成のためのプログラム細胞死 … 237
8.7.3 正常細胞の交替のためのアポトーシス ………… 238
8.7.4 生体防御のためのアポトーシス ………………… 239
8.7.5 アポトーシスに働く主要分子カスパーゼ ……… 239
8.7.6 アポトーシスの2つの経路 ……………………… 239
8.7.7 Bcl-2 ファミリーによるアポトーシスの制御 …… 241
8.7.8 アポトーシスにおける p53 の働き ……………… 241

第9章　遺　伝 …………………………………………………… 243

序　遺伝とは ……………………………………………………… 243
9.1 遺伝の法則 …………………………………………………… 244
9.1.1 優性と劣性 ………………………………………… 244
9.1.2 不完全優性 ………………………………………… 245
9.1.3 独立の法則 ………………………………………… 245
9.1.4 連　鎖 ……………………………………………… 246
9.1.5 伴性遺伝 …………………………………………… 247
9.2 多　型 ………………………………………………………… 248
9.3 染色体異常 …………………………………………………… 249
9.3.1 数の異常 …………………………………………… 249
9.3.2 染色体の構造の異常 ……………………………… 249
9.3.3 細胞質遺伝 ………………………………………… 250

索　引 …………………………………………………………… 251

第1章

細胞を構成する分子

到達目標

- 細胞を構成する分子を列挙し，構造と役割説明できる．
- 生命現象の化学的基盤を説明できる．

序　生命にかかわる生体分子

　生命を定義することは，現在においても極めて困難である．一方，すべての生命体（生物）は，膜で外部環境と隔てられた構造をもつ「細胞」から構成されており，自分と同じものをつくりだすことができ（自己複製能），外界から物質を取り入れて必要な物質をつくったり，エネルギーを得たり（物質代謝能）して自分を維持することができる．生命体を構成している素材は不安定であり，たえず破壊され，また再構成されている．すなわち，生命体は，常にからだの中の物質を交代させながら，全体としての構造を積極的に維持している．したがって，細胞内で行われる，代謝を含めた自律的かつ組織化された化学反応（分子間相互作用）の持続が生命の基盤になっていると考えられる．

　細胞は，水，無機分子，および炭素原子を含む有機分子で構成されている．水は細胞内で最も豊富にある分子で，細胞の総重量の70％以上を占めている．一方，細胞の乾燥重量のほとんどは，巨大有機分子とその直接の前駆体によって占められている．細胞を構成する有機分子のほとんどは，タンパク質，脂質，糖質（多糖），核酸である．タンパク質，核酸，多糖は，それぞれα-アミノ酸，ヌクレオチド，単糖の重合体であり，脂質は，水溶液中で集合体を形成しうる多様な非極性低分子有機化合物である．これらの有機分子は，細胞内の互いに隔てられた特定の構造の中に配置されて機能しており，細胞は全体として統制のとれた構造体になっている．

ここでは生命の化学的基盤を理解するため，生命体の最小単位である細胞の構成成分であるこれらの有機分子の構造と機能を簡単に紹介する．

1.1 タンパク質

生体を構成する物質のなかで，水（総重量の約 70%）の次に多い成分は，**タンパク質 protein** である（約 15%）．protein は「最も大事なもの」を意味するギリシャ語の *proteios* に由来することからもうかがえるように，タンパク質はからだを形づくったり，化学反応を進める触媒として働いたり，物質を運搬したりするなど，生命活動において最も重要な分子である．

1.1.1 タンパク質とアミノ酸

同一分子内にアミノ基とカルボキシ基をもつ有機化合物を**アミノ酸 amino acid** といい，中でも，カルボキシ基が結合している炭素原子（α炭素）にアミノ基が結合したものを **α-アミノ酸 α-amino acid** という．**α-アミノ酸が多数重合した鎖状分子をタンパク質という**．α炭素にはアミノ酸ごとに構造が異なる側鎖が結合しており，それぞれ独自の化学的性質を示す．タンパク質は，20種類の α-アミノ酸で構成されている（図1.1）．グリシン以外の α-アミノ酸は，α炭素に4つの異なる原子（水素原子）や置換基が結合しているため α炭素が不斉炭素となり，光学異性体が存在する．光学異性体にはD体とL体の2種類があるが，**生体のタンパク質を構成している α-アミノ酸はすべてL体である**．

タンパク質分子内では，α-アミノ酸のカルボキシ基と別の α-アミノ酸のアミノ基の脱水縮合によって結合が形成されており，これを**ペプチド結合**という（図1.2）．α-アミノ酸がペプチド結合でつながったものをペプチドという．タンパク質は，ポリペプチドである．ペプチドは，一方の末端に遊離のアミノ基を，もう一方の端に遊離のカルボキシ基をもち，それぞれ**アミノ末端（N末端），カルボキシ末端（C末端）**とよぶ．**細胞内でのタンパク質の生合成は，N末端からC末端の方向に向かって行われる**．ペプチド結合を形成している状態のアミノ酸をアミノ酸残基という．

1.1.2 タンパク質の構造

タンパク質は，ペプチド結合でつながった主鎖や主鎖の α炭素から突き出た側鎖の間で生じる疎水性相互作用，静電的相互作用などのため，特定の環境で固有の立体構造を形成する．タンパ

1.1 タンパク質

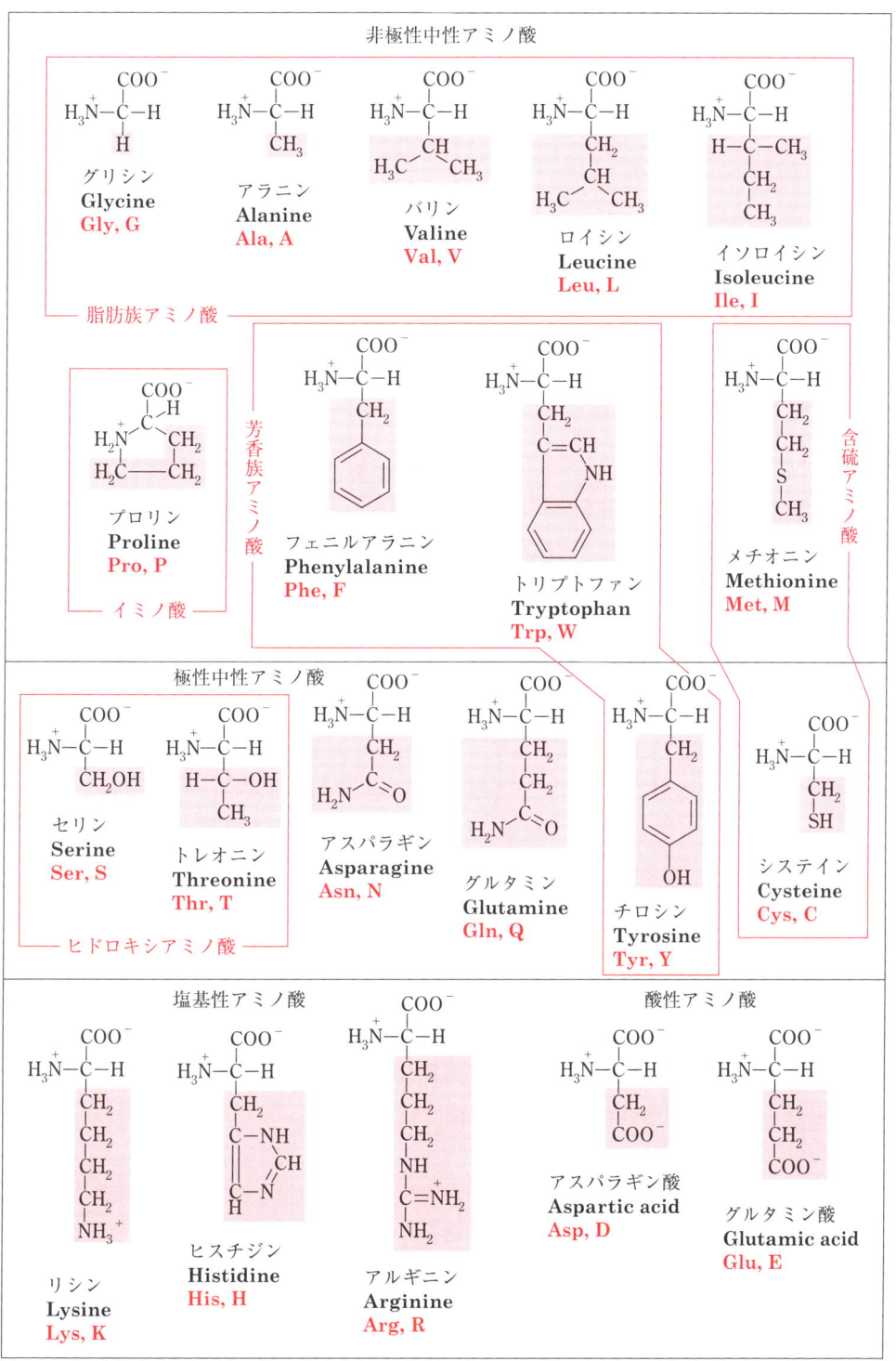

図 1.1 タンパク質に含まれる 20 種類の α-アミノ酸の構造

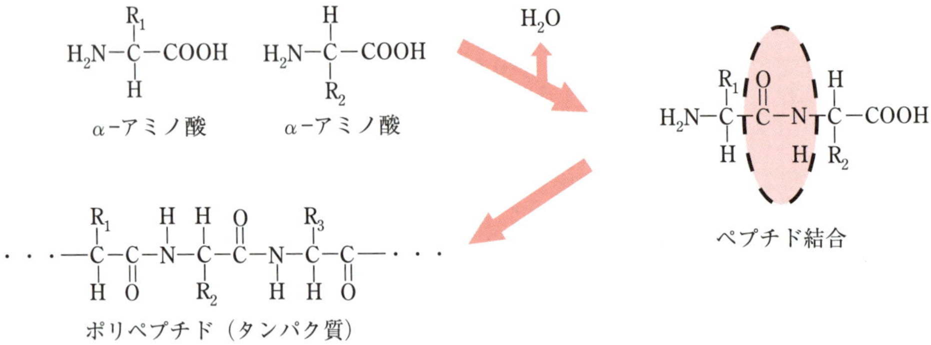

図 1.2 ペプチド結合によるポリペプチドの形成

ク質の構造は以下に述べるような，一次構造から四次構造までの階層構造で考えられている．
　タンパク質のN末端からC末端までのL-α-アミノ酸残基の配列を**一次構造 primary structure**という．電気陰性度の違いにより，主鎖のペプチド結合部分の —CO— 基中の酸素原子はわずかにマイナスに，—NH— 基中の水素原子はわずかにプラスに帯電している．これにより，ポリペプチド鎖中の異なるペプチド結合部分間で酸素原子と水素原子が引き合い（水素結合），主鎖が局所的にらせん構造（α ヘリックス α-helix）やジグザグ状に伸びた構造（β ストランド β-strand）などを形成する．α ヘリックスでは，3.6個のアミノ酸残基でらせん1回転を形成しており，らせん内ではすべての —CO— 基が4残基離れたアミノ酸残基の —NH— 基と水素結合している．近接する β ストランド間の —CO— 基と —NH— 基の間に水素結合が形成され，プリーツをつけたシート構造（β（プリーツ）シート β-(pleated) sheet）ができる．このように —CO— 基と —NH— 基との間の水素結合によって形成される，比較的狭い範囲にみられる規則的な構造を**二次構造 secondary structure**という．N末端とC末端の間にある α ヘリックスや β シートなどの二次構造や折りたたみ（フォールディング）構造からなる，タンパク質全体の三次元的なコンホメーションを**三次構造 tertiary structure**といい，水素結合，イオン結合，疎水性相互作用，システイン残基間のジスルフィド結合（S-S 結合）による共有結合などが形成に関与する（図 1.3）．固有の三次構造をもつタンパク質が複数会合して複合体構造を形成することがあり，この複合体構造を**四次構造 quaternary structure**という．このとき，複合体を形成するそれぞれのタンパク質をサブユニットという．
　タンパク質の高次構造（二次構造，三次構造および四次構造）は，タンパク質の命ともいうべきもので，タンパク質の機能発現と密接な関連をもつ．タンパク質の高次構造が壊れることをタンパク質の変性という．一般に，タンパク質は変性すると機能を失う．生体内では，タンパク質のリン酸化反応などによるタンパク質の立体構造の変化を介した機能調節も行われている．

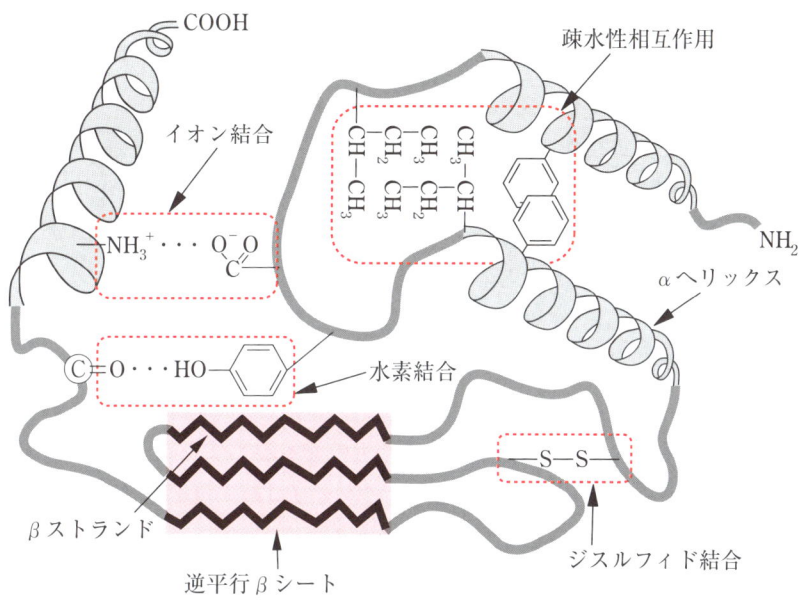

図 1.3　三次構造を維持するための分子間相互作用

1.2　糖　質

　糖質は炭水化物carbohydrateともよばれ，エネルギーや他の細胞構成成分の材料になるばかりではなく，細胞の構造維持にかかわる成分としても重要である．また，認識分子として細胞のさまざまな認識過程で重要な役割を担っている．

　糖質とは，2個以上のアルコール性ヒドロキシ基をもつアルデヒドまたはケトンおよびその縮合体ならびに誘導体の総称である．**単糖 monosaccharide，オリゴ糖 oligosaccharide，多糖 polysaccharide，複合糖質 complex carbohydrate** に大別される．

　糖質の基本単位である単糖は一般式 $(CH_2O)_n$ で表され，$n=3 \sim 10$ のものが知られている．例えば，$n=3, 5, 6$ のものをそれぞれ，三炭糖（トリオース triose），五炭糖（ペントース pentose），六炭糖（ヘキソース hexose）という．単糖には多くの不斉炭素があり，D体，L体の鏡像異性体が存在する．D体，L体の決め方はアミノ酸とは異なり，カルボニル基を上にして鎖状構造式（フィッシャー投影式）を書いたとき，カルボニル基から最も遠い不斉炭素につく OH 基が右側にあるものを D 体，左側にあるものを L 体とする．D, L 表示は，実際の旋光性とは無関係である．**生体に存在する糖質は，大部分が D 体である**．分子中にアルデヒド基をもつものを**アルドー**

ス aldose，ケトン基をもつものをケトース ketose という（図1.4）．五炭糖や六炭糖は，水溶液中では環状構造を形成し，環状型の割合が鎖状型より多くなる．五員環構造のものをフラノース furanose，六員環構造のものをピラノース pyranose という（図1.5）．D-グルコースと D-マンノース，D-グルコースと D-ガラクトースのようにいくつかの不斉炭素原子のうち，1つだけ立体配置（OH 基と H 基の配置）が異なるものを互いにエピマーという（それぞれ，2位のエピマー，4位のエピマー）．環状構造を形成するとき，アルドースの場合は1位，ケトースの場合は2位の炭素原子に結合する新たな OH 基が生じる．この OH 基の空間配置の違いにより2つの立体異性体が生じ，これをアノマー（α，β 立体異性体）という．このような OH 基が結合している炭素原子をアノマー炭素という．

　オリゴ糖や多糖（糖鎖）は，ある単糖のアノマー炭素に結合している OH 基と他の単糖の OH 基間の脱水縮合により単糖どうしが結合してできたものである（図1.6）．この単糖間の結合をグリコシド結合という．単糖が2〜10個結合したものをオリゴ糖，11個以上結合したものを多糖とよぶが，しだいに両者の境界は不鮮明になりつつある．オリゴ糖・多糖を構成しているそれぞれの単糖を糖残基という．1つの糖残基は複数のグリコシド結合を形成しうるので，オリゴ糖や多糖は枝分かれ構造をもつこともできる．糖鎖の末端の糖残基のうち，アノマー炭素に結合して

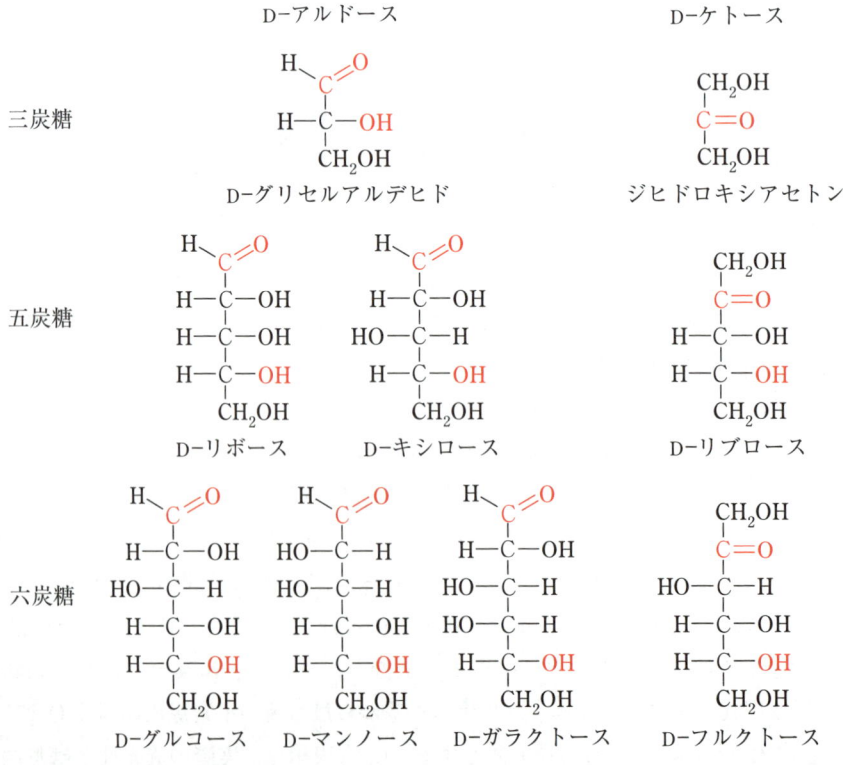

図 1.4　代表的な D-アルドースと D-ケトース

図 1.5　グルコースとフルクトースの環状構造形成（＊アノマー炭素）

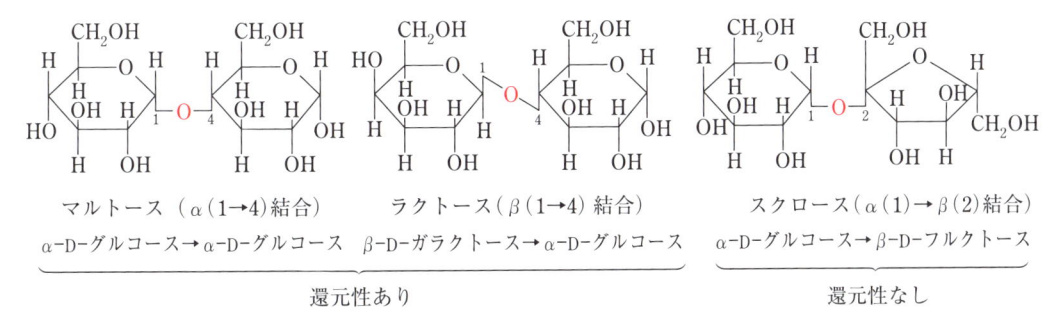

図 1.6　代表的な二糖の構造

いる OH 基がグリコシド結合の形成に関与していないものは，水溶液中でアルデヒド基またはケトン基を生じ（図 1.5），ケトースは —CO—CH$_2$OH 構造の —CH$_2$OH 部分が異性化反応により —CHO（アルデヒド基）になるので，いずれも還元性を示す．そのため，この糖残基を**還元末端**という．一方，アノマー炭素に結合している OH 基がグリコシド結合に関与している最初の糖残基は水溶液中で還元性を示すアルデヒド基を生じないので，**非還元末端**という．

糖鎖がタンパク質，脂質のような糖質以外の分子と共有結合したものを複合糖質という．糖質に対してタンパク質部分の割合が大きいものを糖タンパク質，小さいものをプロテオグリカンとよぶ．糖質が脂質と共有結合してできたものを糖脂質という．糖タンパク質や糖脂質の糖鎖が認識分子として機能する．

1.3 核　酸

核酸 nucleic acid は，すべての細胞に含まれ，主要な情報分子として生物の遺伝現象において中心的な役割を果たしている．

1.3.1 核酸とヌクレオチド

核酸は，ヌクレオチド nucleotide が重合したポリヌクレオチドで，デオキシリボ核酸 deoxyribonucleic acid（DNA）とリボ核酸 ribonucleic acid（RNA）の 2 種類がある．核酸の基本単位となるヌクレオチドは，①五炭糖（リボースまたは 2-デオキシリボース），②塩基（窒素を含む複素環式化合物），③リン酸（1 つ以上，ただし，核酸の構成単位のものは 1 つ）の 3 つの要素で構成されている（図 1.7）．ちなみに，①，②からなる化合物をヌクレオシド nucleoside とい

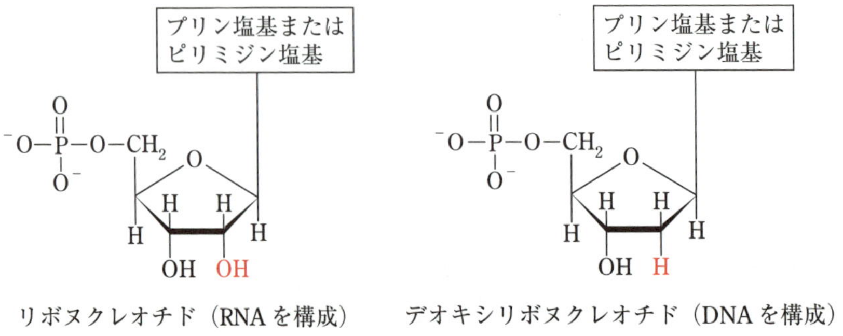

リボヌクレオチド（RNA を構成）　　デオキシリボヌクレオチド（DNA を構成）

図 1.7　ヌクレオチドの一般構造

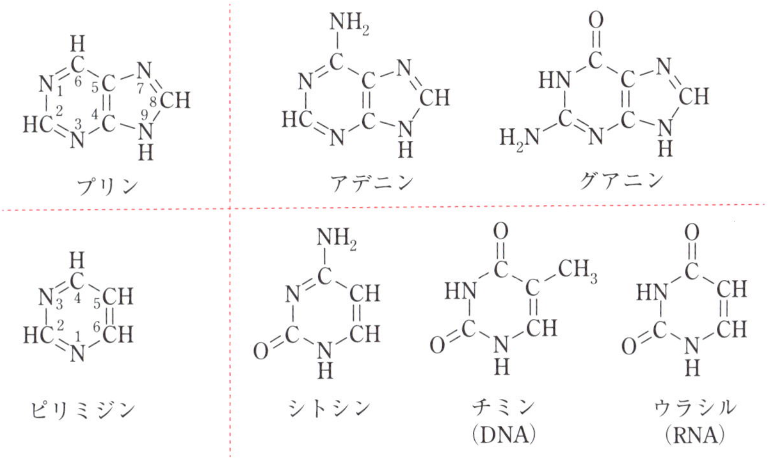

1.3 核酸

図1.8 塩基の分類と種類

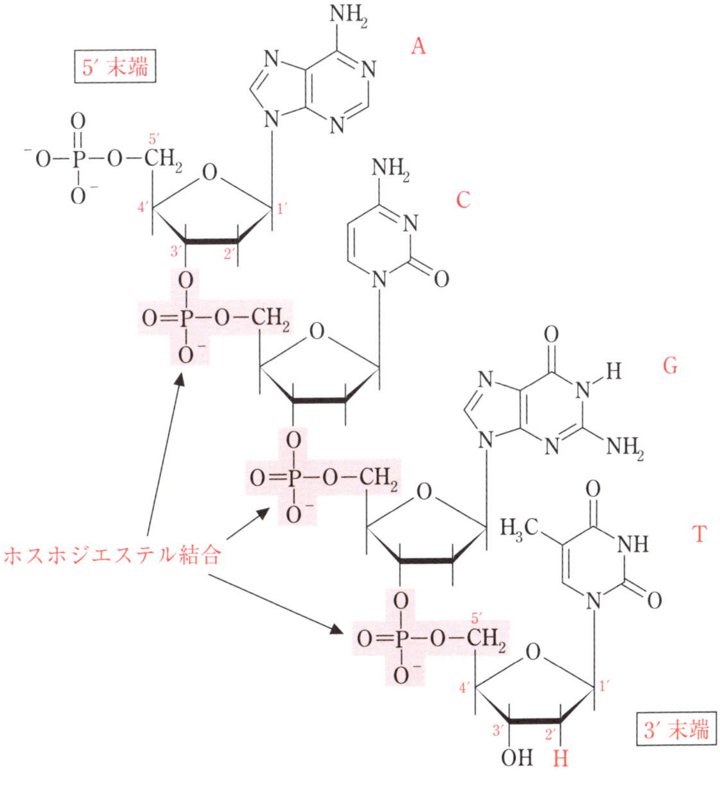

図1.9 DNA鎖の構造

各デオキシリボヌクレオチドが3′, 5′-ホスホジエステル結合により結合している．この図に描かれているDNA鎖の塩基配列は，5′-ACGT-3′である．

い，核酸を構成しているヌクレオチドはヌクレオシドの五炭糖の 5′ 位にリン酸がエステル結合したものである．五炭糖が 2-デオキシリボースのものを**デオキシリボヌクレオチド**，リボースのものを**リボヌクレオチド**といい，それぞれ DNA，RNA の構成単位となる．

塩基はプリン誘導体の**プリン塩基**とピリミジン誘導体の**ピリミジン塩基**に大別される．核酸に含まれるプリン塩基にはアデニン（A）とグアニン（G）があり，ピリミジン塩基にはチミン（T），シトシン（C），ウラシル（U）がある（図 1.8）．DNA では A，G，C および T が使われる．RNA では A，G および C は DNA と同じであるが，T の代わりに U が用いられる．

核酸分子には数百から数百万個のヌクレオチドが含まれる．ヌクレオチドが重合して核酸になるとき，ヌクレオチドの 5′ リン酸基ともう 1 つのヌクレオチドの 3′ ヒドロキシ基の間に **3′, 5′-ホスホジエステル結合**が形成される．したがって，ポリヌクレオチド鎖の一端は 5′ リン酸基，もう一端は 3′ ヒドロキシ基となっている（図 1.9）．**ポリヌクレオチドは，遊離のヌクレオチドが伸張鎖の 3′ ヒドロキシ基にホスホジエステル結合するという反応が繰り返されて，常に 5′ から 3′ の方向に合成される**．

1.3.2 核酸の構造

DNA は二本鎖の分子であり，2 本のポリヌクレオチド鎖の 5′→3′ の方向が互いに逆向きになっている．塩基は分子の内側に存在し，それぞれの鎖の塩基は水素結合によって対を形成している．**シトシンと対になるのはグアニンであり，アデニンと対になるのはチミンである**（図 1.10）．

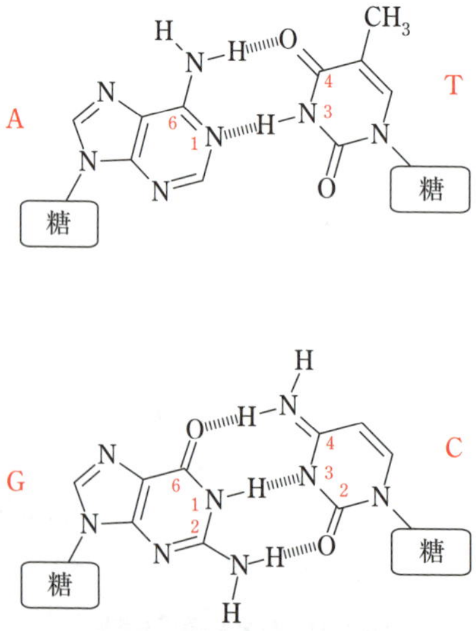

図 1.10　AT および GC 塩基対構造（Watson-Crick 塩基対）
各 AT 塩基対では 2 つの，各 GC 塩基対では 3 つの水素結合が形成される．

このような関係を**相補的**な関係という．アデニンとチミンの塩基対では2本の水素結合が形成され，シトシンとグアニンの塩基対では3本の水素結合が形成される．DNAとは異なり，RNAは一本鎖であるが，RNAは分子内で相補的な塩基対が向かい合うことによって水素結合が形成され，複雑な立体構造をとることができる．

1.3.3 遺伝情報の発現

遺伝情報は，DNAの塩基配列として保存されている．DNAの遺伝情報は，相補的な塩基配列の形でRNAに写し取られ（**転写**），さらにRNAの塩基配列によって規定されたアミノ酸が次々と結合することによりタンパク質が合成されて具体的な形で発現する（**翻訳**）．すなわち，DNA上の遺伝情報とは，タンパク質のアミノ酸配列（一次構造）の情報のことであり，タンパク質の設計図に相当するものである．例外的にレトロウイルスなどのRNAウイルスでは，RNAが遺伝情報を担っており，逆転写反応によってRNAの情報は相補的な塩基配列のDNAに置き換えられた後，DNAからRNA，RNAからタンパク質へと流れる．このように，核酸（DNAまたはRNA）からタンパク質への遺伝情報の流れは一方通行で不可逆である．このことを**分子生物学のセントラルドグマ**という（図1.11）．

図1.11 セントラルドグマ

1.4 脂 質

脂質 lipid は，「水に溶けず（または溶けにくく），エーテルやクロロホルムのような有機溶剤に溶ける一群の低分子有機化合物」として，大まかに定義されている．しかし，必ずしもこの定義に当てはまらないものもあり，「**分子中に長鎖脂肪酸または類似の炭化水素鎖をもち，生物体内に存在するか，生物に由来する物質**」を指すとするのが妥当と考えられている．脂質は，タンパク質，核酸，糖質などの生体分子とは異なり，脂質分子同士が共有結合して高分子になる性質

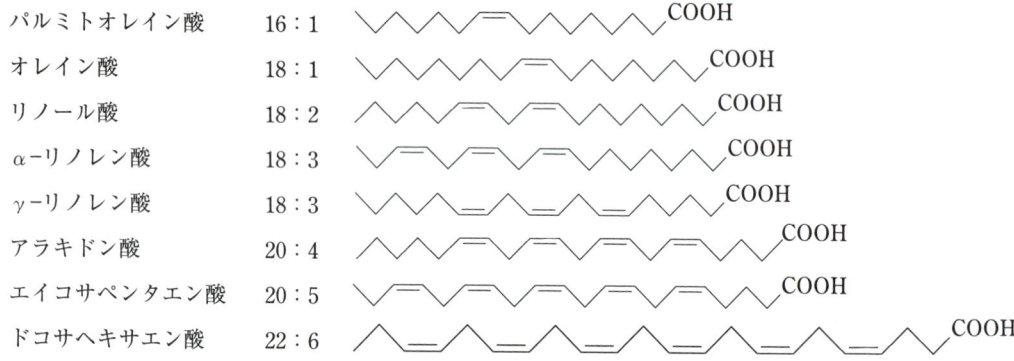

図 1.12 脂肪酸の種類

はもたないが，疎水性相互作用により集合体をつくり，生体膜や脂肪滴などを形成する．また，エネルギー貯蔵体としてや，ある種の生理活性物質の合成原料としても重要である．ここでは，生体を構成する代表的な脂質について簡単に説明する．

脂肪酸 fatty acid は，炭素数が数個から数十個の炭化水素鎖をもつカルボン酸であり，中性脂肪やリン脂質などにアシル基として含まれる．生体中に存在する脂肪酸は，炭素数 12 〜 20 個のものが多く，炭素数は偶数個である．脂肪酸には二重結合をもたない飽和脂肪酸と，二重結合をもつ不飽和脂肪酸があり，生体中の不飽和脂肪酸はほとんどがシス型である（図 1.12）．

トリアシルグリセロール triacylglycerol は，グリセロールに 3 個の脂肪酸がエステル結合したもので，中性脂肪ともよばれる（図 1.13）．脊椎動物では脂肪細胞にエネルギー貯蔵体として大量に蓄えられている．トリアシルグリセロールが酸化されると，質量あたり糖質の 2 倍以上のエネルギーが産生される．グリセロールの 1 位と 2 位に脂肪酸がエステル結合し，3 位にリン酸がエステル結合したものをホスファチジン酸という．ホスファチジン酸や，ホスファチジン酸にコリン，セリン，エタノールアミンなどの極性基が結合したものを**グリセロリン脂質 glycerophospholipid** という（図 1.13）．グリセロリン脂質分子は，分子内にリン酸を含む親水性部分と脂肪酸のアルキル基部分からなる疎水性部分を併せもつ，両親媒性分子である．この性質のため，水溶液中で生体膜の基本構造である脂質二重層を形成することができる．他に**グリセロ**

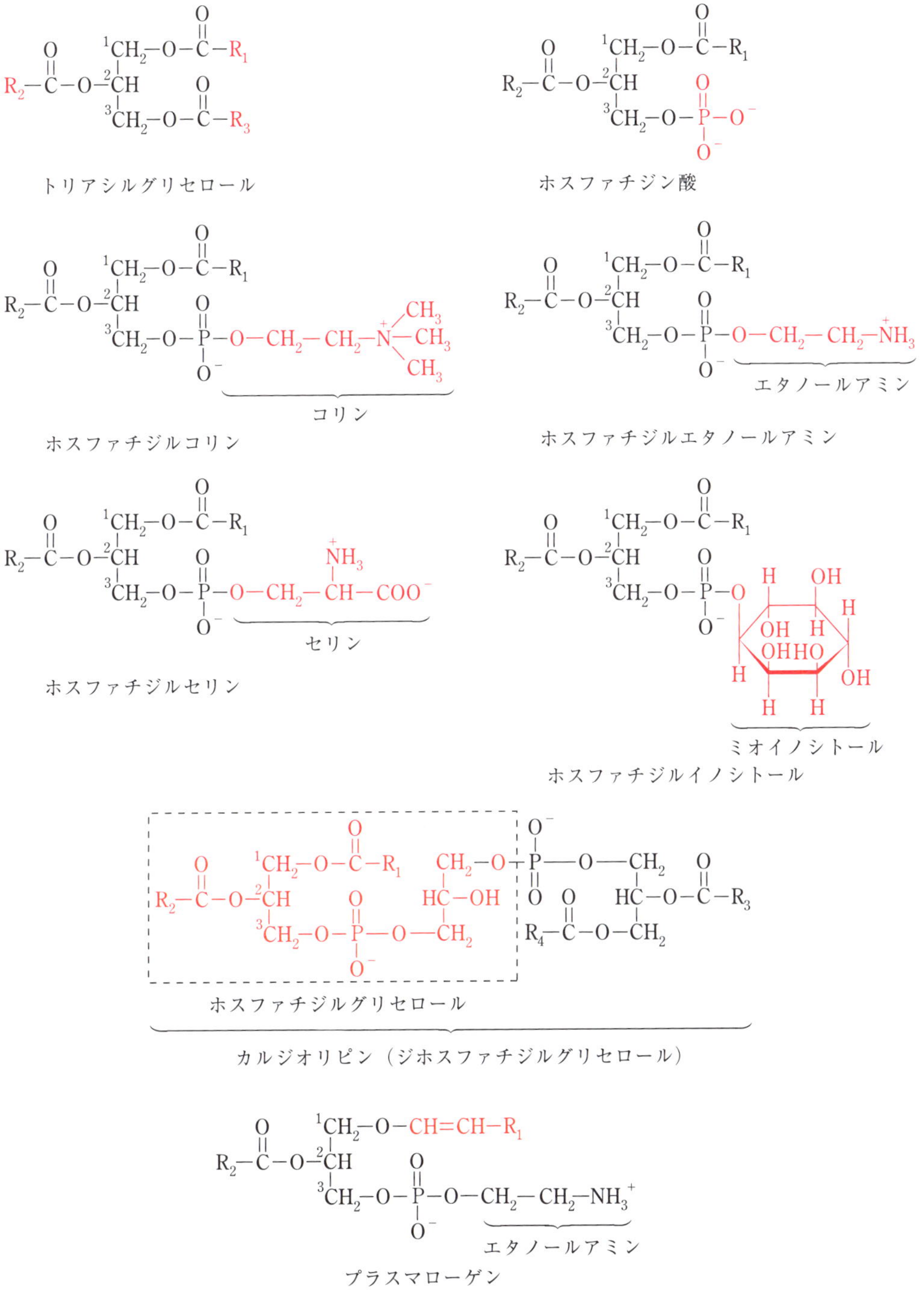

図 1.13　トリアシルグリセロールと代表的なグリセロリン脂質の構造

R_1, R_2, R_3, R_4 は長鎖脂肪酸のアルキル鎖.

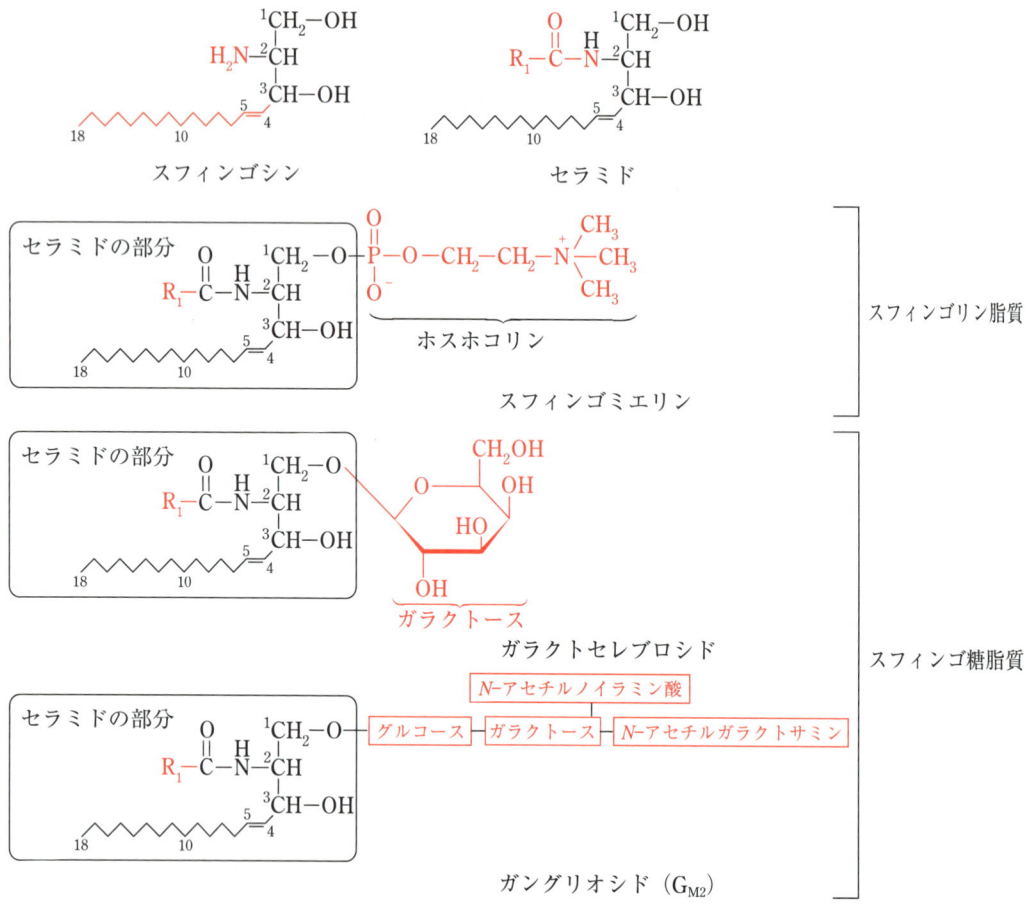

図 1.14 スフィンゴシン，セラミドと代表的なスフィンゴ脂質の構造
R₁は長鎖脂肪酸のアルキル鎖を示す．

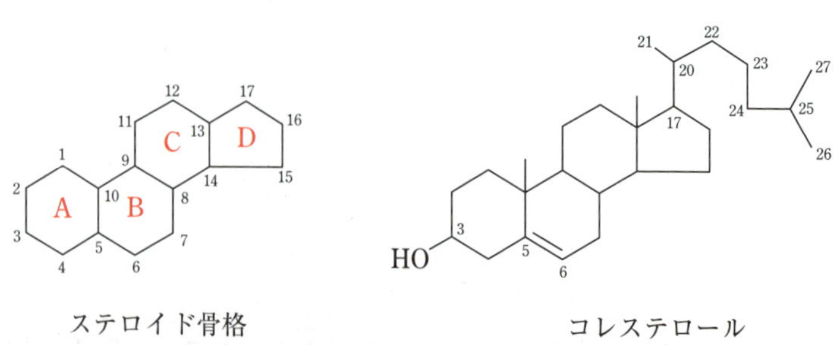

図 1.15 ステロイドの構造

糖脂質 glyceroglycolipid がある．グリセロールを基本骨格としてもつ脂質を**グリセロ脂質 glycerolipid** という．

スフィンゴ脂質 sphingolipid は，2位にアミノ基，3位にヒドロキシ基をもつ炭素数18の長鎖アルコールであるスフィンゴシン sphingosine を含む脂質で，**スフィンゴミエリン sphingomyelin** などの**スフィンゴリン脂質 sphingophospholipid** や**スフィンゴ糖脂質 glycosphingolipid** などがある（図1.14）．スフィンゴ糖脂質は哺乳動物細胞に多く存在し，その糖鎖は認識分子などとして機能している．

ステロイド steroid は，3つの六員環（A, BおよびC環）と1つの五員環（D環）からなる環状構造（ステロイド骨格）をもつ脂質である（図1.15）．**コレステロール cholesterol** は動物細胞の生体膜に存在し，膜の流動性の調節に関与している．コレステロールはまた，ステロイドホルモンや胆汁酸の生合成の出発原料となっている．

1.5 細胞の起源と進化

1.5.1 細胞とはなにか

細胞は英語では **Cell** という．「Cell」という言葉はコルクを構成する小部屋構造に対して与えられ，「他と区別された1つの単位」という意味である．生物学における「細胞」の定義は多くの教科書に記述がなされている通り「生命体を構成する最小単位」である．この概念は，顕微鏡による観察によってもたらされた．

1.5.2 細胞の発見

顕微鏡 microscope という微小あるいは微細な空間を観察する装置のおかげで，生物学，医学の分野において現在までにどれほど多くの発見がなされ，どれほど多くのヒトの命が救われてきただろうか．顕微鏡が発明される半世紀ほど前は人間の世界観，思想が大きく変化を遂げる過渡期で，大航海時代としても知られている．ガリレオ・ガリレイ Galileo Galilei が，軍事目的で開発された望遠鏡を改良して天体の観察を始めたのが1609年，人々の関心はより遠くを見たいというマクロ志向が高じて宇宙という広大な世界にまで広がっていた．ミクロへの志向はというと，1590年頃オランダの眼鏡商ヤンセン父子の光学顕微鏡の作製に始まった．英国でロバート・フック Robert Hooke が光学顕微鏡で植物細胞を観察したのが1665年頃である．1677年にはオラ

ンダのレーウェンフック Leeuwenhoek, Anton van がヒト精子細胞を観察している．この当時の顕微鏡は凸レンズによる単式顕微鏡で倍率はせいぜい 250 倍程度であった．最初に観察されたコルクガシのコルク層は，細胞壁により区画された小部屋構造をもったユニットの集合体で，これが「Cell」の語源となっている．すべての生物が「細胞」を基本ユニットとして成り立つという「細胞説」は 19 世紀になってから，テオドール・シュワン Theodor Schwann とマティアス・ヤコブ・シュライデン Matthias Jakob Schleiden によって提唱された．

今では**光学顕微鏡 light microscope** だけでなく，**蛍光顕微鏡 fluorescence microscope**，**電子顕微鏡 electron microscope**，**原子間力顕微鏡 atomic force microscope** 等々，対象物に適した原理に基づく装置を用いて使い分けられている．細胞の形態，種々の色素染色による病理診断，細胞小器官や（がんのマーカー等の）特定のタンパク質分子の細胞内局在について観察することはもちろん，タンパク質分子や核酸分子までもが可視化された．現在は個々の細胞の内部環境や構成要素まで経時的に映像化し，解析することが可能である．

1.5.3 細胞の起源

「細胞」の定義を「生命体を構成する最小単位」とすると，「細胞の起源」は「生命の起源」とほぼ同義である．細胞の構成要素は本章ですでに学習した．まず細胞がユニットを構成するためには外界との境界が不可欠で，この役割を果たすのが細胞膜である．これは主にリン脂質により構成されている．生物の設計図となる遺伝子は核酸（DNA）である．そして種々の機能をもつタンパク質とそれを構成するアミノ酸，糖質はエネルギー源として重要である．これらの構成分子はいわゆる有機物であるが，生命が誕生するために無機物から有機物が作られたという仮説が 1922 年に提唱された．この「生命が有機物を含むスープ**コアセルベート coacervate** とそれを包み込む**脂質二重層 lipid bilayer** から始まった」というソ連の科学者オパーリン Oparin, Aleksandor Ivanovich の「地球上における生命の起源」という著書における考察は優れた洞察に基づくもので，細胞の機能が未知であった頃には非常に説得力があり，**コアセルベート説 Coacervate theory** あるいは**化学進化説 Chemical evolution theory** と呼ばれている．1953 年に**ハロルド・ユーリー Harold Clayton Urey** 研究室の**スタンリー・ミラー Stanley Lloyd Miller** は原始大気組成を想定し，放電と冷却を循環させる実験を行って無機物から有機物を合成することに成功した．これはユーリー・ミラーの実験として有名である．生命誕生以前の大気組成は推測に基づくものであったが，生命誕生に必要な分子が地球上で自然に合成された可能性を示した点で非常に重要な実験である．この「化学進化説」は現在でも議論がなされており，**セントラルドグマ cantral dogma** の中のどの分子が生物進化において優先的役割を演じてきたかについて「DNA ワールド」，「RNA ワールド」，「タンパク質ワールド」仮説として提唱されている．この中で「RNA ワールド」仮説が最も有力な説であるが，この理由は RNA が情報をもつとともに触媒活性を併せもつ分子であるためである．

いずれにしても，ただ生命を構成する分子を混ぜ合わせるだけでそう簡単に細胞ができ上がるわけではない．生命が地球外で誕生したという説もあるが，その場合も過去にどこかで生命は誕生したはずである．また酵素触媒反応も含めて生命現象には水の存在が不可欠である．幸運にも地球は水に恵まれた惑星で，太陽の周りを回りながら自転しており，昼夜（日）と季節（年）がある．当然気温の日内変動や季節の移りかわりによる気候の変化が何億年も前から繰り返し続いていると考えられる．これは自然のサーマルサイクラーthermal cyclerのようなものかもしれない．それに加えて，現在までずっと火山活動が続き，気象変化による影響を受けて海面，地表，大気の状態下では多くの生命誕生の可能性が存在してきたはずである．高温，高圧，雷による放電，太陽光の紫外線，放射線，種々の無機物質の影響等それらの組合せも考えるとほとんど無限の条件が可能である．あたかも地球というのは生命誕生のための実験室のようなものである．科学者に支持されている生命誕生説は，地球の誕生後から何十億年もかけてDNA，RNA，タンパク質，糖質等の分子進化が起こり，さらに遺伝子の複製 replication，転写 transcription，翻訳 translation，そしてエネルギー代謝系が確立して現在の生物種の共通の祖先に当たる生物，すなわち細胞の原型ができ上がったというものである．その後環境の変化に応じた生物進化の法則が働いた結果，多種，多様の生物のうち環境に適したものが選択されて，あるものは集合して多細胞生物となった．そして現在に至ってもすべての生物種が常に進化し続けているのである．

1.5.4 原核生物から真核生物へ

何十億年前の化石の中に細胞もしくは生命体らしきものがあるという発見はこれまでに何度かなされており，38億年以上も前に生命が存在していたことを示す「化石化した分子」もグリーンランドの地層の岩石に見出されている．しかしながら，その後何億年もかけて起こった細胞の進化について明確に示す直接的証拠あるいは具体的な事実を見出すことは非常に難しい．そこで，細胞がどのように進化を遂げてきたかについて論ずる前に，現在までに知られている生物の分類から始めてみることにする．

現在の地球上には多種，多様な生物が現存しており，生物進化を指標とすると細胞が原核生物 prokaryote か，真核生物 eukaryote かという分類が可能であり，これは細胞の進化を議論するうえで非常に重要である．例えば，単細胞であっても酵母菌は真核生物に分類される．そしてメタン細菌や好熱細菌等の特殊な環境で生存するための進化を遂げてきた古細菌 archaea を加えて大きく3つのドメインに分類されており，これは生物の3ドメイン説と呼ばれている．生物進化における系統樹は一般に特定のタンパク質のアミノ酸配列や特定の遺伝子の塩基配列等の相同性を比較することによって作成されるものである．図1.16は，リボソームRNAのヌクレオチド配列の比較から得られた「系統樹」である．分岐の間の距離に2つの配列の違いの程度が反映されていることを考えると，真核生物は原核生物よりも古細菌に近縁であることが表されている．この類縁関係は，転写や翻訳等いわゆるセントラルドグマに関わるようなタンパク質や，一部の細

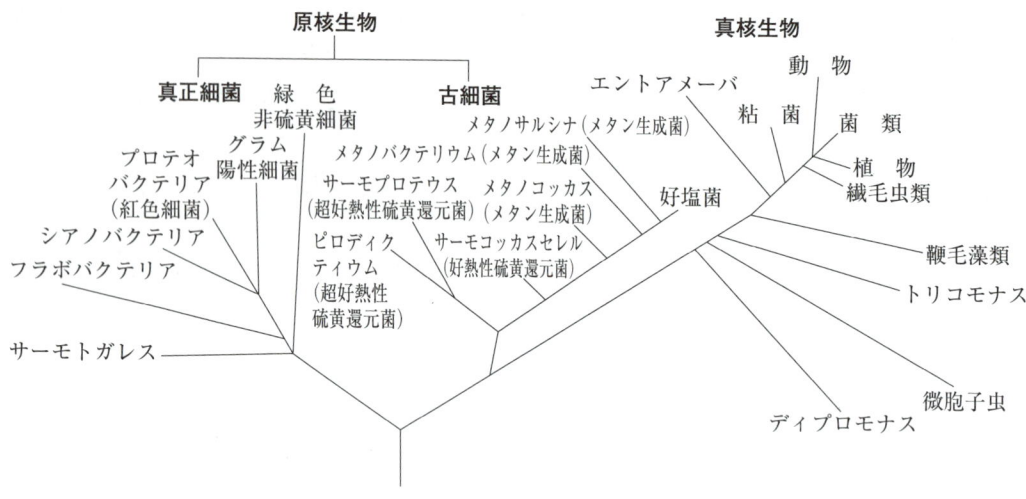

図 1.16 生物 3 ドメインの系統図

胞質で働くタンパク質等をコードする遺伝子が原核生物のものよりも古細菌のものに近いという事実からも支持される．

ところで，原核生物の細胞（原核細胞）と真核生物の細胞（真核細胞）の重要な相違点は以下の 3 つである．まず，① 大きさは真核細胞のほうが原核細胞よりも大きい．次に，② 真核細胞には核膜があり，核内ではヒストンタンパク質等により高度に折りたたまれたクロマチン構造をした DNA が遺伝子として存在しているが，原核細胞の場合には核膜が存在せず，遺伝子 DNA が核様体となって凝集し，細胞膜に一部固定された状態になっている．そして，③ 真核細胞の細胞質には細胞小器官 **オルガネラ organelle** が存在するが，一般に原核細胞内には存在しない．真核生物のオルガネラには呼吸やエネルギー代謝に関わる **ミトコンドリア mitochondrion** や植物では光合成を行う **葉緑体 chloroplast** があり，これらはちょうど原核生物と同じくらいのサイズで，しかも内部に DNA と RNA とタンパク質の合成系ももっている．以上の事実から，（古細菌に近い）真核生物の祖先は進化の過程で **ミトコンドリア** や **葉緑体** の祖先の原核生物を取り込み，共生関係を築いたという **細胞内共生説** が提唱されている．また，動物細胞分裂の際に働く **中心体 centrosome** もまた細胞内共生の結果であると考えられる．

1.5.5 単細胞から多細胞へ

　地球上に現存する生物はまた，**単細胞生物**と**多細胞生物**の2つに大別できる．現存する多細胞真核生物の多様化は生命の誕生からずっと後，今から数億年くらい前に起こったと考えられるが，この多細胞化の間接的な証拠は胚の発生に表されている．脊椎動物の受精卵という単細胞から胚が発生する際に生物の進化の過程が再現されている．例えばヒトの場合でも，卵割に始まり，桑実胚を経て原口陥入が起こる等メダカの発生とほぼ同じである．そして，魚類と同じえらや水掻き，尻尾などが発生過程で形成されて消失することが観察されている．このように発生過程に生物の進化が再現されていると仮定すると脊椎動物の共通の祖先は単細胞生物になる．さて，大腸菌のような単細胞生物は，ヒトと比べて進化していないと位置付けてよいのだろうか？実際は，大腸菌といえども自らの遺伝子のコピーを増やすという基本原則を非常に簡単な構成でヒトより効率よく実現させている．このように，原核生物であっても現存する種は常に進化を続けている．おそらく大腸菌とヒトの共通の祖先は我々の想像もつかない細胞であったことだろう．地球上の生物は，常に変化する環境に適応し，それぞれの種の遺伝子の複製を増やすように進化を続けている．また，外界からは生物の設計図 DNA に変異が起こる危険性も常に受けている．進化の過程で細胞は遺伝子の修復系を獲得したが，それが働いたとしても，テロメアという染色体末端も含めて DNA の複製が完全に同一ではないことがわかっている．

　生物種全ては，ほとんど 100% に近いが完全に 100% ではない正確性で自己の遺伝子を複製する．生物が種を保存しながら同時に多様化を実現し，新たな環境に適応することを可能になし得たのであろうと考えられる．

参考書
1. レーニンジャーの新生化学 [上] 第 5 版，廣川書店，2010 年
2. キャンベル・ファーレル生化学 第 6 版，廣川書店，2010 年

第2章 細胞と組織

到達目標

- 細胞集合による組織構築について説明できる．
- 臓器，組織を構成する代表的な細胞の種類を列挙し，形態的および機能的特徴を説明できる．
- 細胞膜の構造と性質について説明できる．
- 細胞膜を構成する代表的な生体分子を列挙し，その機能を説明できる．
- 細胞膜を介した物質移動について説明できる．

序　多細胞生物を構成する細胞と，細胞を構成する細胞膜とは

　ヒトを含む高等動物は多細胞生物であり，ヒトの個体は50兆〜100兆個にも及ぶ細胞によって構成されている．多細胞生物では，同種の細胞が集まって特定の役割を果たしている．このような細胞集団を**組織 tissue** という．これらの組織がさらに集まって，特有の形態と機能をもつようになったものを**器官 organ** といい，胃，腎臓，肺，骨，気管などがこれにあたる．多細胞生物の個体はこれらの器官のいくつかが集まって適切な位置に配置され，協調して働くことにより，成り立っている．

　本章では，細胞の集合体である組織の構造および機能的な特徴の概要を説明した後，一般的な細胞の種類とその構造について説明する．さらに，すべての細胞がもつ生体膜の基本構造について概説した後，ヒトを含む哺乳動物の細胞膜の構成成分やその特徴について説明する．また，細胞膜のもつ重要な機能についても解説する．細胞膜は，単に細胞内部と外部を隔てて物質の自由な出入りを制限するだけではない．生物が生きていくためには栄養源をはじめ様々な分子を外部から細胞内に取り込む必要がある．さらに，不要になった物質は外へ排出することも必要であ

る．そこで細胞は細胞膜に存在するタンパク質を介して膜を透過できない分子のやりとりをしている．また，膜構造自身を変化させることによって膜を介した物質の取り込み・排出を行っている．本章では，細胞膜の機能として，このような細胞への様々な物質の出入りについても説明する．

2.1 細胞の集合と組織構築

ヒトを含む哺乳動物の組織は，**上皮組織 epithelial tissue**，**支持組織 supporting tissue**，**筋肉組織（筋組織）muscular tissue**，**神経組織 nervous tissue** に分けられる．ここでは，それらの組織の特徴について簡単に説明する．

2.1.1 上皮組織

皮膚，消化管，気道などの表面のように外気や液体に曝されている部分を覆うシート状の細胞層を**上皮 epithelium** もしくは上皮組織という．物理的・化学的なバリアの役目を果たす他，生理活性物質の分泌，物質の輸送などの機能をもつものもある．隣り合う上皮細胞同士は，密着結合，デスモソームといった特別な接着構造により，強固につなぎ止められている．また，ギャップ結合を介した分子の出入りにより細胞同士がコミュニケーションをとることが可能である（第5章参照）．上皮細胞は結合組織（2.1.2 支持組織参照）上にあり**基底膜 basement membrane** と呼ばれるタンパク質を主成分とする薄い層の上に並ぶ．基底膜上での細胞の並び方によって，上皮組織は単層上皮，重層上皮，多列上皮に分類される．単層上皮は基底膜上に一層で整列し，重層上皮はいくつかの層が積み重なっている．いくつかの層を形成しているが，すべての細胞が基底膜と接しているものは，多列上皮という．細胞の形によっても分類され，薄く扁平な扁平上皮，立方体の立方上皮，長い円柱状の円柱上皮などに分けられる．これらの並び方と大きさによる分類を組み合わせて，単層扁平上皮，単層立方上皮，重層円柱上皮，多列円柱上皮などと呼ぶことが多い（図2.1）．

2.1.2 支持組織

構造の支持，あるいは組織や器官の間を埋め，それらをつなぎ合わせるものを支持組織という．組織の大部分を細胞以外の**細胞外基質 extracellular matrix** が占める．その構造・形態は多様で，真皮，靱帯，腱などの**結合組織 connective tissue**，**軟骨組織 cartilage tissue**，**骨組織**

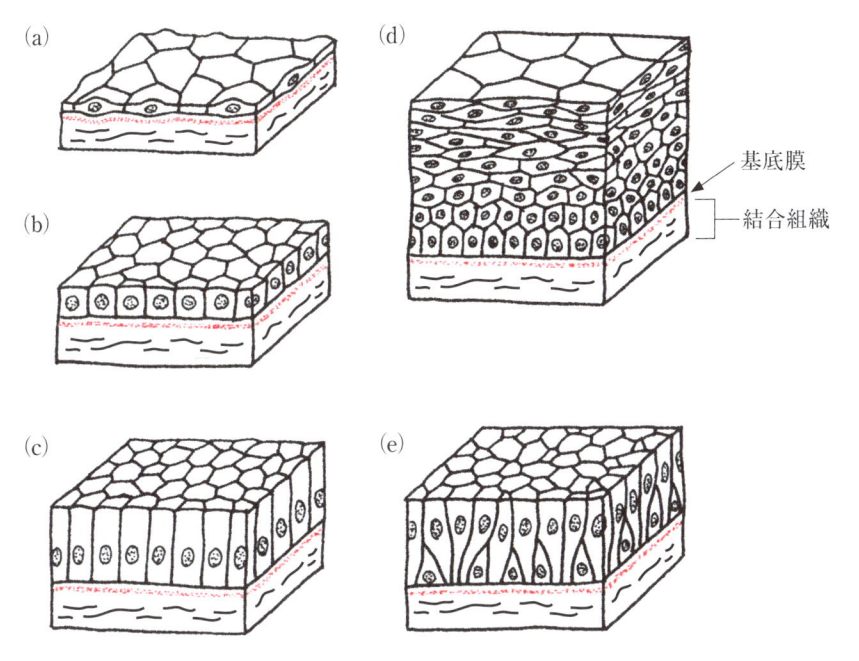

図 2.1 上皮組織の分類

(a) 単層扁平上皮, (b) 単層立方上皮, (c) 単層円柱上皮, (d) 重層扁平上皮, (e) 多列円柱上皮

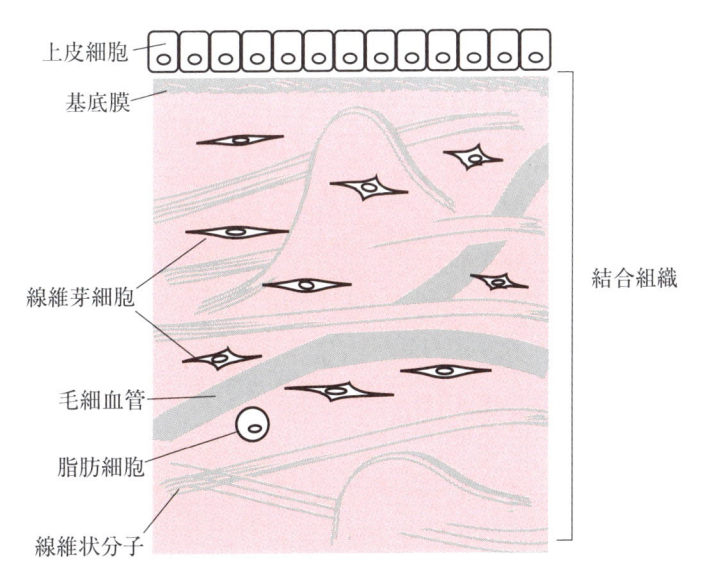

図 2.2 結合組織の一般的構造

支持組織の1つである結合組織は線維芽細胞などの点在した細胞と細胞周囲を取りまく細胞外基質からなる．細胞外基質は，コラーゲンをはじめとするタンパク質や糖質からなり，組織の物理的強度の保持と共に細胞機能の制御にも関与している．

bone tissue，血液 blood・リンパ lymph に分類される．

　結合組織の細胞外基質には，組織の基本骨格となる多量の線維状分子であるコラーゲンや，組織に弾性を与えるエラスチンなどのタンパク質，これらを結合させる接着タンパク質，プロテオグリカン，多糖などが含まれ，これらがからみ合って構造体を形成している（第5章参照）．細胞間質の中には，扁平で細長い線維芽細胞 fibroblast が点在している．線維芽細胞は，コラーゲンを分泌することで細胞間質の形成に関与している．その他，脂肪細胞 adipocyte，肥満細胞 mast cell，マクロファージ macrophage なども存在する．脂肪細胞が多いものを特に脂肪組織という．軟骨組織は弾性の高い組織で，細胞間質にはコラーゲンに加えて多くのプロテオグリカンと水分子が含まれる．この細胞間質の中に軟骨細胞が点在している．骨組織には骨細胞 osteocyte，骨芽細胞 osteoblast，破骨細胞 osteoclast が含まれ，細胞間質にはリン酸カルシウムが多く含まれる．血液には細胞成分として赤血球，白血球，血小板が含まれ，細胞間質は液状で血漿と呼ばれる．

2.1.3　筋組織

　筋肉を作っている組織を筋組織という．組織を構成する筋細胞 muscle cell は，筋線維 muscle fiber とも呼ばれる．筋組織は横方向の縞模様（横紋 striation）が見える横紋筋組織 striated

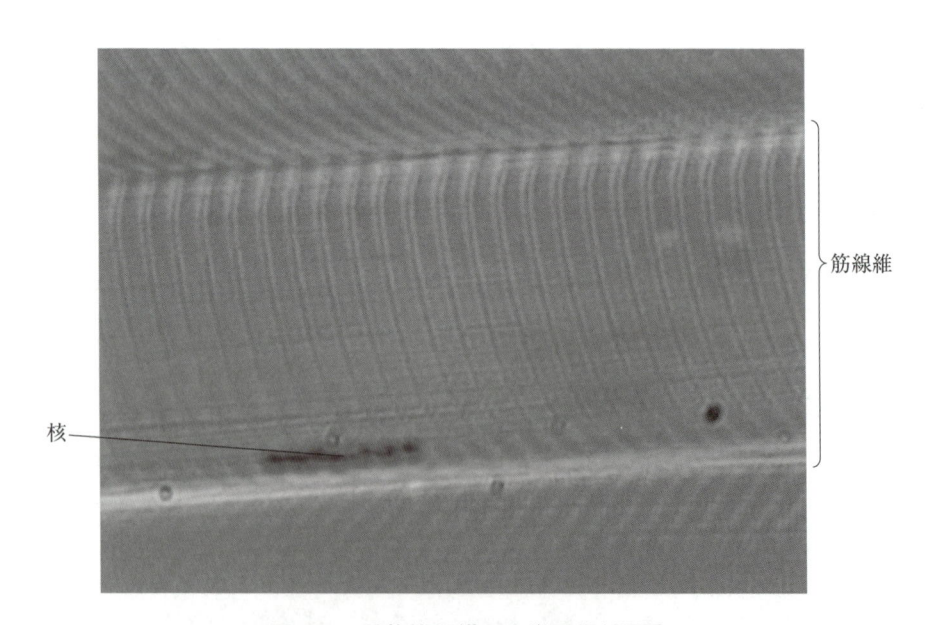

図 2.3　骨格筋組織の光学顕微鏡写真

柱のような骨格筋線維（細胞）のなかに，横紋が見える．横紋はアクチンフィラメントとミオシンが細胞中で規則的に並んでいるために見られる．細胞は融合し，1つの細胞に複数の核が存在する．

muscle tissue と見えない**平滑筋組織 smooth muscle tissue** に分けられる．横紋は，筋細胞の中の収縮に関与するタンパク質であるアクチンとミオシンが細胞中で規則的に並んでいるために見られる（第4章参照）．平滑筋の細胞中にもこれらのタンパク質は存在するが，横紋筋のように規則的な配列をとらない．筋組織は分布する部位によっても分類される．一般に筋肉と呼ばれ全身の骨格を覆っているのは**骨格筋 skeletal muscle** である．心臓を構成する筋組織は，**心筋 cardiac muscle** と呼ばれる．骨格筋と心筋は，横紋筋に分類される．骨格筋が自分の意思で動かすことのできる随意筋であるのに対して，心筋は自分の意思で動かしたり止めたりすることができない不随意筋である．内臓や血管を構成する筋組織は平滑筋で，不随意筋である．

2.1.4 神経組織

神経組織は，脳と脊髄からなる中枢神経系および全身に張りめぐらされた末梢神経系からなる．神経組織は細胞体から突出した**樹状突起 dendrite** および長く伸びた**軸索 axon** を特徴とする**神経細胞 neuron**（ニューロン）（図2.4）と周囲を取りまく**グリア細胞 glial cell**（神経膠細胞）か

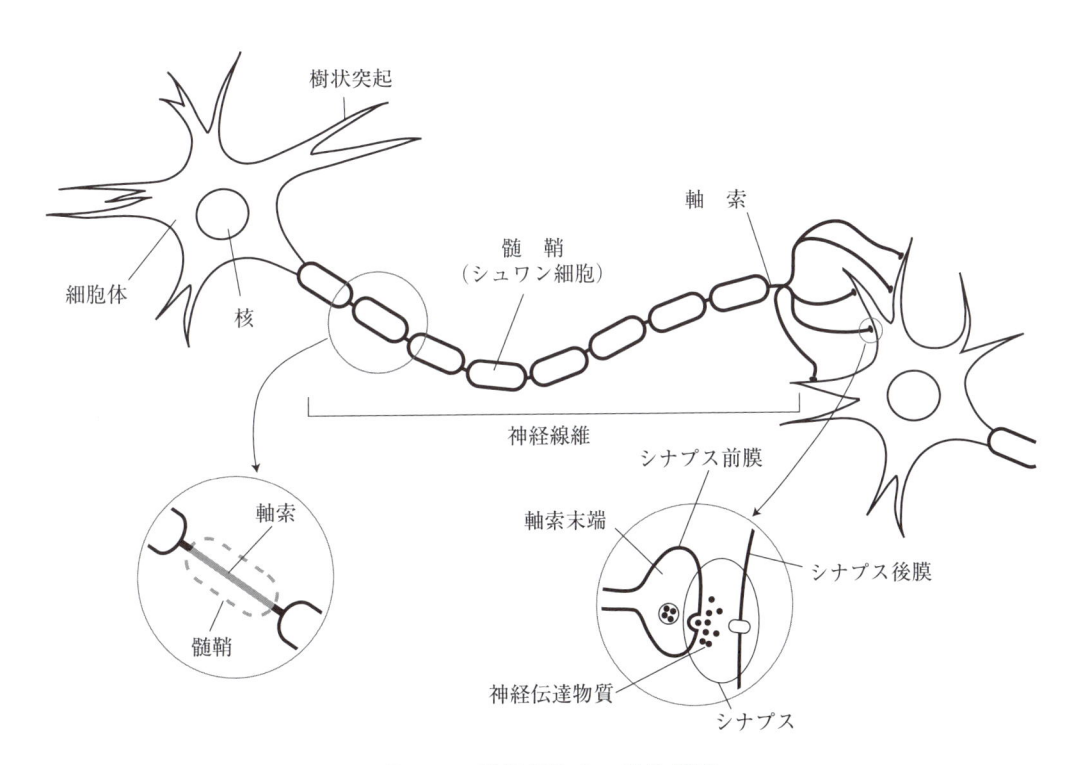

図 2.4 神経細胞の一般的構造

有髄神経では，細胞体から長く伸びた軸索が髄鞘で覆われている．神経細胞同士の情報伝達のための接合部をシナプスといい，軸索末端の細胞膜（シナプス前膜）から神経伝達物質が放出され，次の細胞の突起の細胞膜（シナプス後膜）上の受容体へ結合することで，刺激が次の細胞に伝わる．

らなる．グリア細胞はアストロサイト（星状膠細胞），オリゴデンドロサイト（希突起膠細胞），ミクログリア（小膠細胞）などからなる複数種の細胞の総称である．神経組織における機能の中心は神経細胞で，興奮により電気信号を発し，その電気信号は軸索を通って軸索末端まで伝えられ，軸索末端の表面からはアセチルコリンなどの神経伝達物質 neurotransmitter と呼ばれる化学物質が放出される．神経伝達物質は，シナプス synapse と呼ばれる細胞間のわずかな間隙（シナプス間隙）を介した接合部を渡って，次の細胞に受け取られ，情報が次の神経細胞へと伝えられていく．軸索は神経線維とも呼ばれ，髄鞘 myelin sheath と呼ばれる電気絶縁体で覆われている有髄線維と，髄鞘をもたない無髄線維がある．髄鞘は，末梢神経ではグリア細胞の一種であるシュワン細胞 Schwann cell により形成され，中枢神経系ではオリゴデンドロサイトにより形成される．有髄線維では無髄線維に比べて電気信号が速く伝わる．グリア細胞の機能はまだ解明されていないことが多いが，神経細胞に栄養を与えたり，免疫防御の役割を果たしたりして神経細胞の働きを支えることが知られている．

2.2 細胞の構造と種類

2.2.1 原核生物と真核生物の相違点

生物は原核生物 prokaryote と真核生物 eukaryote に分けられる．どちらの構成細胞も主として脂質からなる細胞膜 cell membrane, plasma membrane によって囲まれ，細胞外と仕切られている．最も明確な違いは，真核生物を構成する細胞（真核細胞）内に核 nucleus と呼ばれる区画が存在することであり，原核生物を構成する細胞（原核細胞）には核が存在しない．核は脂質からなる2重の生体膜（核膜 nuclear membrane）で囲まれた構造物であり，内部に遺伝物質であるデオキシリボ核酸 deoxyribonucleic acid（DNA）を含む．原核細胞のDNAは，膜で囲われておらず，核様体 nucleoid と呼ばれる細胞内の不定形な領域に含まれる．真核細胞では，核以外にも膜で囲まれた構造体を細胞内部にもつ．これらを総称して細胞小器官（細胞内小器官，オルガネラ）organelle といい，それぞれが特異的な機能をもつ．それぞれの構造や機能については第3章で述べる．このように真核細胞内の構造は，原核細胞のものより複雑である．細胞の大きさも一般に真核細胞の方が大きく，典型的な原核細胞の直径はおよそ1〜3 μm であるのに対し，真核細胞の直径はおよそ10〜100 μm である．原核生物は，通常，1つの細胞からなる単細胞生物である．真核生物の中にも単細胞生物が存在し，その例として酵母やゾウリムシがあげられる．動物や植物などの多細胞生物はすべて真核生物である．

表 2.1 原核生物と真核生物の比較

		原核生物	真核生物		
			動物	植物	真菌
構成細胞	細胞膜	あり	あり		
	核などの細胞内小器官	なし	あり		
	DNA	細胞質内の核様体に存在	核内に存在		
	リボソーム*	70S (30S + 50S)	80S (40S + 60S)		
	大きさ	1〜3 μm	10〜100 μm		
	細胞壁	あり	なし	あり	あり
	光合成	一部あり	なし	あり	なし
	体の構成	単細胞	多細胞		単細胞と多細胞

*S (Svedverg) は沈降係数の単位

2.2.2 原核生物

多数の細胞内小器官をもつ真核細胞に比較して，原核細胞の細胞内の構成は単純である．細胞膜で囲まれた細胞質の中に DNA や**リボソーム ribosome** と呼ばれる不溶性粒子が存在する．遺伝物質である DNA は，周囲と隔てられることなく，核様体と呼ばれる細胞質内の不定形領域内に存在する．リボソームは**リボソーム RNA (rRNA) ribosomal RNA** とタンパク質の複合体で

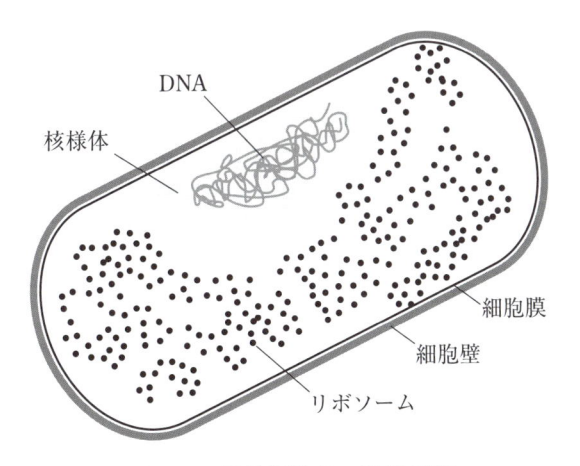

図 2.5 原核細胞の一般的構造

DNA は膜で囲われておらず，核様体という領域の中に存在する．鞭毛や光合成に必要な構造体をもつものもあり，原核細胞の構造は多様である．

あり，タンパク質合成の場となる．細胞質はサイトゾル cytosol で満たされている．サイトゾルの大部分は水で，イオン，低分子，タンパク質などの可溶性の高分子などが多く含まれる．

ほとんどの原核細胞は，細胞膜の外側に細胞壁 cell wall をもつ．細胞壁にはペプチドグリカンというアミノ糖の重合体からなる巨大分子を含むことが多く，細胞壁が細胞全体を包み込むことで細胞の形態の維持や防御的な役割を果たす．原核細胞の中には細胞壁の上にさらに外膜と呼ばれる多糖に富むリン脂質膜や，莢膜という多糖類からなる粘液層をもつものもある．原核細胞は生存する環境に適するために，特殊な構造をもったものが多い．ある種の原核細胞は鞭毛と呼ばれる構造をもち，これを動かすことで，泳ぐように水性環境を移動することができる．光合成を行う細菌では，細胞膜が内側に折り込まれた特殊な内膜系をもち，光合成に必要な複合体がこの中に含まれる．構成は単純な原核細胞だが，その構造は種によって非常に多彩である．

2.2.3 真核生物

真核細胞は，核をはじめとする細胞内小器官をもつことを特徴とする．核以外の細胞内小器官として，ミトコンドリア mitochondria，リソソーム lysosome，小胞体 endoplasmic reticulum，

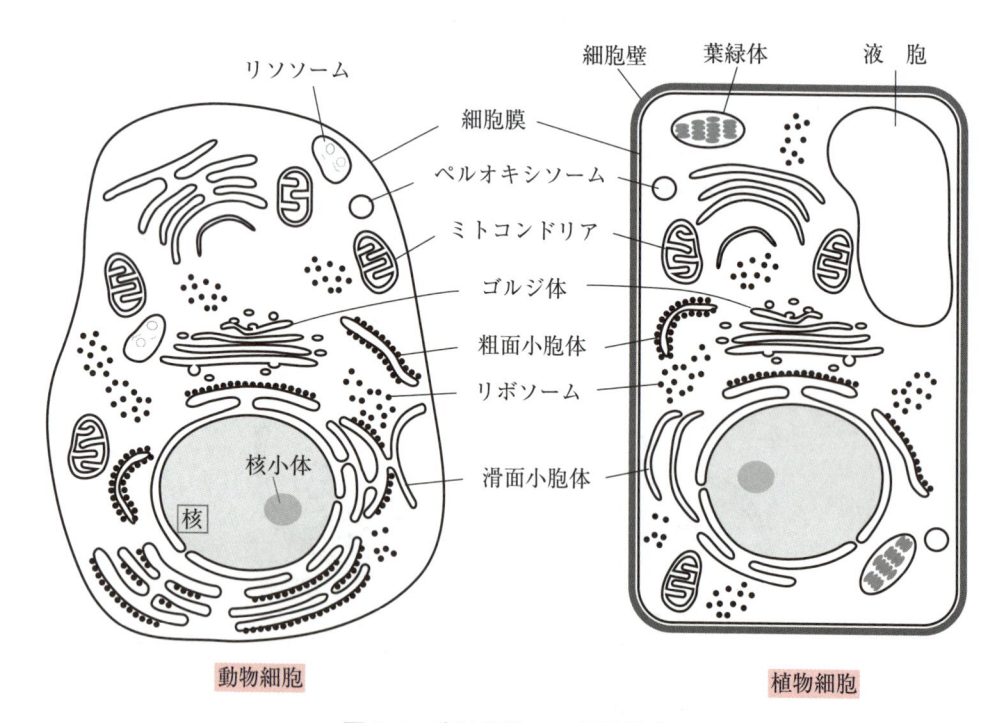

図 2.6 真核細胞の一般的構造

動物細胞と植物細胞を並べた．植物細胞は，細胞膜の周囲にセルロースを主成分とする細胞壁や光合成に必要な葉緑体をもつ．また，成長に伴って発達する液胞をもち，動物細胞のリソソームに相当すると考えられる．

ゴルジ体 Golgi body などがある．植物細胞では，これら以外に光合成に必要な葉緑体（クロロプラスト）chloroplast が見られる．また，植物細胞では浸透圧の調節や老廃物の貯蔵を行う液胞 vacuole が発達している．タンパク質合成の場となるリボソームは，小胞体表面に付着しているものと，原核生物のように細胞質中に遊離しているものがある．細胞質中には細胞骨格と呼ばれる線維タンパク質が網状に広がっている（第4章参照）．細胞内小器官は，細胞質中を浮遊しているのではなく，この細胞骨格により固定されている．動物細胞にはないが，植物細胞では細胞膜の外側が細胞壁で囲まれている．植物の細胞壁の大部分は多糖類であるセルロースからできており，原核細胞のものとは構成成分が異なる．原核細胞と同様に，植物細胞の細胞壁も細胞の形態の維持と外部刺激に対する防御的な役割を果たす．

2.3 細胞膜

2.3.1 生体膜の基本構造と構成成分

細胞膜や細胞内小器官を構成する膜を生体膜 biomembrane という．主要な構成成分はリン脂質 phospholipid，特にグリセロリン脂質 glycerophospholipid である．体内でエネルギー源と

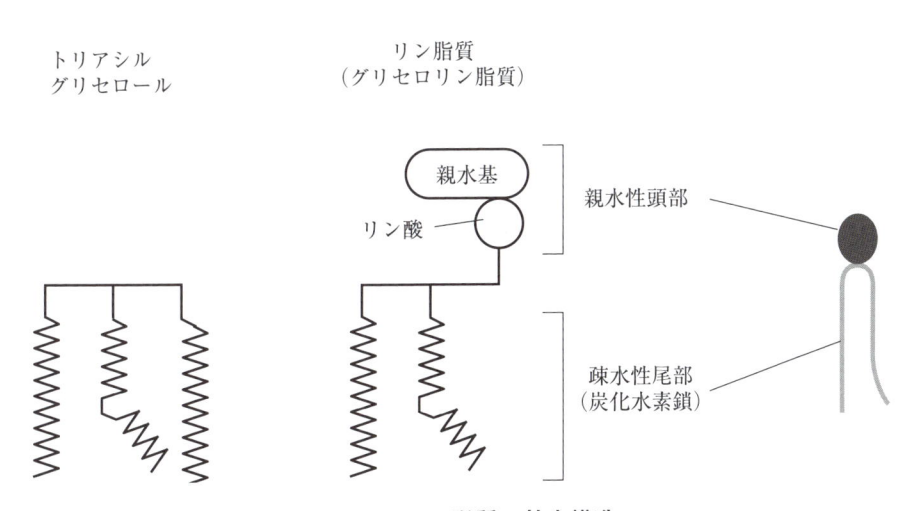

図2.7 リン脂質の基本構造

トリアシルグリセロールもリン脂質もグリセロールを基本骨格とし，脂肪酸由来の炭化水素鎖をもつ．リン脂質は，3本の側鎖のうち1つが親水基で，残りが疎水性の炭化水素鎖の両親媒性物質である．リン脂質の親水性頭部と疎水性尾部を模式化して，右図のように表すことが多い．折れ曲がりは炭化水素鎖内の不飽和結合を意味する．

して使われる脂質である**トリアシルグリセロール triacylglycerol** は疎水基しかもたないのに対し，生体膜で見られるリン脂質はリン酸基と結合した親水性の頭部と長い炭化水素鎖2本からなる疎水性の尾部をもつ（図2.7）．このように，同じ分子内に親水基と疎水基をもつものを**両親媒性物質 amphiphile** と呼ぶ．両親媒性物質であるリン脂質が水の中で集合すると，親水性部分を外側に，疎水性部分を内側に向けて二重層を作る．このような構造を**脂質二重層 lipid bilayer** という．最終的に，端同士が融合して球形をつくり安定化する（図2.8）．この性質によりリン脂質からなる細胞膜は外部から閉ざされた空間を作りだす．実際の細胞膜では，リン脂質以外に，**糖脂質 glycolipid**，**ステロール sterol** 等が含まれ，これらの脂質の中に，タンパク質がモザイク状に存在する（図2.9）．膜脂質は1か所に固定されているのではなく，側方に自由に拡散でき，タ

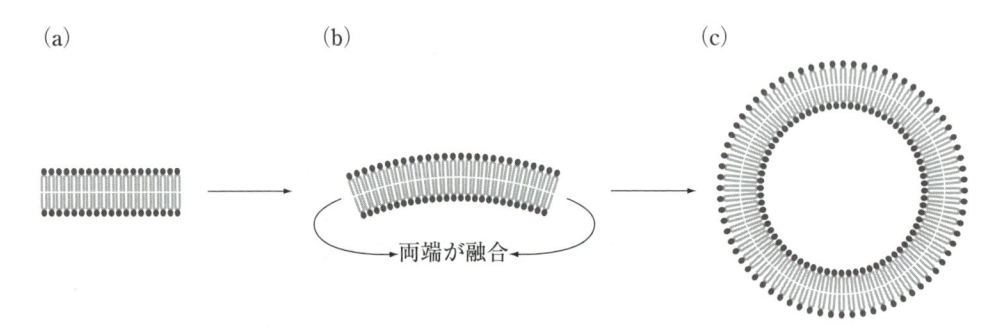

図2.8 脂質二重層からなる球体（リポソーム）

(a) 周囲を水に取り囲まれた状態では，リン脂質は親水性頭部を外側，疎水性尾部を内側に向けた二重層を構成する．(b) 二重層の端部では疎水性尾部が露出されているので，数が増えると端部同士を融合することで，疎水性内部を覆おうとする．(c) 最終的に端部のない球形構造をとって安定化する．

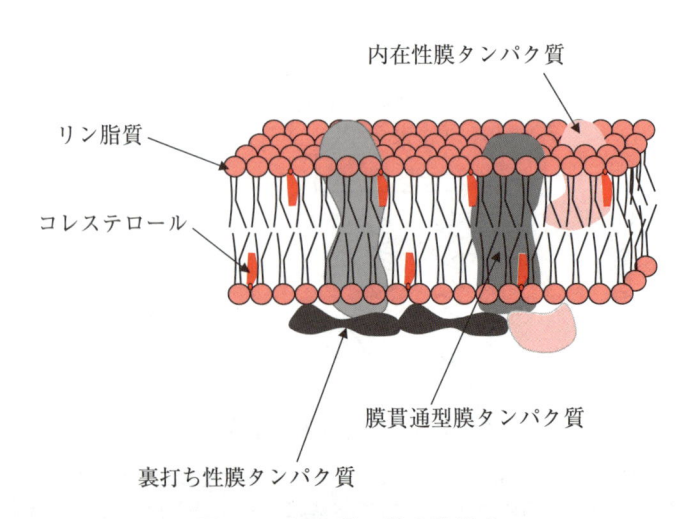

図2.9 細胞膜の基本的構造

脂質，タンパク質は側方にかなり自由に移動できる．

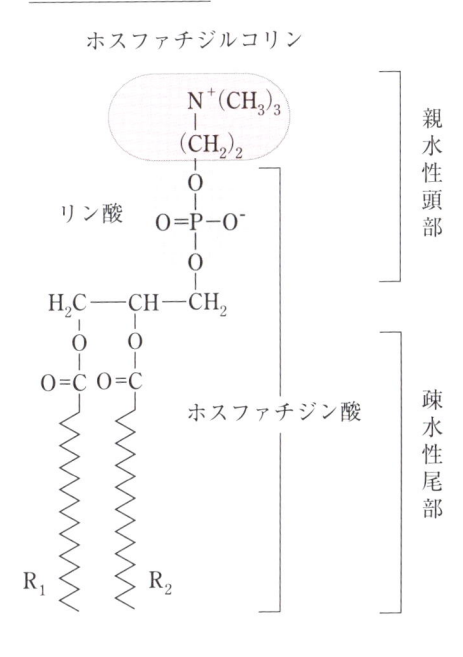

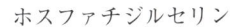

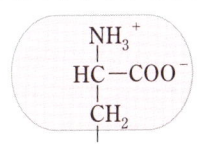

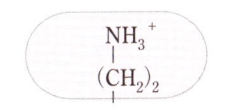

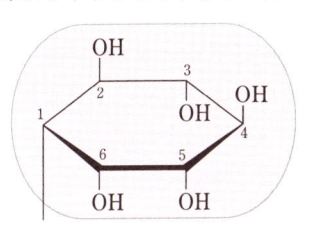

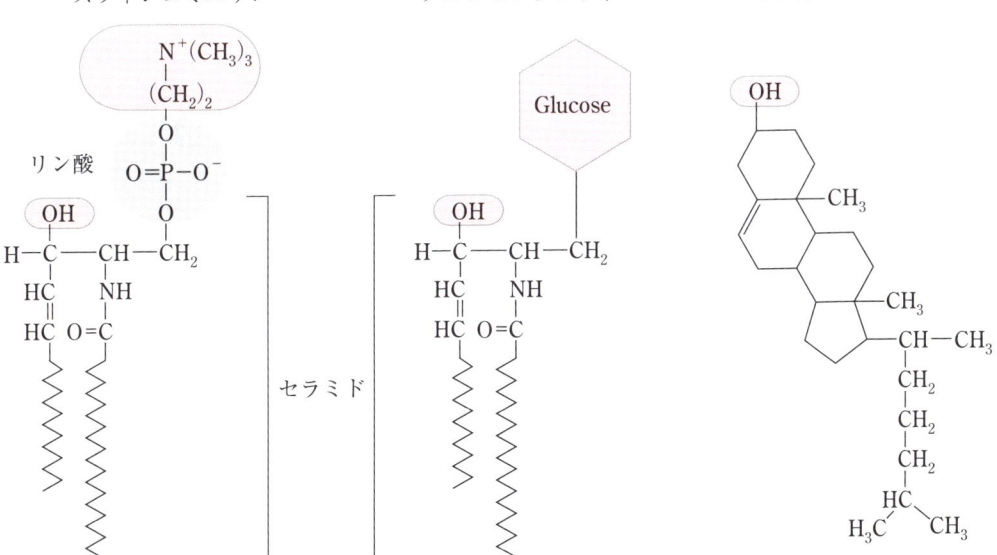

図2.10 細胞膜を構成する脂質の構造

赤色で示した構造は親水基を示す.

ンパク質はこれらの脂質の流動に伴って自由に移動できるという**流動モザイクモデル fluid mosaic model** が，1972 年にシンガー・ニコルソン Singer, Seymour Jonathan–Nicolson, Garth L. によって提唱された．実際には，細胞膜中には流動性の低い箇所があったり，タンパク質の多くは細胞内部で構造を支えているタンパク質と結合していて完全に自由に移動できないなどの制約があるものの，流動モザイクモデルの考え方は現在でも広く認められている．

　細胞膜を構成する脂質の構造を示した（図 2.10）．リン脂質は，**ホスファチジルコリン phosphatidylcholine** が最も豊富で，他に**ホスファチジルセリン phosphatidylserine**，**ホスファチジルエタノールアミン phosphatidylethanolamine**，**ホスファチジルイノシトール phosphatidylinositol**，**スフィンゴミエリン sphingomyelin** などがある．糖脂質は，動物細胞ではほとんどがスフィンゴ糖脂質で，グルコースやガラクトースが結合した**グルコセレブロシド glucocerebroside** や**ガラクトセレブロシド galactocerebroside** がある．酸性糖シアル酸を含むガングリオシドは細胞膜の脂質ラフト（後述）に多く存在すると考えられている．動物細胞中に存在するステロールは，**コレステロール cholesterol** である．コレステロールは疎水性のステロイド骨格と親水性のヒドロキシ基をもち，リン脂質と同じく両親媒性物質である．細胞膜の他の脂質の間にできた隙間に疎水性領域を内側に向けて入り込む．細胞膜を構成するタンパク質については，次節「膜タンパク質」で述べる．

2.3.2　生体膜の形成

　真核細胞では，新しい生体膜の合成は，小胞体内で行われている．小胞体内で合成された新しい脂質二重層の一部が分離して，脂質二重層でできた小型の球体となる．このような球体を**小胞 vesicle** といい，生成される過程を出芽という．出芽した小胞は，細胞質内を移動して他の生体膜に取り込まれて元の膜と一体化する．この過程を融合という．小胞体から出芽した小胞の一部

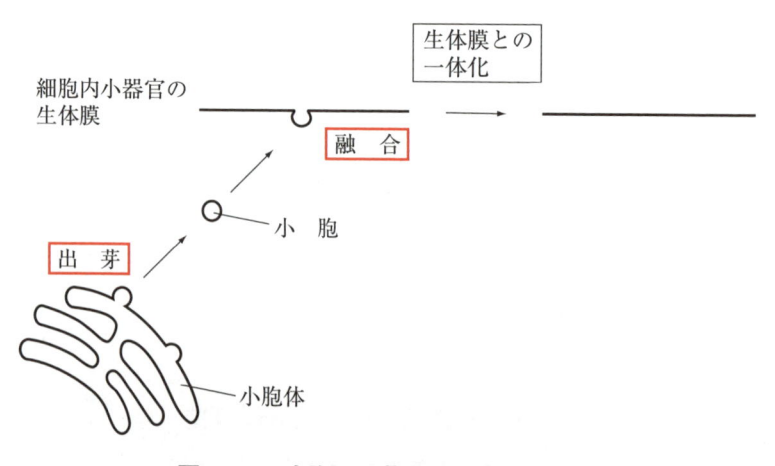

図 2.11　小胞の出芽と生体膜への融合

は，ゴルジ体の小胞体側（ゴルジ体シス面）からゴルジ体へ融合する．ゴルジ体は扁平な袋状の膜構造（ゴルジ扁平嚢）が重なってできており，ゴルジ体の各嚢間で出芽と融合を繰り返した後，細胞膜側（ゴルジ体トランス面）から出芽し細胞膜に融合する．小胞の中にはタンパク質や複合糖質が含まれていることもあり，細胞膜や細胞小器官の膜の構成成分は小胞の出芽・融合により常に補給されている（図2.11）．

2.3.3 生体膜の流動性

細胞膜中の脂質分子には流動性があり，同じ層内では，側方に自由に移動する（図2.12）．一方，二重層の一方の層からもう一方の層への移動には，多量のエネルギーが必要である．移動のためには，親水性のリン脂質頭部が疎水性の脂質二重層内部を通らなければならないためである．この**フリップフロップ flip flop** と呼ばれる移動には，通常，フリッパーゼと呼ばれる酵素の働きが必要である．

同じ層内での分子の移動のしやすさ，すなわち細胞膜の流動性は，膜を構成する分子によって決まる．脂質分子の尾部が密に，秩序立って並んでいるほど，膜内部の疎水性相互作用が強くなり流動性は低下する．逆に，尾部同士に隙間が多く，雑然と並んでいる場合，相互作用が低下して流動性は増加する．脂質分子の流動性に影響を与えるのは，炭化水素鎖の長さと二重結合の数である．炭化水素鎖が短ければ，膜内部の疎水性相互作用が弱くなり，流動性は増加する．脂質分子中の炭化水素鎖の炭素原子間の二重結合は通常シス結合であるので，二重結合があると折れ曲がりが生じる．この折れ曲がりにより，尾部同士に隙間ができて，疎水性相互作用が低下して流動性は増加する．動物細胞の場合は，コレステロール含量も膜の流動性に大きな影響を与える．平面状のステロイド骨格をもつコレステロール（図2.10）はリン脂質に比べて短く固い構造をもつため，膜への挿入は膜に剛性を与え，流動性は低下する．

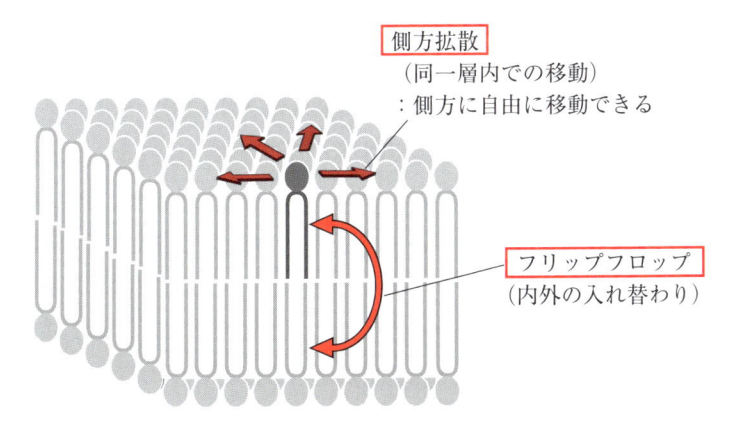

図 2.12 細胞膜の流動性

コラム　　生体膜のタンパク質分布を明らかにする—フリーズフラクチャー法

　膜タンパク質の構造を電子顕微鏡で直接観察するのは困難である．フリーズフラクチャー法と呼ばれる方法により，膜に含まれるタンパク質がどのような状態で存在するかを知ることができるようになった．

　固定した小さな組織片を液体窒素で瞬間的に凍結する．次に，凍結した標本を専用装置にセットし，冷却しながら減圧して真空状態にする．この状態の標本をカミソリ

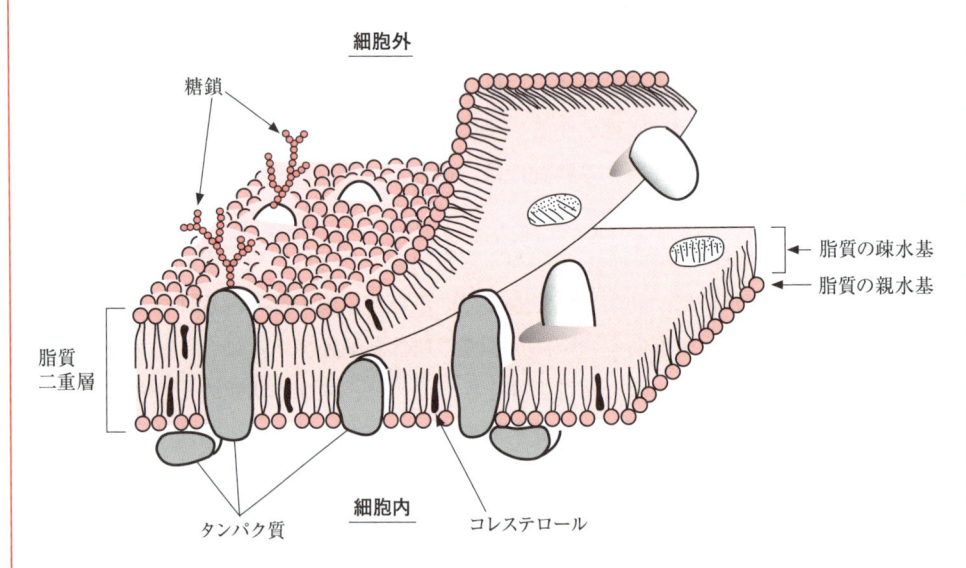

図 2.13　細胞膜の構造

図の右側は，フリーズフラクチャー法で分かれる面を部分的に剥がして描いてある．これらの面に薄い膜を付着することで，細胞膜に埋まったタンパク質によってできた凹凸を写したレプリカができる．これを電子顕微鏡で観察することで，細胞膜内の三次元構造を見ることができる．

の刃でたたくと脂質二重層の疎水性面に沿って割れる（図2.13）．その結果，割断面には生体膜に含まれていたタンパク質が露出する．この割断面に白金を電熱融解して発生させた蒸気を薄い膜として付着させる（蒸着）．その後，白金が蒸着した試料を取り出し次亜塩素酸溶液につけると，試料の細胞成分は溶けて白金蒸着膜だけが残る．この蒸着膜は膜タンパク質によってできた割断面の凹凸を正確に写したレプリカ（複製）となる．こうしてできたレプリカを電子顕微鏡で観察することにより，従来の観察方法では得られなかった膜内の三次元構造が明らかになった．

2.4 膜タンパク質

2.4.1 膜タンパク質

　細胞膜には，脂質分子だけでなくタンパク質も含まれる．細胞膜の機能の大部分はタンパク質が担っている．物質の輸送を行う輸送体やチャネル，細胞外からのシグナルの授受を行う受容体，様々な反応を触媒する酵素，細胞同士または細胞外基質を結合する接着分子などの機能をもつタンパク質が含まれる．

　膜タンパク質の細胞膜（生体膜）への結合様式は様々である（図2.14）．膜を貫通するもの（図2.14a），貫通せずに結合しているもの（図2.14b），特定の脂質と結合しているもの（図2.14c），他の膜タンパク質に結合することで間接的に膜に付着しているもの（図2.14d）などがあげられる．

　膜貫通タンパク質は，疎水性アミノ酸よりなる疎水性領域を脂質二重層に貫通させ，親水性部分を細胞膜外に出して結合している．膜貫通領域では，ポリペプチド鎖の主鎖は，水分子と水素結合できないので主鎖の原子間で互いに水素結合をつくろうとする．そのため，水素結合の数が

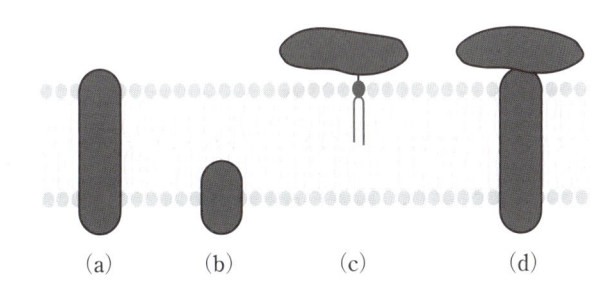

図 2.14　膜タンパク質の細胞膜（生体膜）への結合様式の分類

（a）膜を貫通，（b）貫通せずに結合，（c）特定の脂質と結合，（d）他の膜タンパク質に結合することで間接的に膜に付着，などに分類される．

最大になる **αヘリックス α-helix** 構造をとることが多い（図2.15a）．受容体型チロシンキナーゼのように1回だけ膜を貫通するものや，Gタンパク質共役型受容体のように7回貫通するものもあり，貫通回数は様々である．これらの受容体は細胞外の親水性領域で細胞外からのシグナル分子と結合する．イオンチャネルと呼ばれる細胞膜上でのイオン輸送に関与するタンパク質では，膜貫通タンパク質がいくつか集合して多量体を形成していることが多い．イオンチャネルは，特定の刺激を受けたときにのみ構造を変化させて，イオンが通過できる小孔を形成する．**βシート β-sheet** 構造が連なってできた円筒状の構造（**βバレル β-barrel**）が，膜を貫通している場合もある．貫通せずに結合している膜タンパク質もαヘリックス構造に富む疎水性領域が膜内に差し込んでいるのは，膜貫通タンパク質と同じである（図2.15b）．さらに，脂質二重層の特定の脂質を認識して結合したり，アンカーと呼ばれる炭化水素鎖や脂質分子を膜の疎水性領域に挿入することで，細胞膜に付着しているタンパク質もある．アンカーが糖鎖を含むリン脂質である**グリコシルホスファチジルイノシトール glycosylphosphatidylinositol（GPI）**のものは **GPIアンカー GPI anchor** と呼ばれ，様々なタンパク質を細胞膜の外側につなぎ止めている（図2.15c）．

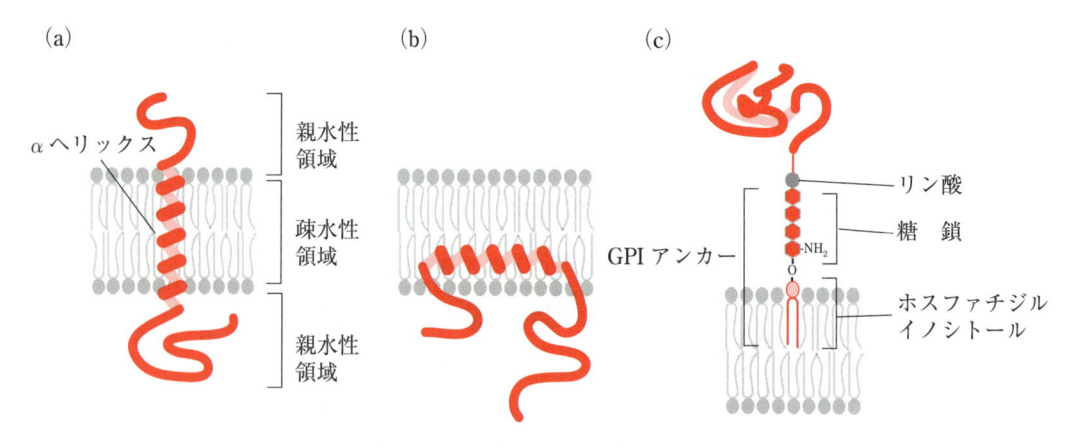

図2.15　膜タンパク質の構造

(a) 膜に埋め込まれたタンパク質は，疎水性領域を細胞膜内に挿入し，親水性部分を細胞膜外に出している．タンパク質の疎水性領域はαヘリックス構造をとっていることが多い．左側は膜貫通タンパク質．(b) 右側のように貫通しないものも，疎水性領域を細胞膜内に埋め込む．(c) GPIアンカーの構造．グリコシルホスファチジルイノシトールにタンパク質が共有結合している．

2.4.2　細胞膜の裏打ち構造

　脂質二重層から構成される細胞膜は，非常に薄くもろい構造であり，外部からの強い力がかかれば簡単に壊れてしまう．それを防ぐための構造が，細胞膜の裏打ち構造であり，細胞膜を補強して外力に屈しない強度を与えている．細胞骨格を中心とした線維状のタンパク質とそれらをつなぐタンパク質が主要な構成成分で，これらが組み合わさって網目構造をとり，細胞膜の内層に付着することで細胞膜を支えている．また，裏打ち構造は，細胞膜のタンパク質とも結合して，タンパク質を一定の位置にとどめている．これは，流動性のある細胞膜上でも，膜タンパク質を適した位置にとどめて，膜タンパク質が効率よく機能するために役立っている．細胞骨格の詳細については，第4章で説明する．

2.5　膜の非対称性

2.5.1　脂質の非対称性

　細胞膜に分布する脂質やタンパク質は，通常，細胞質側（内層）と外側（外層）で非対称に分布している．膜タンパク質は特定の方向に配置されなければ，正しく機能しない．脂質についても内層と外層では，構成成分が全く異なる（表2.2）．ホスファチジルコリン，スフィンゴミエリンは主に外層に分布し，内層にはわずかに分布する．ホスファチジルセリン，ホスファチジルエ

表2.2　各脂質の細胞膜内分布

脂　質	存　在
ホスファチジルコリン	主に外層
スフィンゴミエリン	主に外層
ホスファチジルセリン	主に内層
ホスファチジルエタノールアミン	主に内層
ホスファチジルイノシトール	主に内層，微量
コレステロール	内層と外層にほぼ均等
糖脂質	外層のみ

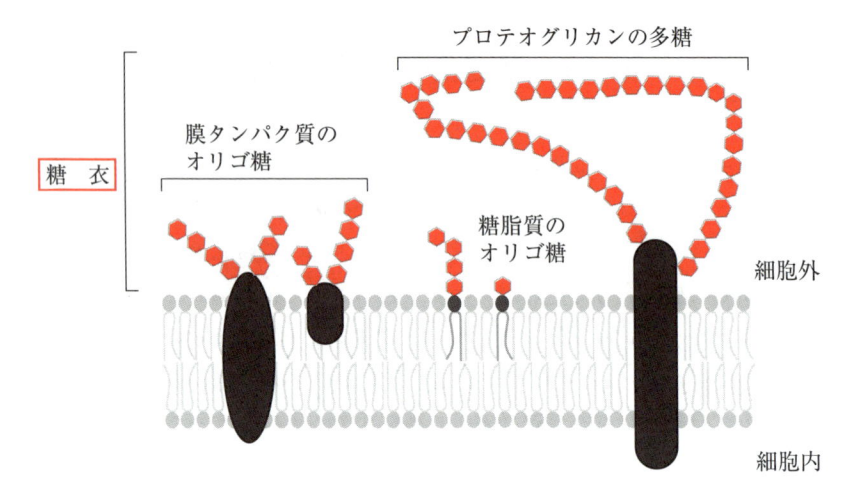

図 2.16　細胞表面を覆う糖衣
糖衣は細胞の外側に見られ，細胞表面の保護や細胞の目印として働く．

　タノールアミンは主に内層に存在し，外層にはわずかしか存在しない．ホスファチジルイノシトールは主に内層に存在する微量の脂質だが，リン酸化および加水分解されることで，イノシトール–三リン酸とジアシルグリセロールを生成し，細胞内シグナル伝達に重要な役割を果たす．糖脂質は外層にのみ存在する．コレステロールは内層と外層の両方にほぼ均等に分布する．

　セレブロシドやガングリオシドなどの糖脂質は糖鎖を細胞の外側に向けている．また，大半の膜タンパク質は細胞膜の外側部分に短い糖鎖（オリゴ糖）が結合している．アミノ糖を含む分岐していない多糖鎖（グリコサミノグリカン）が1本以上結合した糖含量が非常に多いタンパク質であるプロテオグリカンも細胞膜中に存在することがある．これらの糖鎖はすべて，膜の外側にあって，細胞表面の脂質二重層を覆うことから**糖衣 glycocalyx**（図 2.16）と呼ばれる．糖衣は，細胞表面が機械的，化学的な損傷を受けるのを防いでいる．また，細胞表面の糖鎖は特定の機能をもつ細胞の目印としても用いられ，相手の細胞はこれを認識して結合する．レクチンと呼ばれる一連のタンパク質は，細胞表面の糖鎖を認識する．精子による卵細胞の識別や，感染応答の際の白血球の認識がその例である．感染応答の場合では，感染部位の血管内壁を覆う血管内皮細胞の表面にあるレクチン（Eセレクチン）が，好中球表面の糖鎖を認識して結合する（図 2.17）．

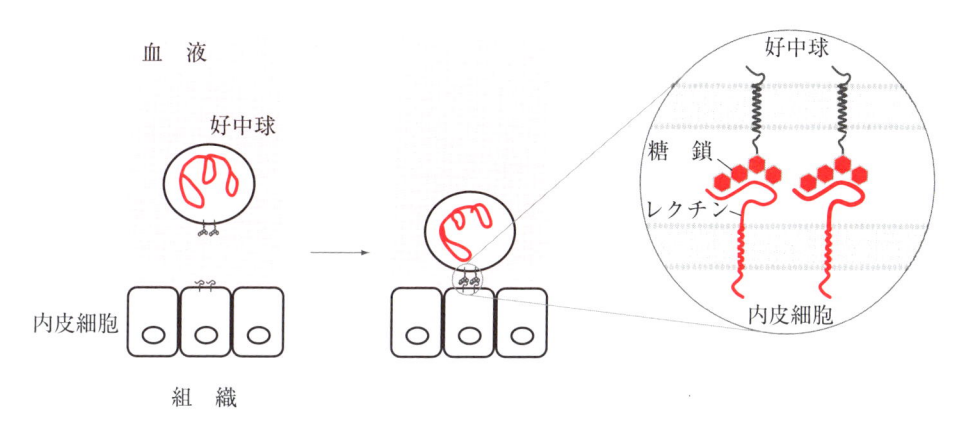

図 2.17　レクチンによる好中球表面の認識

感染部位の血管内壁を覆う血管内皮細胞の表面にあるレクチンが，好中球表面の糖鎖を認識して結合する様子．右は表面の拡大図．

─ コラム　脂質ラフトとカベオラ ─

細胞膜上には，流動性が低く，他の部分より膜に厚みがあり，脂質の構成が他の部分と異なる**脂質ラフト lipid raft**と呼ばれる領域が形成されると考えられる．この領域では，飽和脂肪酸を多く含むスフィンゴミエリンやスフィンゴ糖脂質や，コレステロールの割合が他の部分に比べて高い．したがって，前述（2.3.3　生体膜の流動性）の理由

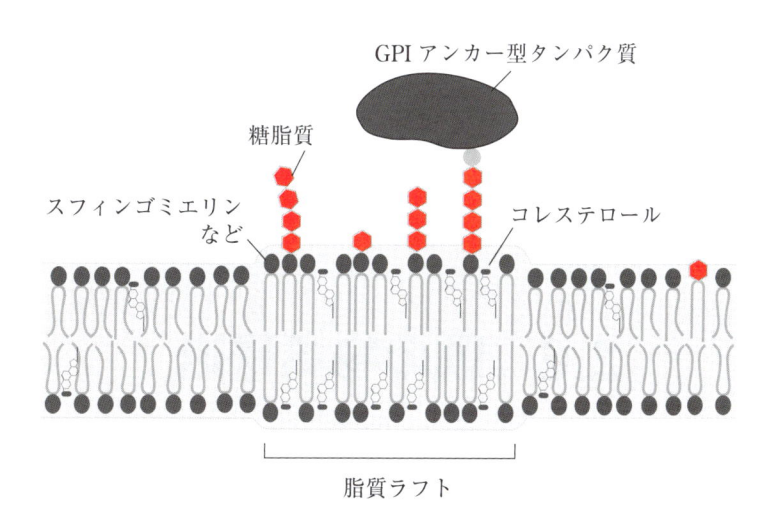

図 2.18　脂質ラフトの構造

脂質ラフトは細胞表面の浮島のように点在すると考えられている．この部分の脂質には，折れ曲がりのない飽和脂肪酸が多く含まれるため，他の部分よりも厚みがある．この領域は流動性が低く，細胞内情報伝達に重要なタンパク質が多い．

から，脂質どうしの相互作用が強くなり，流動性が低くなる．脂質ラフトには，GPIアンカータンパク質，接着分子，受容体などが集中して分布している（図2.18）．また，脂質ラフトでは時として，細胞内部に陥入した**カベオラ caveolae** と呼ばれる構造が見られる（図2.19）．この陥入は，**カベオリン caveolin** と呼ばれる膜タンパク質により形成される．カベオリンが細胞膜に組み込まれることにより膜が引っ張られて，細胞質側に陥入する．このカベオラの陥入部分の細胞膜には細胞内の情報伝達に関与するさまざまなタンパク質が含まれる．カベオラやラフトに集中して分布する分子の種類を見ると，これらの構造は細胞外からのシグナルを細胞内に伝達するための特別な領域と考えられる．

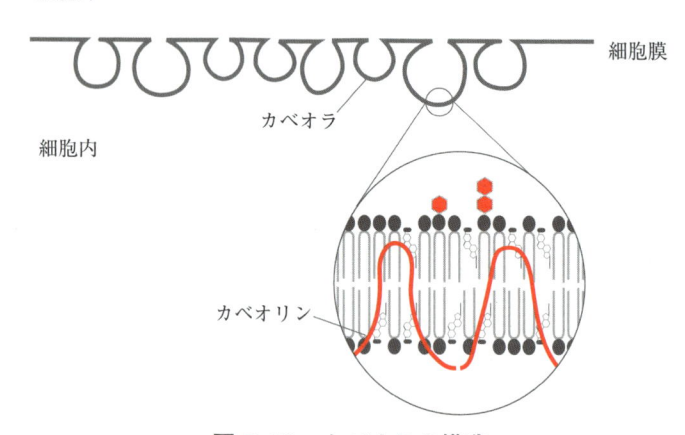

図 2.19 カベオラの構造

細胞膜の細胞内への陥入構造はカベオラと呼ばれる．丸枠内は拡大図．カベオリンタンパク質によって引っ張られることにより，細胞質側に陥入する．
（参考文献：*Genome Biology* 2004 Vol. 5, p. 214）

2.6 膜の物質輸送

2.6.1 脂質二重層を通過できる分子

通常，物質は拡散により高濃度から低濃度側へと濃度勾配に沿った方向へ移動する．遮るもののない溶液中では，物質の拡散速度は，大きさや電荷などの物理的特性，濃度勾配，周囲の温度

表2.3 脂質二重層を通過できる分子とできない分子

分 子		例	膜の透過
疎水性分子		脂肪酸，ステロイドなど	できる
非極性小分子（主に気体）		酸素，二酸化炭素，一酸化窒素など	
電荷をもたない極性分子	分子量 小	水，エタノールなど	
	分子量 大	グルコースなど	できない
電荷をもつ分子		アミノ酸，ヌクレオチドなど	
イオン		Na^+，K^+，Cl^- など	

によって決定される．細胞の内外のように生体膜によって分けられている区画間の物質の移動は，さらに膜の特性が速度に大きく影響を与える．これまで見てきたように，生体膜の脂質二重層は内部が疎水性分子で構成されている．したがって，疎水性分子は，容易に細胞膜を透過することができ，疎水性が高く小さい物質ほど迅速に透過することができる．酸素分子や二酸化炭素などの非極性のガス状分子は，拡散により迅速に膜を透過する．細胞はこのようにして気体を透過させることで，細胞呼吸を行う．分子内の電荷が不均一な電荷をもたない極性分子も小さければ膜を透過することができる．例えば，水やエタノールは分子量が比較的小さいので，極性分子でも迅速に膜を透過することができる．一方で，イオンや電荷をもつ分子はどんなに小さくても膜をほとんど透過できない．膜内部の疎水性部分により親水性物質が排除されるからである．

2.6.2 膜輸送タンパク質による物質の輸送

a チャネルと輸送体

　前述の通り，イオン，アミノ酸，糖質，ヌクレオチドなどは膜をほとんど透過できないが，細胞が生きていくためにはこれらの分子も細胞内に取り込む必要がある．これらの分子の輸送には**膜輸送タンパク質 membrane transport protein** が利用される．膜輸送タンパク質は，膜貫通型タンパク質で，輸送機構の違いにより**チャネル channel** と**輸送体（トランスポーター）transporter** に大別される（図2.20）．チャネルは複数のタンパク質のユニットが組み合わさって膜に親水性の小孔を形成したもので，普段は"閉じた"状態にある．刺激が加わると"開いた"状態となり，物質はこの小孔を通って移動する．水の再吸収の活発な腎臓などの細胞では，**アクアポリン aquaporin** と呼ばれる水チャネルを介した細胞への水の移動も見られる．一方，輸送体はタンパク質に透過すべき物質が結合すると，輸送体タンパク質が構造変化を起こし，それに伴って結合した物質が膜の反対側に輸送される．

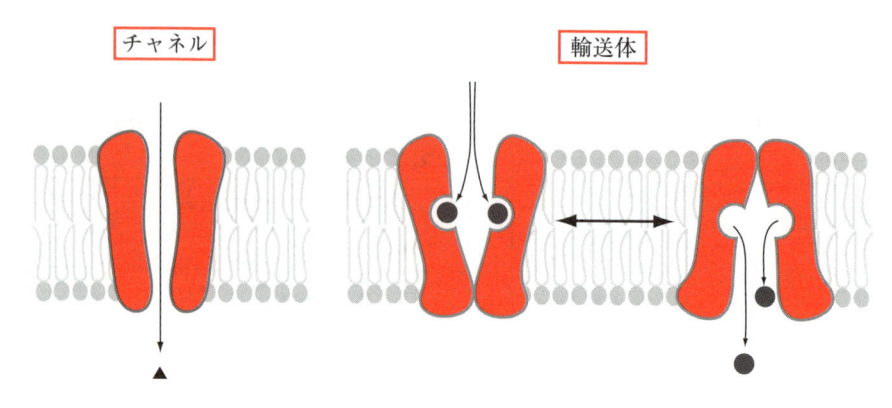

図2.20 チャネルと輸送体

チャネル：特定の刺激によりチャネル内部に小孔が形成され，開口時には多数の物質が一度に流れ込み透過することができる．
輸送体：細胞内部あるいは外部に向けて開口している．輸送体内部に物質が結合すると，輸送体は構造変化を起こして反対側に開口する．この過程を繰り返すことにより，輸送体は結合した物質を透過させることができる．

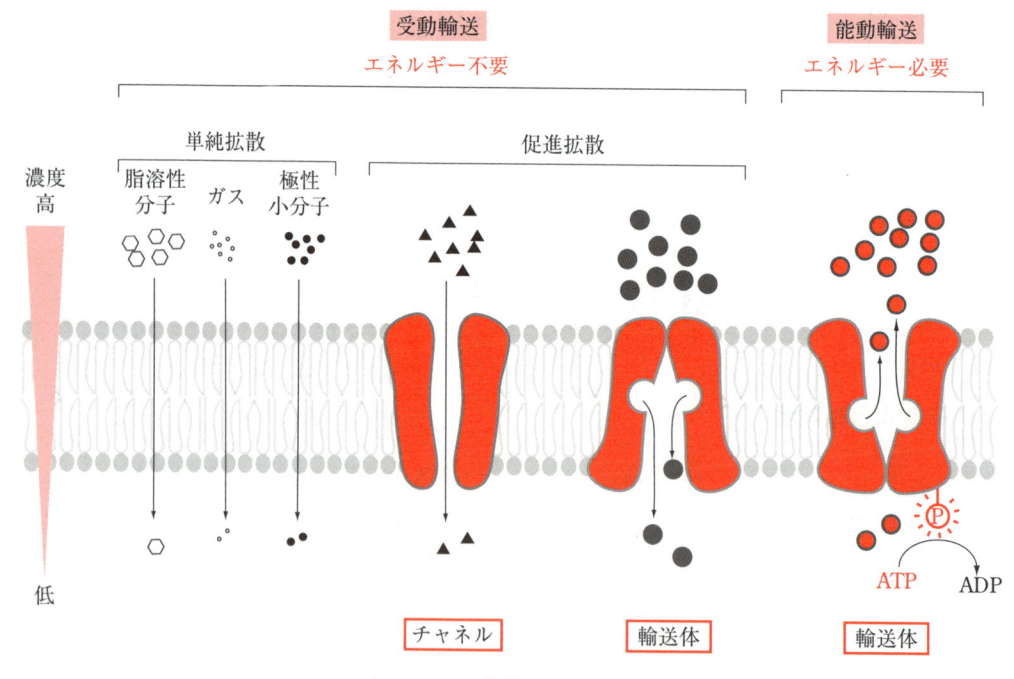

図2.21 物質輸送の分類

脂溶性分子，気体（酸素，二酸化炭素など），電荷をもたない極性分子は単純拡散により脂質二重層である生体膜を透過することができる．これら以外の物質は，単純拡散やチャネルや輸送体を介する促進拡散により膜の透過が可能である．濃度勾配に従ったこれらの物質輸送の様式を受動輸送という．濃度勾配に逆らった物質輸送は，ATP加水分解などのエネルギー消費を伴うことで可能になる．このような輸送様式を能動輸送といい，輸送体を介して行われる．

b 膜タンパク質による物質輸送の分類

膜透過による物質輸送の分類を図 2.21 に示した．それぞれの特徴について解説する．

1）受動輸送

拡散による物質の移動を**受動輸送 passive transport** という．この輸送過程はエネルギーを必要とせず，物質の移動方向は濃度勾配に従って，高濃度側から低濃度側へ移動する．さらに受動輸送は，主に気体のような非極性小分子のように特異的な膜輸送タンパク質を必要としない**単純拡散 simple diffusion** とチャネルや輸送体を介する**促進拡散 facilitated diffusion** とに分類することができる．

受動輸送の速度は，電荷をもたない分子では細胞内外の濃度差だけで決まるが，イオンなどの電荷をもつ分子の場合は細胞膜内外に生じる電位差も大きく影響する．通常，細胞膜の細胞質側

受動輸送の駆動力

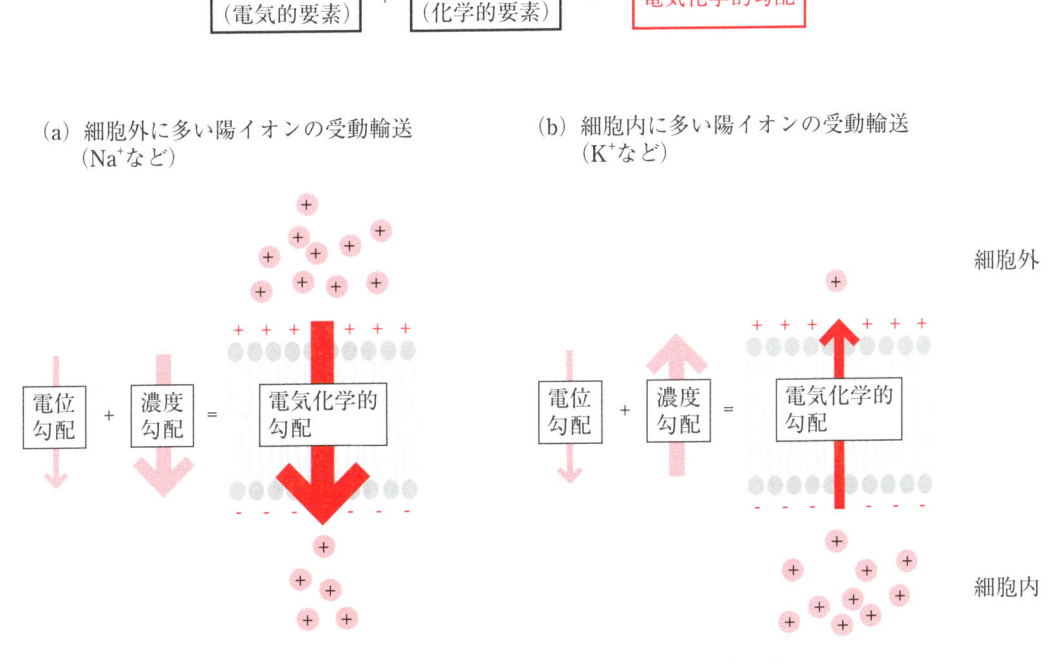

電位勾配（電気的要素） ＋ 濃度勾配（化学的要素） ＝ **電気化学的勾配**

(a) 細胞外に多い陽イオンの受動輸送（Na⁺など）
(b) 細胞内に多い陽イオンの受動輸送（K⁺など）

図 2.22　受動輸送の駆動力（電気化学的勾配）

受動輸送の駆動力は電位勾配と濃度勾配の和である電気化学的勾配によって決まる．通常，細胞膜は細胞外側が正に，細胞内側が負に荷電しているので，陽イオンに対する電位勾配は細胞内へ向いている．したがって，細胞外に多い陽イオン（Na⁺など）の受動輸送の電気化学的勾配は濃度勾配のみに比べて大きく（a），細胞内に多い陽イオン（K⁺など）の受動輸送の電気化学的勾配は濃度勾配のみに比べて小さくなる（b）．

は細胞外側に対して電位が負になっているので，正電荷をもつ分子は細胞内に流入しやすく，負電荷をもつ分子は流入しにくい．したがって，受動輸送により分子が膜を透過する際の駆動力は，細胞内外の分子の濃度勾配により生じた力と膜に生じた電位差により生じた力の総和になる（図2.22）．この駆動力をその物質の**電気化学的勾配 electrochemical gradient**（または**電気化学的ポテンシャル差 electrochemical potential difference**）といい，受動輸送の速度はこの電気化学的勾配によって決まる．

2）能動輸送

ATP加水分解や光など何らかのエネルギーを用いて物質を濃度勾配に逆らって，すなわち低濃度側から高濃度側への物質移動を**能動輸送 active transport**という（図2.21右）．ATPが加水分解される際に生じるエネルギーを利用して能動輸送に関与する輸送体を特に**ポンプATPase pump ATPase**と呼ぶ．ATPを結合する部位（ATP binding cassette）をもつことから**ABC輸送体ABC transporter**とも呼ばれる．ATP加水分解時のエネルギーを直接，あるいは間接的に利用しているかによって，能動輸送はさらに分類される．ポンプATPaseのようにATPのエネルギーを直接利用しているものは**一次性能動輸送 primary active transport**と呼ばれる．一方の物質の一次性能動輸送によって細胞膜内外に電気化学的勾配が生じると，その勾配に従った輸送に伴ってもう一方の物質が濃度勾配に逆らって移動することができるようになる．ATPのエネルギーを間接的に利用していることから，このような物質移動を**二次性能動輸送 secondary active transport**と呼ぶ．

能動輸送では，同時に複数の物質の輸送が行われることが多い．2つの物質が移動する方向に

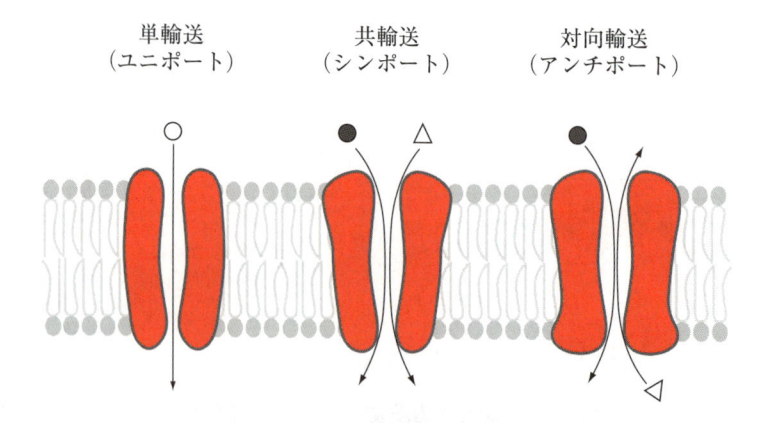

図2.23　能動輸送の分類

能動輸送において，1つの物質だけを輸送する場合は，単輸送（ユニポート）という．能動輸送では，同時に複数の物質の輸送が行われることが多い．2つの物質が同じ方向に移動する共輸送（シンポート）と2つの物質が反対方向に移動する対向輸送（アンチポート）に分類される．

よって，**共輸送 cotransport（シンポート symport）**（2つの物質が同じ方向に移動）と**対向輸送 countertransport（アンチポート antiport）**（2つの物質が反対方向に移動）に分けられる（図2.23）．これらに対して，1種類の物質だけを輸送する場合を，**単輸送 uniport（ユニポート）**という．

c 膜タンパク質による物質輸送の例

上記のような膜輸送タンパク質による物質の輸送について，チャネルを介した受動輸送，輸送体を介した受動輸送，輸送体を介した能動輸送の項目に分け，それぞれ例を挙げて説明する．

1）チャネルを介した受動輸送

チャネルのほとんどは無機イオンを透過させるので，**イオンチャネル ion channel** とも呼ばれる．貫通型タンパク質がいくつか組み合わさって小孔を形成する．この小孔は普段は閉じているが，特定の刺激を受けるとタンパク質の構造が変わって通過口（ゲート）が開口した状態となり，イオンは受動輸送により高濃度側から低濃度側へと流れ込む．濃度勾配と同方向の移動であるので，エネルギーを必要としない．通過口は開き放しにはならず，刺激を受けている間に開閉を繰り返す．イオンチャネルにはイオン選択性があり，特定のイオンしか通さない．その選択は，イオンチャネルの形，直径，構成アミノ酸による電荷分布によって決まる．通過口の開閉の調節方法は様々で，細胞膜の膜電位の変化により開閉する**電位依存性チャネル voltage-gated channel**，リガンドがチャネルに結合することで開閉する**リガンド依存性チャネル ligand-gated channel**，チャネルに加わる機械的な力でチャネルの開閉が調節される**機械刺激依存チャネル stress-gated channel** などに分類される．チャネルにはセンサー（感知器）として機能する部位があり，膜電位変化，リガンドの結合，機械刺激などを感知する．

代表的な電位依存性チャネルである **Na^+ チャネル Na^+ channel** の構造を図2.24に示した．4つの膜貫通領域を形成する1本のポリペプチドが1つのチャネルを形成する．ⅠからⅣの各領域はそれぞれ6回膜を貫通している．膜電位が上昇するとセンサーが感知して，各領域4番目の膜貫通部位が移動することで，チャネルの構造が変化しゲートが開口した状態となる．細胞内部よりも外部に大量に存在する Na^+ は，濃度勾配に従いチャネルを通って細胞内に流入する．また，リガンド依存性 Na^+ チャネルである**ニコチン性アセチルコリン受容体 nicotinic acetylcholine receptor** は，リガンドであるアセチルコリンが細胞外の領域に結合することにより開口した構造となり，Na^+ が細胞外から細胞内に流入する．

2）輸送体を介した受動輸送

チャネルと同じく多くの輸送体も受動輸送（促進拡散）により物質を透過させる．エネルギーを要しない点と特定の物質が濃度勾配に従って移動する点はチャネルと同じである．輸送体では酵素と基質のように物質が輸送体に特異的に結合することで，輸送体タンパク質に構造変化が生じて結合した物質を透過させる．したがって，特定の物質だけを輸送する点もチャネルと同じで

細胞外 I　II　III　IV

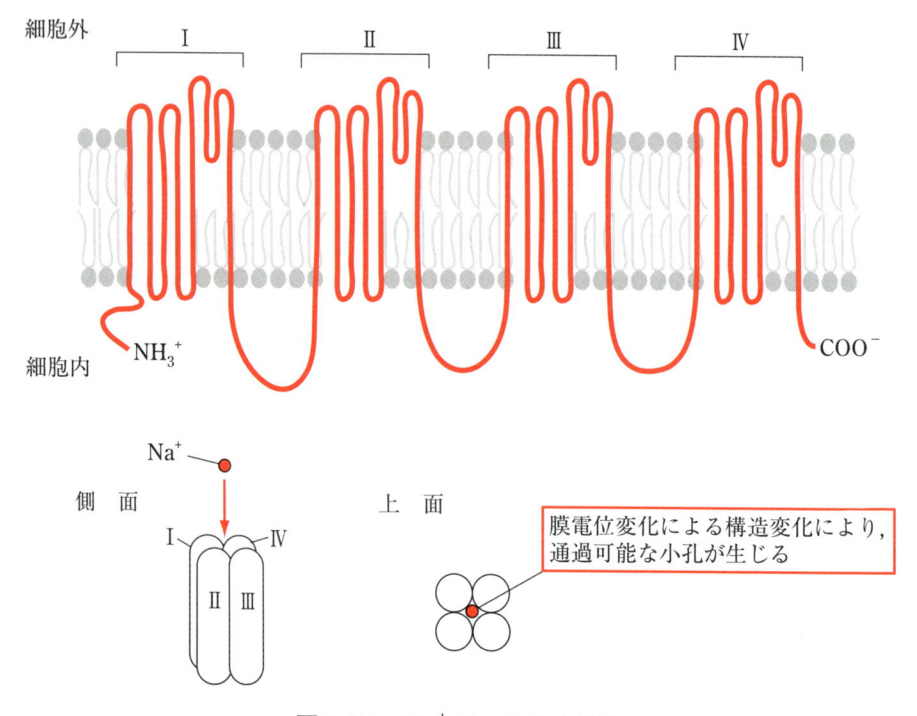

細胞内　NH₃⁺　　　　　　　　　　　　　　　　COO⁻

Na⁺

側面　　　　　　　上面　　膜電位変化による構造変化により，通過可能な小孔が生じる

I　IV
II III

図 2.24　Na⁺ チャネルの構造

あるが，物質が透過する度に構造を変えなくてはならないため，一度開けば大量に透過が可能なチャネルに比べて輸送速度は遅い．さらに，透過させる物質の濃度がある値を超えると，輸送速度は最大に達して飽和する．このような速度の飽和はチャネルでは見られない．

受動輸送を行う輸送体として，**グルコース輸送体（グルコーストランスポーター，GLUT）glucose transporter ファミリー** がよく知られている（図 2.25）．膜貫通型のタンパク質で，内部にグルコース結合部位を持つ．この結合は特異性が高く，グルコース以外は結合しない．グルコース結合部位を細胞の外側に向けた状態（図 2.25 (a)）のとき，細胞外部のグルコースが結合する．次にグルコース輸送体は構造変化を起こして結合部位を細胞内部に向けた状態になる（図 2.25 (b)〜(c)）．この状態でグルコースは結合部位から離れて，細胞内部へ移動する．グルコースを放出した輸送体はまた結合部位を外側に向けた状態にもどる（図 2.25 (d)〜(a)）．このような過程を繰り返すことで，グルコース輸送体はグルコースを高濃度側から低濃度側へ輸送する．

3）輸送体を介した能動輸送

輸送体には，何らかのエネルギーを用いて物質を濃度勾配に逆らって移動させることができるものもある．このような輸送様式を能動輸送という．利用されるエネルギーには，ATPの加水分解時より得られるエネルギー（一次性能動輸送），ある物質が濃度勾配に従って移動する際に生

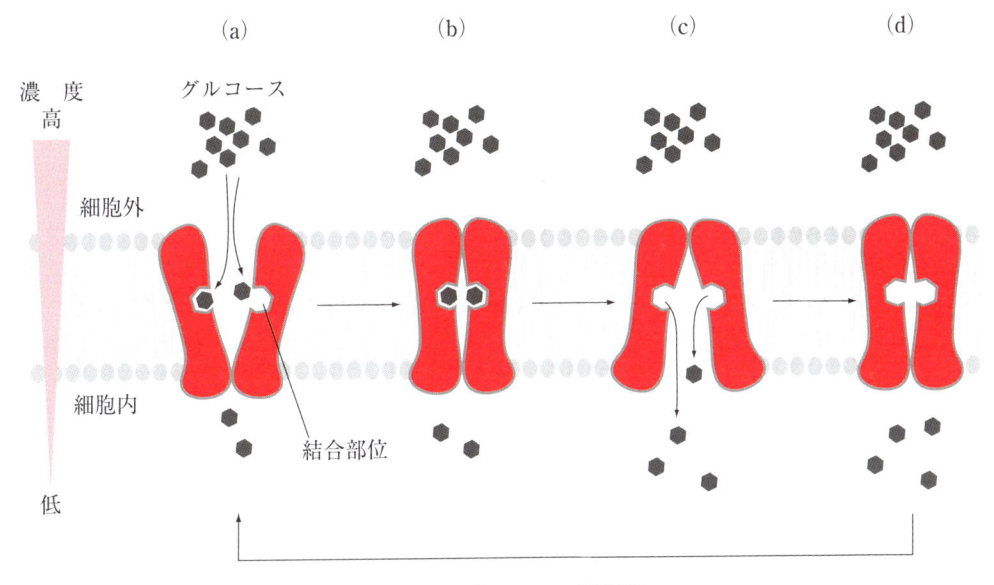

図 2.25　グルコース輸送体

細胞内より細胞外にグルコースが高濃度で存在するとき，グルコースは輸送体によって細胞内へ取り込まれる．

じるエネルギー（二次性能動輸送），光により供給されるエネルギーなどがある．光を駆動力とする輸送体は主に細菌の細胞で見られる．ここでは，一次性能動輸送と二次性能動輸送について説明する．

① 一次性能動輸送

　ATP の加水分解時より得られるエネルギーを駆動力とする輸送体の例として **Na$^+$–K$^+$ ポンプ Na$^+$–K$^+$ pump** を示す（図2.26）．Na$^+$–K$^+$ ポンプは，ATP加水分解により生じるエネルギーを利用することで，Na$^+$，K$^+$ を濃度勾配に逆らって対向輸送する．ATP加水分解は Na$^+$–K$^+$ ポンプ自身が触媒するので，Na$^+$–K$^+$ ポンプは輸送体であると同時に酵素でもあり，**Na$^+$, K$^+$–ATPase** とも呼ばれる．このタンパク質内部にはNa$^+$ とK$^+$ の結合部位があり，細胞内で内部を開口した際にNa$^+$ が結合すると（図2.26），周囲にあるATPを加水分解して，ADPとリン酸を生成する．生じたリン酸は Na$^+$–K$^+$ ポンプに高エネルギー結合し（b），このエネルギーを利用して Na$^+$–K$^+$ ポンプは構造変化する（c）．この構造変化により Na$^+$–K$^+$ ポンプ内部の Na$^+$ 結合部位が細胞の外側にさらされると，Na$^+$ は細胞外へ放出される．次に，細胞外の K$^+$ がポンプ内部に結合すると（d），リン酸基が外れて Na$^+$–K$^+$ ポンプの構造は元に戻り（e），K$^+$ は細胞内部に放出される（f）．このサイクルを繰り返すことで，Na$^+$–K$^+$ ポンプは濃度勾配に逆らって，細胞内から細胞外へ Na$^+$ を排出し，細胞内に K$^+$ を取り込んでいる．1分子のATPの加水分解によって，3個の Na$^+$ が外に排出され，2個の K$^+$ が中に入る．このポンプは大量のATPを消費しながらも常に働

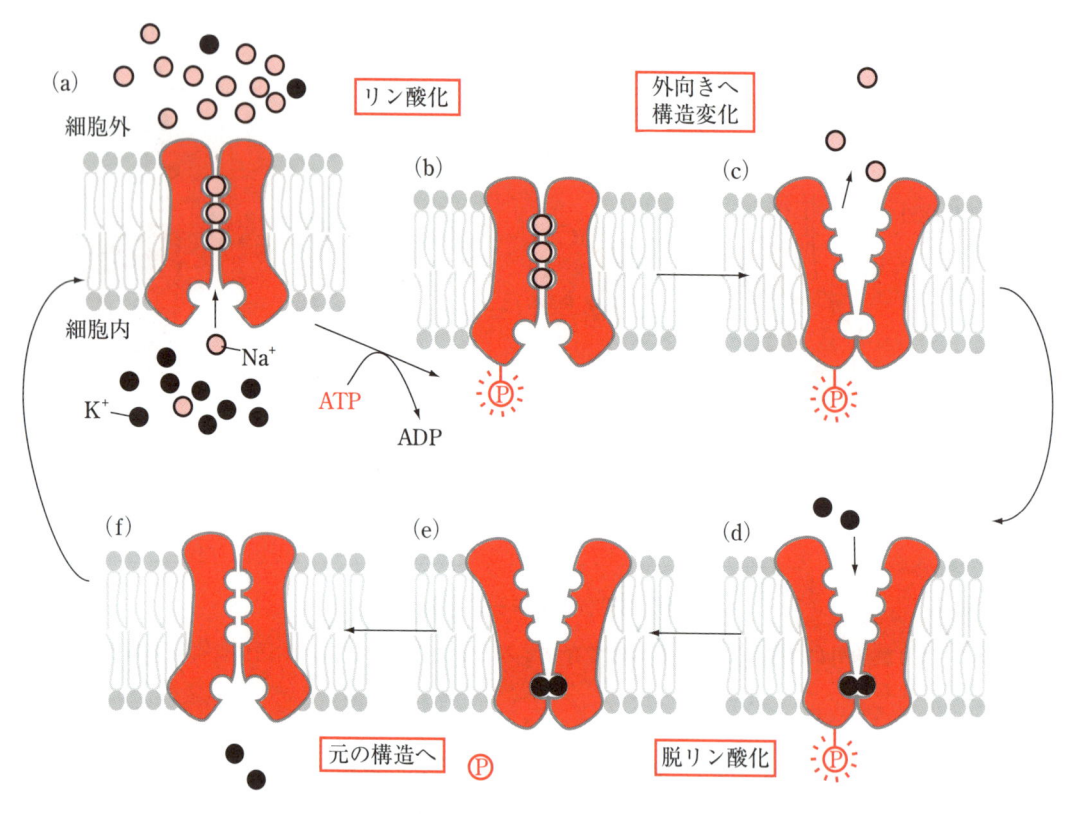

図 2.26　Na$^+$-K$^+$ポンプ

細胞外は細胞内に比べて Na$^+$ 濃度が高く，K$^+$ 濃度が低い．逆に細胞内は K$^+$ 濃度が高く，Na$^+$ 濃度が低い．(a)～(f) を繰り返すことにより，細胞内の Na$^+$ 濃度を低く，K$^+$ 濃度を高く保ち続けている．

き，細胞内の Na$^+$ 濃度を低く，K$^+$ 濃度を高く保ち続けている．

その他のポンプ ATPase の例として，胃粘膜の壁細胞に存在し，細胞への刺激に応じて H$^+$ を細胞外に放出する **H$^+$ ポンプ protone pump（H$^+$, K$^+$-ATPase）**や，不要な代謝物や薬剤などの細胞内に取り込まれた物質を排出する **P 糖タンパク質 P-glycoprotein（多剤排出輸送体 multidrug transporter）**があげられる．P 糖タンパク質は，抗がん剤などの薬剤耐性の形成に関与していることが知られている．

② 二次性能動輸送

一次性能動輸送によって生成されたある物質の濃度差が膜の両側にできた場合は，ある物質の濃度勾配によりポテンシャルが生じる．このポテンシャルを駆動力として，別の物質を濃度勾配に逆らって移動することを二次性能動輸送という．前述の Na$^+$-K$^+$ ポンプにより保たれている細胞内外の Na$^+$ 濃度差は，これらの輸送体が利用するエネルギーとして非常に重要である．

2.6 膜の物質輸送

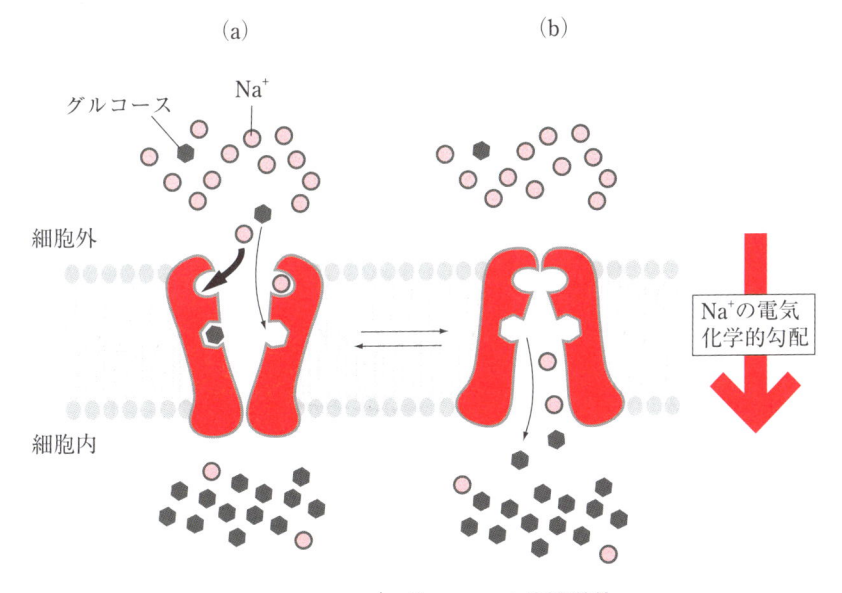

図 2.27 Na⁺-グルコース共輸送体

Na⁺-K⁺ ポンプなどの一次性能動輸送により保たれている細胞内外の Na⁺ 濃度差がもつポテンシャルは，二次性能動輸送のエネルギーとして利用される．Na⁺ が濃度勾配に従って細胞内に流れ込むと同時に，グルコースは濃度勾配に逆らって細胞内に流入する．

濃度勾配に従った Na⁺ 流入を利用した共輸送系の例として **Na⁺-グルコース共輸送体 Na⁺-glucose cotransporter** があげられる（図 2.27）．細胞外に豊富にある Na⁺ が細胞外部に向かって開口している輸送体の内部に結合するとグルコースに対する親和性が増大するように構造が変化し，グルコースが輸送体内部のグルコース結合部位に容易に結合する（図 2.27 (a)）．構造変化を起こして細胞内部に開口した状態になると，Na⁺ とグルコースの両方が放出され，細胞内部に取り込まれる（図 2.27 (b)）．細胞内部の Na⁺ 濃度は外部に比べて低いので，細胞内から細胞外への流出は起こりにくい．腸管上皮細胞には，この Na⁺-グルコース共輸送体が腸管内腔に向けた面に存在し，食後で腸管内腔にグルコースが豊富なときだけでなく，グルコース濃度が細胞内より低い場合でも細胞外からグルコースを取り込むことができる．

Na⁺ 濃度差によって生じる駆動力を利用した対向輸送系の代表例には，**Na⁺-H⁺ 交換体 sodium–proton exchanger** があげられる．Na⁺ 流入によって得られた電気化学的ポテンシャルを利用して，H⁺ を細胞外に汲み出すことにより，動物細胞内の pH を調節する．

2.6.3 エンドサイトーシスとエキソサイトーシス

これまで見てきた単純拡散や膜輸送タンパク質を介した膜輸送では透過させることはできない大きな分子，タンパク質，多糖，核酸などを細胞内外に出入りさせるための仕組みを**膜動輸送**

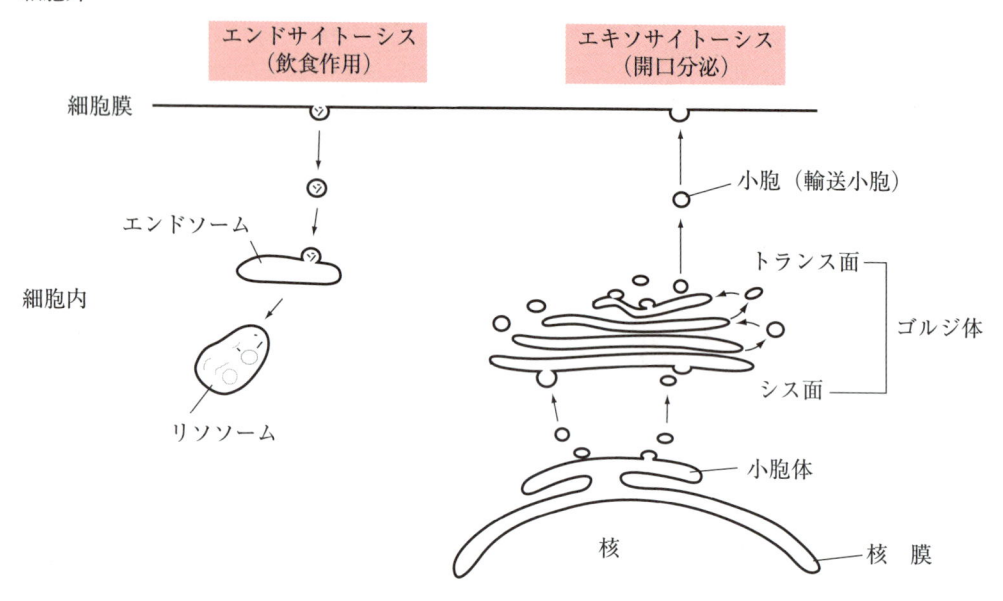

図 2.28　エンドサイトーシスとエキソサイトーシス

細胞外の物質を細胞内に取り込む機構をエンドサイトーシス，物質を細胞外に移動させる機構をエキソサイトーシスという．小胞体内で合成された脂質，タンパク質などの細胞膜の構成分子などは，小胞に囲まれてゴルジ体へ輸送される．小胞体側（シス面）からゴルジ体へ融合した小胞の内容物は，さらにゴルジ体の各嚢間を順に輸送される．最終的にゴルジ体トランス面から出芽した小胞により，内容物は細胞膜へと運ばれる．

cytosis といい，エンドサイトーシス（飲食作用）endocytosis とエキソサイトーシス（開口分泌）exocytosis がある（図 2.28）．細胞膜は，細胞外にある物質を包み込んで細胞質側に陥入する．このくぼみが膜から分離し小胞を形成し，取り込まれた物質と共に小胞は細胞質内へ移動する．移動した小胞は，エンドソーム endosome と呼ばれる細胞内の小区画と融合し，最終的にリソソームと融合する．小胞内の内容物はリソソーム内の加水分解酵素により消化される．このような過程で細胞外の物質を細胞内に取り込む機構をエンドサイトーシスという．一方，エンドサイトーシスとは逆の過程で，物質を細胞外に移動させるのがエキソサイトーシスである．ゴルジ体トランス面から出芽したタンパク質，脂質などを含む小胞が，細胞質側から細胞膜に融合して細胞の外側に内容物を放出したり，細胞膜の構成分子を補給したりする．

エンドサイトーシスは，ファゴサイトーシス（食作用）phagocytosis とピノサイトーシス（飲作用）pinocytosis に分けることができる．ファゴサイトーシスは，大きな粒子や細胞全体を取り込む過程で，食細胞に分類される白血球の一部やマクロファージなどが行う．外来の細菌やウイルス，あるいは死んだ細胞などを飲み込んで，細胞内にファゴソーム（食胞）phagosome と呼ばれる小胞を形成する．ファゴソームは通常リソソームと融合し，内容物はリソソームで消化

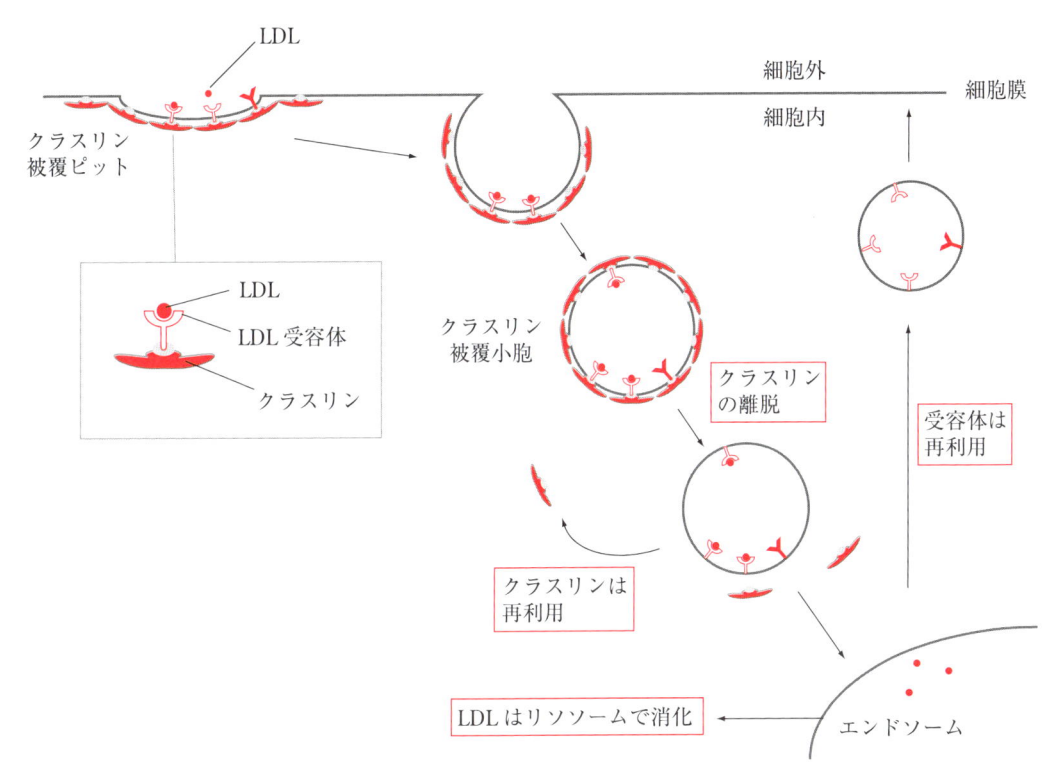

図 2.29　クラスリン被覆ピット上の LDL 受容体を介したエンドサイトーシスによる LDL の取り込み

枠内は LDL 受容体とクラスリンの拡大図．LDL が受容体に結合すると，クラスリンにより小胞形成が促進され，クラスリン被覆小胞が出芽する．クラスリンは小胞から離れ，離れたクラスリンは再び膜で利用される．小胞はまずエンドソームに取り込まれ，LDL が外れた受容体はエンドソームから出芽した小胞により細胞膜へ輸送され，再利用される．LDL を取り込んだエンドソームは，やがてリソソームと融合し，LDL はリソソーム内で遊離のコレステロールにまで分解される．

される．一方，ピノサイトーシスは，小型の小胞で液体や溶解した物質を取り込む過程で，ほとんどの細胞が常に行っている．ピノサイトーシスで取り込まれた内容物もやがてリソソームで消化される．ピノサイトーシスが行われる部位はわずかにくぼんでおり，細胞膜の細胞質側が**クラスリン clathrin** というタンパク質で覆われていることが多い．このくぼみを**クラスリン被覆ピット clathrin coated pit** と呼ぶ（図 2.29）．クラスリン分子は小胞形成を促進し，クラスリンにより周囲を囲まれた**クラスリン被覆小胞 clathrin coated vesicle** が出芽する（図 2.30）．小胞が形成された後，クラスリンは膜から離脱する．ほとんどの動物細胞では，クラスリン被覆ピット内に受容体タンパク質をもつことにより，特異的な高分子の取り込みを行うことも可能になっている．このような物質の取り込みの過程を，**受容体依存性エンドサイトーシス receptor-dependent endocytosis** という．最もよく知られているのが**低密度リポタンパク質 low density lipoprotein**

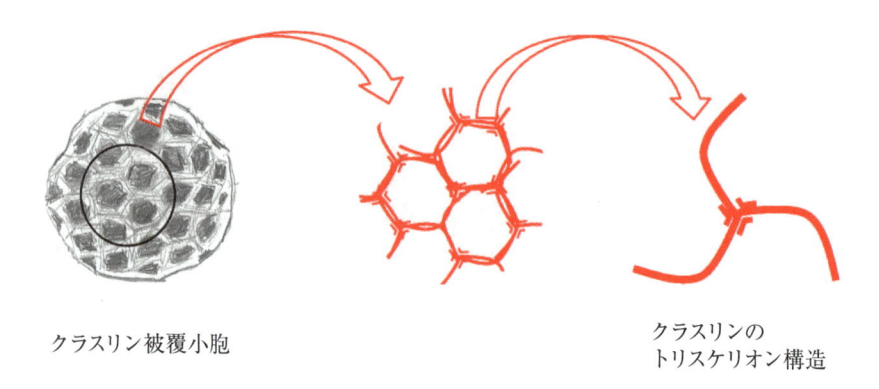

図 2.30　クラスリン被覆とクラスリン

クラスリン被覆は 1960 年代から観察されている構造で，編目状に組んだ丸いかごのようにみえる．その編目の様子からラテン語の「格子」を意味するクラスリンという名前が付けられた．クラスリン分子自体は，ひものような形をした重鎖と軽鎖が 3 本ずつ三つ巴型（トリスケリオン構造）に組み合わさりプロペラ状の構造をしている．この構造が格子を組むように会合し，被覆を形成している．

（LDL） の取り込みであり，LDL は細胞表面クラスリン被覆ピット上の LDL 受容体タンパク質に対して特異的に結合し，小胞に囲まれ細胞内に取り込まれる（図 2.29）．LDL はやがてリソソームに取り込まれて消化され，遊離のコレステロールにまで分解される．受容体は特定の分子に対する特異性をもつため，受容体依存性エンドサイトーシスは周囲に低濃度しか存在しない物質を効率的に取り込むことができる．前述のカベオラ（コラム　脂質ラフトとカベオラ）では，クラスリン非依存性のエンドサイトーシスが多く見られる．

新たに合成されたタンパク質，脂質，複合糖質などは，輸送小胞により細胞表面へと運ばれる．真核生物の細胞では，輸送小胞が常にゴルジ体トランス面（細胞膜に面している側）から出芽して細胞膜に融合している．このような経路による小胞の細胞膜への融合は常時見られることから，これを**構成性エキソサイトーシス constitutive exocytosis** という．細胞外へと分泌するタンパク質の細胞表面への輸送もこの経路で行われる．常時働く構成性エキソサイトーシス以外に，特定の刺激を受けたときにのみ働く**調節性エキソサイトーシス regulated exocytosis** がある．これは，分泌細胞がホルモン，消化酵素，神経伝達物質などを放出する際に見られる経路で，分泌細胞はこれらの物質を細胞内の分泌小胞内腔に蓄え，刺激を受けるとエキソサイトーシスにより内容物を放出する．血液中のグルコース濃度上昇が膵臓の細胞への刺激となってインスリンが分泌されたり，脳を伝わる電気信号が刺激となって神経細胞から神経伝達物質が放出されたりするのがその例である．

第3章 細胞小器官

到達目標

- 細胞小器官の形態的および機能的特徴と代表的な病気を説明できる．
- 核膜とクロマチンの構造とそれを構成する分子を列挙し，その機能を説明できる．
- ミトコンドリアの膜の構造と機能について説明できる．
- ペルオキシソームの構造とその中に含まれる酵素，機能を説明できる．
- 小胞体の種類とそれぞれの機能について説明できる．
- ゴルジ体の構造と機能について説明できる．
- 細胞内輸送について説明できる．
- リソソームでの細胞内消化過程を説明できる．
- タンパク質の生成から分解までの過程を説明できる．

序　細胞小器官とは

　多くの原核細胞は単純な膜構造によって構成されているが，真核細胞内部には脂質膜で囲まれた様々な**細胞小器官 organelle** が存在している．細胞内小器官は，化学反応が効率良く行われるように，特定のタンパク質や代謝物が濃縮され，細胞にとっては不可欠な生命活動が行われる場所である．また，細胞小器官の膜は，細胞内外を境する細胞膜と同じ脂質二重層であり，基本的に同じような構成成分である．**細胞質 cytoplasm** は，細胞膜の内側の部分を示すが，細胞内小器官とゲル状の液体部分である**サイトゾル cytosol** に分けられる．細胞内小器官には，サイトゾルを自由に移動する小器官や，サイトゾル中を浮遊することなく細胞骨格タンパク質に繋がり互いに連絡を取り合っている小器官もある．

第3章 細胞小器官

本章では，核，ミトコンドリア，ペルオキシソーム，小胞体，ゴルジ体，リソソームの構造と機能を理解する．

3.1 核

3.1.1 核の構造

真核細胞における核は，細胞が分裂するときや哺乳動物の成熟赤血球のように消失している場合があるが，通常細胞の中には明確な**核 nucleus**が存在する．核の中では，DNAからRNAへの転写，RNAのプロセシング，DNA複製や，核小体においてはリボソームRNAの合成も行われており，生命活動に重要な場である．

核の中身は**核質 nucleoplasm**と呼ばれ，1〜3個の球状の核小体とDNAがヒストンなどのタンパク質と複合体を形成している**染色質（クロマチン chromatin）**に区別される．核小体は，リボソームRNAの産生を行う場であり，このリボソームRNAとタンパク質が結合したものからリボソームが組み立てられる．クロマチンは，凝縮状態によって，凝縮度の高い**ヘテロクロマチン**

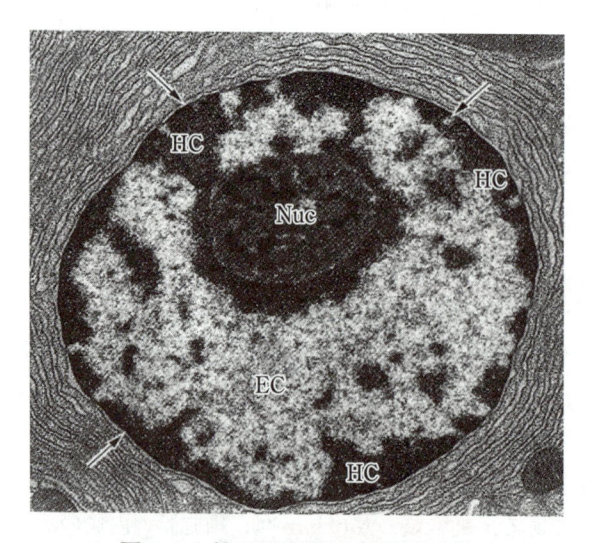

図3.1 核の透過電子顕微鏡写真

核内には，核小体（Nuc），ユークロマチン（EC），ヘテロクロマチン（HC）が観察される．

（堅田利明編：細胞生物学，p.17，廣川書店）

（異質染色質）と脱凝縮した**ユークロマチン**（真正染色質）に分けられる．ユークロマチンは，核質の全体に存在するが，ヘテロクロマチンは，およそ10％にしか存在しない．ユークロマチンの領域においては，遺伝子は転写の開始前，転写中，転写終了直後の状態であり，一方ヘテロクロマチンの領域においては，遺伝子は不活性な状態にあるとされている．核は，**核膜**により細胞質と隔てられているが，この膜は，ミトコンドリア膜と同様にそれぞれ脂質二重層からなる内外2枚の膜によって構成されている．細胞質側に面する膜を核外膜 external nuclear envelope，核内に面する膜を核内膜 internal nuclear envelope と呼ぶが，この2枚の核膜の間には核膜腔 perinuclear space と呼ばれる空間がある．電子顕微鏡で観察すると，核の核外膜と小胞体の小胞体膜は連続する袋状構造として存在し，小胞体腔と核膜腔は空間的に繋がっている．核内膜と核外膜は核全体にわたって交わることなく存在しているのではなく，一部分では融合し，融合した部分には，**核膜孔 nuclear pore** と呼ばれる物理的小孔が存在している．通常の細胞の核膜には，核膜孔が1個の核に数千個存在している．タンパク質やRNAはこの核膜孔を介して出入りするが，核膜孔には**核膜孔複合体 nuclear pore complex** というタンパク質複合体が存在するため，物質は自由に通過することはできず，必要な物質のみを選択的に通過させる関門の役割をしている．

3.1.2 核 膜

　真核細胞を原核細胞と区別する最も重要な特徴は，真核細胞では核膜が存在することによってDNAを含む遺伝物質を細胞質と隔離していることである．核膜は厚さ10〜50 nmの膜間空間を含んだ核外膜，核内膜の2枚の膜からなる．核膜も他の生体膜同様に，イオン，タンパク質，ヌクレオチド，巨大分子など核と細胞質を境する障壁として働いている．核内膜は，核ラミナ nuclear lamina と呼ばれる直径10 nmの線維状のラミンというタンパク質で裏打ちされ，安定化されている．核ラミナの線維は，細胞質に存在する中間系フィラメントを構成するポリペプチドと同じファミリーに属している．この核ラミナは核膜の構造支持体であるとともに，クロマチンと核ラミナが結合していることから，核膜が核ラミナを介してクロマチンと何らかの相互作用をしていることが考えられる．外膜は，小胞体膜と繋がっており，小胞体腔と核膜腔は空間的に連続して存在している．また，核外膜にはタンパク質合成を行うリボソームが付着しており，粗面小胞体と核外膜は類似した構造と役割をしている．

3.1.3 核膜孔

a 核膜孔の構造

　核膜には，核と細胞質間の物質輸送を行うため核膜孔という孔があり，この部分は核外膜と核内膜が繋がっている．哺乳類細胞の核膜においては，直径50〜100 nmの核膜孔が3000〜4000個

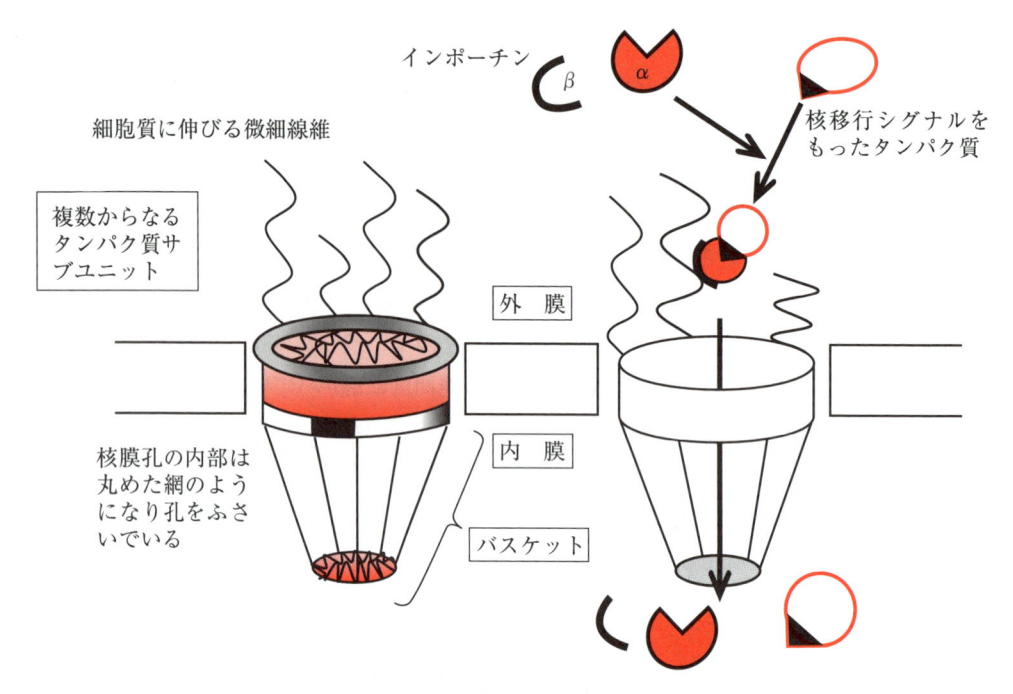

図 3.2 核膜孔の構造と核膜孔の通過

あるといわれている．核膜孔の内周には，核膜孔複合体という分子量約1億2500万の巨大なタンパク質複合体が存在し，これによって核と細胞質間の物質輸送が行われる．複合体は，核膜に直交する軸に対して対称性を示すが，細胞質側と核の内側では非対称性の構造をしている．大きな8個のタンパク質サブユニットを構成しており，細胞質側には，微細線維が突き出した状態で存在するが，反対側の核内に伸びた線維は，一点に集まり「バスケット」のような構造を作っている．微細線維の間は，孔に近づく物質に影響するほど狭くはないが，核膜孔の内部は，もつれ合うようにタンパク質が内部を覆っており，通路の中央部をふさいでいる．そのため，大型の分子は通過を妨げられ，選別シグナルがないと核膜孔を通過できない．また，核膜孔複合体を構成するタンパク質は，約100種類以上存在し，ヌクレオポリン nucleoporin と総称されている．ヌクレオポリンに共通したアミノ酸配列の特徴は，フェニルアラニンを多く含み，フェニルアラニン−グリシンの繰り返し配列が認められ，核質と細胞間質の分子輸送に重要な役割をする核輸送因子と相互作用している．また近年，ヌクレオポリンは遺伝子の転写調節においても密接に関わっていることが明らかになっている．

b 核膜孔の通過

核膜孔は，核に出入りするすべての分子に対するゲートの役割をしており，核への輸送は搬入も搬出もこの孔を通る．新たに合成された核タンパク質が細胞質から運び込まれ，核内で合成さ

れた RNA 分子やリボソーム RNA は核から搬出される．また RNA は，リボソームでの翻訳前に，タンパク質発現に直接関与しないイントロン部分を切り取り，エキソン同士をつなぎ合わせるスプライシングや，余分な部分をリボヌクレアーゼで切断，除去し，5′末端，3′末端を各々修飾するプロセシングが行われる．このスプライシングやプロセシングが終わっていない mRNA は，核から搬出されないことから，核膜孔が mRNA 合成とプロセシングに関するチェック機構の最終段階であると考えられている．

　小型の水溶性分子は核膜孔を自由に通過して，核と細胞質間を通り抜けることができるが，RNA やタンパク質など大型の分子は，適切な選別シグナルがないと，核膜孔を通ることができない．また，核膜孔の中央の構造は，カメラの絞りのように働いて，通過するタンパク質複合体がちょうど通れるだけ開くようになっている．細胞質において新たに合成されたタンパク質が，核へ運ばれるために核膜孔を通過するには，細胞質にある核輸送因子の助けが必要である．このタンパク質は，インポーチン importin と名付けられ，α と β の2つのサブユニットからなる．核内に移行するタンパク質は，核移行シグナル（核移行シグナル配列として，–Pro–Pro–Lys–Lys–Lys–Arg–Lys–Va– など正電荷をもつ Lys（リジン）や Arg（アルギニン）を数個含む，1つまたは2つの短い配列である）が結合しているか，または中に含んでおり，そこにインポーチン α が結合する．その後，インポーチン β により，GTP の加水分解エネルギーを使った輸送により核内に運び込まれる．核内に入った複合体は，Ran（Ras–related nuclear protein）がインポーチン β に結合すると解離する．解離後，タンパク質は核内に定着し，Ran とインポーチン β の複合体は，核膜孔を通って核外に輸送される．インポーチン α は，CAS（核排出因子）と呼ばれるタンパク質と結合し，CAS に Ran が結合することによって，核外へと排出される．核外で Ran から遊離したインポーチン α と β は次の核移行タンパク質を輸送する．一方，核内から細胞質側に輸送するシグナルは，エクスポーチン 1 exportin 1 と呼ばれるタンパク質によって核外移行する．核外移行シグナルをもったタンパク質とエクスポーチン 1，Ran の複合体によって核外に排出される．その輸送反応は，インポーチン α の核外排出を行う CAS と基本的には同じである．核への輸送は，ほかの細胞内小器官とは異なり，タンパク質は，完全に折りたたまれた状態で，またリボソームの成分は粒子状に組み立てられたままの状態で核膜孔を通る．

3.1.4　クロマチン

a　クロマチンの構造

　当初，染色質（クロマチン chromatin）は細胞核内にある塩基性色素によく染まる物質として名づけられた．現在では DNA と **ヒストン histone** の複合体を主成分とし，非ヒストンタンパク質と少量の RNA を含む集合体のことを示している．核内の DNA は，このようなタンパク質複合体を形成し，ヒトの場合，全長約 2 m の DNA が直径 5〜8 μm ほどの核内にたたまれ存在してい

る．1つの細胞内におけるヒストンの量は，数種類のヒストンが約6000万分子も存在し，染色体中では総量がDNAと同じぐらいになる．クロマチンは細胞周期の各時期や遺伝的活性化，不活性化状態によって変化し，分裂期では凝縮し染色体となり，間期では分散している．有糸分裂後に分離を終えた娘細胞の中では，分裂期染色体がほどけて凝縮度の低い間期染色体となる．間期染色体は，全体が同じ凝縮状態ではなく，一般に転写されている遺伝子を含んだ領域は凝縮度が低く，転写が休止している遺伝子の領域では凝縮度が高い．またこれらの核の状態は，核を染色すると部分的に濃淡が認められる．濃く染色される部分は凝縮度が高くヘテロクロマチン，薄く染色される部分は凝縮度が低くユークロマチンと呼ばれ，どちらも様々な構造のクロマチン混合物である．

　クロマチンの構造を解いていくと，直径11 nmの球状粒子がビーズのように規則正しく配列している様子が観察できる．これは，DNAが4種類のヒストンからなるタンパク質複合体の周りに巻き付いている状態であり，これがクロマチンの基本構造であり，**ヌクレオソーム nucleo-some** と呼ばれる．さらにヌクレオソームは，H1ヒストンの結合により密に集合し，30 nm線維を形成する．この30 nm線維をさらに折りたたみ，詰め込みを行うことによって，長いDNA分子を核内に詰め込んでいる．またこのDNAの詰め込みは動的なものであり，膨大な遺伝情報をもつDNAは，必要に応じて，利用しやすいように変化する．つまり，クロマチンの中でDNAは，細胞内のほかのタンパク質，特にDNAの複製や修復，遺伝子の発現に関わるタンパク質が近づきやすい構造に変化している．この構造変化を起こさせる酵素の1つに，ATP加水分解のエネルギーを利用してこの構造を変化させるクロマチン再構成複合体 chromatin remodeling complex がある．この複合体は，ヌクレオソームに固く結合したDNAを動きながら緩め，細胞内の他のタンパク質が近づきやすいよう変化させる．有糸分裂の際には，一部のクロマチン再構成複合体の不活性化が生じ，分裂期の染色体が密に凝縮した構造を保つことができると考えられている．

　またクロマチン構造を変化させる因子として，ヒストンの可逆的な修飾もある．4種類のコアヒストンタンパク質のN末端尾部は，クロマチン構造の調節に重要な役割を果たしており，それぞれの尾部が受ける数種類の修飾（アセチル化，メチル化，リン酸化など）によって，ヒストン全体の電荷や形状が変化する．これらの修飾や除去は，核内酵素によって行われ，DNAの複製や転写に備え，生理学的に起こると考えられている．さらに，特定のタンパク質に対するヒストン尾部の結合能力を変化させることによって，クロマチンの特定領域に特定のタンパク質が引き寄せられる．引き寄せられたタンパク質には，クロマチンを凝縮させるものや，クロマチンを脱凝縮させるもの，DNAを近づきやすいように変化させるものも存在する．このようにクロマチンは，ヒストン修飾やクロマチン再構成複合体と協調して，クロマチンの一部を凝縮させたり脱凝縮しながら，細胞の必要に応じた構造変化を起こしている．

b ヒストン

　クロマチン中にはヒストンが大量に含まれており，その総量は，DNAとほぼ同じ量になる．

電子顕微鏡で観察するとクロマチンの大部分は直径約30 nmの線維として観察されるが，これを処理し，解いていくと，多数のビーズを糸で繋ぎ合わせたような形が観察される．糸の部分はDNAであり，ビーズの部分はヒストンコアにDNAが巻き付いた状態である．DNAを分解する酵素であるヌクレアーゼで短時間処置すると，ヒストンコアに巻き付いたDNA以外のDNAは分解され，ヒストンコアに巻き付いたDNAが残る．ヒストンコアにDNAが巻き付いた単位をヌクレオソームと呼び，ヌクレオソーム間のDNAをリンカーDNAと呼ぶ．ヒストンコアは，H2A, H2B, H3, H4のヒストンからなり，H2A–H2B, H3–H4の各2量体が2組で，計8量体を形成し，DNAを巻き付け，ヌクレオソームを形成している．このほかにヒストンには，H1も存在し，真核細胞においては計5種類存在する．ヒストンH1はヌクレオソーム同士を繋ぎ合わせ，引き寄せ，さらに凝縮した30 nm線維の形成に重要なヒストンである．この円盤状のヒストンコアにDNAが約2巻，塩基量にして約140〜150の塩基対が巻き付いている．

ヒストンコアは小型のタンパク質で，そのアミノ酸にはリジンやアルギニンを多く含み正電荷を持つため，DNAの中の負電荷を帯びたリン酸基と結合しやすくなる．この相互作用によって，どんな塩基配列のDNAにおいてもヒストンコアと結合する．さらにコアには，ヒストンのN末端の約25〜40アミノ酸からなる尾部がこのコアから突き出るように存在している．このヒストン尾部の修飾（アセチル化，メチル化，リン酸化など）により，クロマチン構造を多面的に制御している．特に，直接DNAに結合するタンパク質である転写因子は，この修飾によりDNAの転写活性を変化させ，遺伝子発現に強く影響している．例えば，リジン残基のアセチル化は，DNA-ヒストン間の結合を弱め，転写因子がDNAに結合しやすくなる．一般にヒストンのアセチル化は，転写の活性化を引き起こし，一方，ヒストンの脱アセチル化は遺伝子のサイレンシングである発現抑制を引き起こす．これらの相互バランスによってクロマチン領域の活性が制御されている．また，クロマチン構造の状態が受け継がれることにより，遺伝子発現の状態が子孫や娘細胞に伝えられる．この現象はエピジェネティクス epigenetics と呼ばれ，生命科学研究の大きなターゲットになっている．母親由来のX染色体が凝縮不活性化した細胞の子孫では，同じく母親由来のX染色体が凝縮不活性化される．細胞がDNAを複製し分裂するとき，娘細胞のDNAは親のヒストンタンパク質も半分ずつ受け継いでいる．つまり，娘細胞は修飾されたヒストンを受け継ぐことにより親染色体の各領域のクロマチン構造の状態も受け継いでいることになる．真核細胞は，局所的なクロマチン構造を受け継ぐ仕組みにより，ある遺伝子が親細胞において活性化されていたかどうかを娘細胞に伝えることができる．エピジェネティクスによる遺伝子機能変化の記憶は，環境ストレスや老化などによって変化すると考えられ，その異常が，がんを含むさまざまな疾患の発症と関わっていることが明らかになりつつある．

c ヌクレオソームから染色体へ

ヒトの細胞の核には，直線にすると2 mにもなる約 3.2×10^9 個のヌクレオチドからなるDNAが約5〜8 μm しかない核に収納されている．DNAの収納を可能にしているのが，上述したヒス

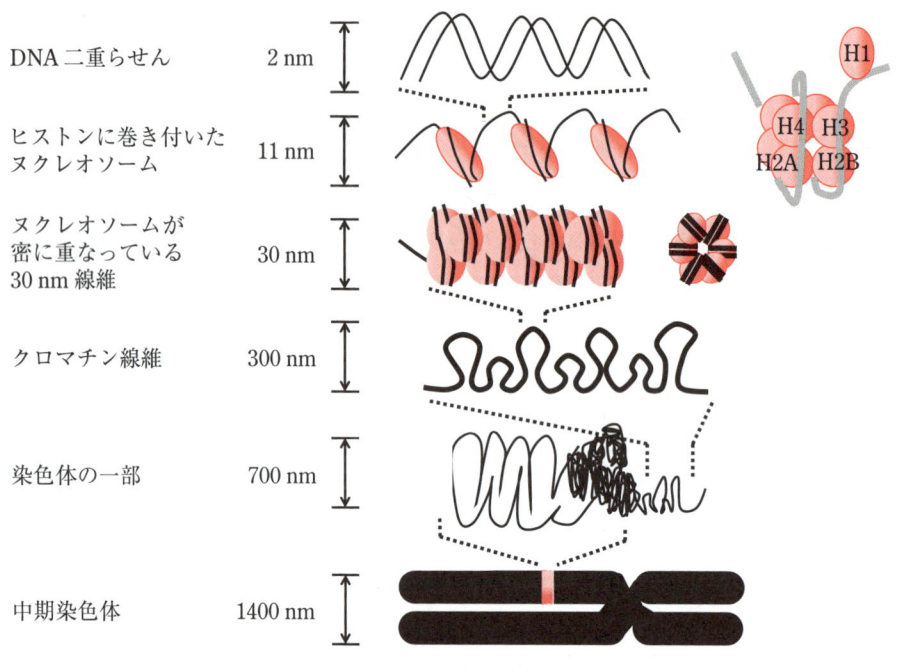

DNA 二重らせん	2 nm
ヒストンに巻き付いたヌクレオソーム	11 nm
ヌクレオソームが密に重なっている 30 nm 線維	30 nm
クロマチン線維	300 nm
染色体の一部	700 nm
中期染色体	1400 nm

図 3.3　DNA から染色体まで

トンタンパク質などであり，DNA に結合して DNA を折りたたみ，連なったコイル状やループ状となり，高次構造を作っている．DNA がさまざまなタンパク質と複合体を形成して，高次構造をとったものをクロマチンといい，クロマチンの最小単位がヌクレオソームである．ヌクレオソームは，DNA とヒストンからなり，ヌクレオソームコアを形成する合計 8 分子のコアヒストンからなるヌクレオソームコアに DNA が巻き付いている．ヌクレオソームコアに巻き付いていないコア間に存在する DNA をリンカー DNA と呼び，ヒストン H1 が結合することにより，さらに DNA が高次構造を築いている．リンカー DNA に結合したヒストン H1 は隣接するヌクレオソームコアを集めて，直径 30 nm の高次構造をとる．これが電子顕微鏡で毛糸のように見えるクロマチン糸に近いもので，線維状の構造として観察されるので 30 nm 線維と呼ばれる．核内においては，30 nm 線維よりさらに高次に折りたたまれていると考えられる．また，間期の染色体においては，30 nm 線維は折りたたまれてループ状となっているが，分裂期染色体においては，このループが連なったひも状の構造がもう 1 回折りたたまれていると考えられている．

3.2 ミトコンドリア

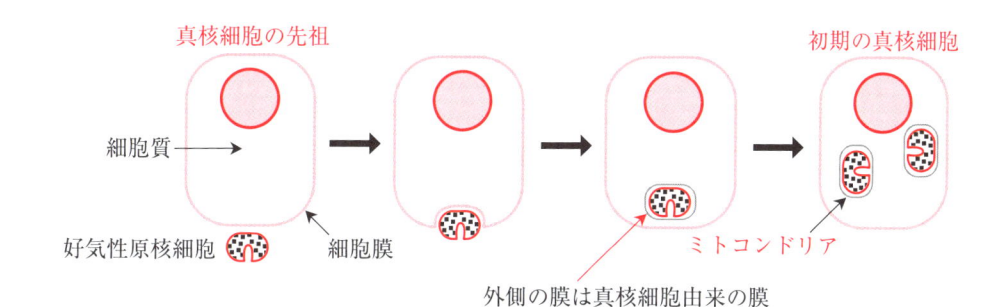

3.2.1 ミトコンドリアの起源

　ミトコンドリア mitochondria はエネルギー産生工場としてのクエン酸回路 citric acid cycle（トリカルボン酸回路 tricarboxylic acid cycle），酸化的リン酸化系，脂肪酸代謝系をもつほとんどの真核細胞の細胞質に存在する最も目立つ細胞内小器官である．特徴的な形態として，核と同様にミトコンドリアは二重の膜構造に包まれており，独自のDNAをもっている．内側の膜の組成は，バクテリアなどの細菌の組成に近く，外側の膜は，真核細胞の細胞膜に似ていることから，ミト

図 3.4　ミトコンドリアの起源

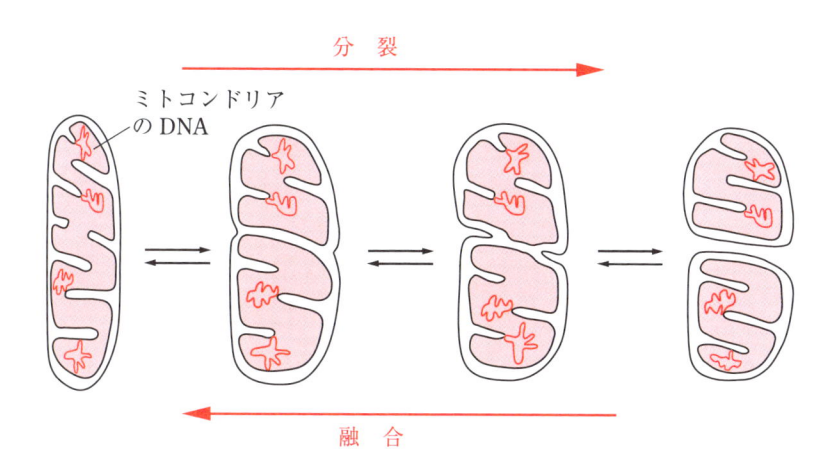

図 3.5　ミトコンドリアの分裂と融合

コンドリアの起源は，細胞質に共生した好気性細菌ではないかと考えられている．46億年前の地球の誕生から20億年の間，大気は，二酸化炭素，水素，アンモニア，窒素などで構成されており，酸素はほぼ存在しておらず，酸素を必要としないで嫌気的にエネルギーを獲得することができる嫌気的生物が生息していた．しかし27億年前頃から光合成により効率的にエネルギーを取り出すことができ，酸素を放出する光合成細菌（シアノバクテリア）が出現した．その結果，大気中に酸素が増えることになり，この酸素を利用して効率的にエネルギーを得ることができる好気的細菌が登場した．この20億年前頃に，核をもつ真核生物がこの好気的原核細胞を飲み込んだのがミトコンドリアの先祖と考えられている．さらに，ミトコンドリア内膜に含まれているリン脂質であるカルジオリピンcardiolipinは，細菌などの原核生物に多く，真核生物には少ないことが知られている．また，ミトコンドリア内には遺伝子であるDNAが存在し，RNA合成や，独自のリボソームによるタンパク質合成も行うことができるなど，ミトコンドリアの性質は，細胞内小器官というよりも細菌の一個体に近く，細胞はミトコンドリアのおかげで，エネルギーを効率よくつくり出し，利用することができる．

3.2.2 構 造

ミトコンドリアの大きさや形，数は細胞の種類によって異なり，1個の細胞もあれば，哺乳類の肝細胞のように，約1500個存在するものもある．また，他の細胞内小器官と違って光学顕微鏡で観察できるほど大きく，横断面の半径は0.2〜1.0 μm，長さは1〜4 μmぐらいあり，典型的なミトコンドリアはソーセージのような形である．ミトコンドリアは2枚の膜，**外膜**と**内膜**に

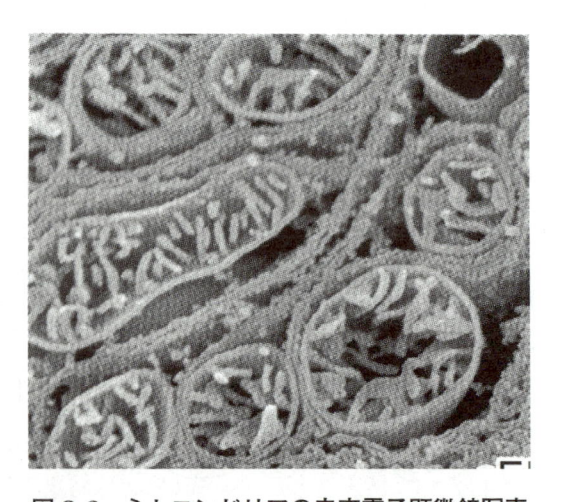

図3.6　ミトコンドリアの走査電子顕微鏡写真
内膜が内側に折れ込んだ，クリステ構造が確認できる．
（堅田利明編集：細胞生物学, p.11, 廣川書店）

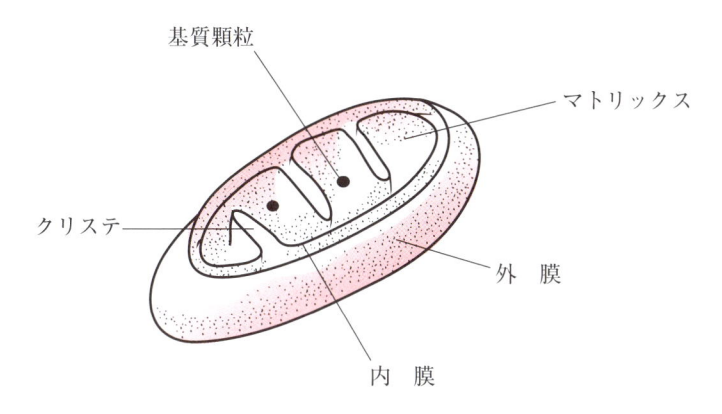

図 3.7 ミトコンドリアの構造

ミトコンドリアは，外膜と内膜が存在する．内膜は内側に折れ込んでクリステを形成している．

よって包まれている．外膜はミトコンドリアを完全に包んでおり，脂質二重層を貫通するように大きなチャンネルが存在し，そのチャネルを介して分子は細胞質と**膜間腔 intermembrane space**を通過する．内膜は内側に折りたたまれた**クリステ cristae** と呼ばれる多数の陥入した部分によって表面積が大きくなっている．ここには酸化的リン酸化などの好気的呼吸のための酵素が含まれている．また，この外膜と内膜の間は，膜間腔と呼ばれる．内膜のさらに内側は，マトリックスと言い，ここはクエン酸回路や脂肪酸 β 酸化系などを構成する数百種類の酵素タンパク質や高濃度の水溶性タンパク質によってゲル状に粘度が高くなっている．また，ミトコンドリア DNA，ミトコンドリアリボソームなども存在している．一方，いくつかの細胞内小器官と同様に，生細胞の動画撮影を行うと，ミトコンドリアは，変形しながら移動していく様子が観察され，細胞骨格の微小管に連なって，動く鎖のように観察される．心筋細胞のような細胞では，ATP 消費の高い収縮線維部位に集まったり，精子では運動を行う鞭毛の周囲に巻き付くように位置している．これらミトコンドリアの数は，例えば骨格筋細胞では，収縮を繰り返すなどの運動により，ATP のエネルギーの要求度を高めることによって，成長し分裂を繰り返してその数を 10 倍近く変化させることもある．

3.2.3 外膜と膜間腔の機能

ミトコンドリアの外膜と内膜は，性質，成分が大きく異なる．外膜の特徴として，ポリン porin と呼ばれるタンパク質性のチャネルが存在することがあげられる．ポリンは大型の孔で，分子量約 5000 以下の分子は自由に透過できる非特異的なチャネルである．脂質二重層を貫通するポリペプチド鎖は，α ヘリックス構造をとるものが多いが，ポリンは β シートを円筒状に丸め

た形を作っている．βシートは曲がり方に限界があるため，αヘリックスに比べ広いチャネルしか作ることができず，よって，ATPやADPなどの低分子は膜間腔と細胞質を自由に往き来することができる．このチャネルの性質から，低分子物質の組成は，細胞質と膜間腔の2つの間でほぼ同じになる．また，膜間腔は，ヌクレオチドにリン酸基を付加するヌクレオチドキナーゼなどの酵素が存在する．特に，アポトーシスに重要な役割をするシトクロム c cytochrome c が存在している．アポトーシスが誘導されるとアポトーシス誘導タンパク質によってミトコンドリア外膜に孔が形成される．その結果，シトクロム c は細胞質に拡散し，シグナル伝達系カスケードを活性化し，アポトーシスによる細胞死を引き起こす．外膜がシトクロム c の細胞質への流出を制御している．

3.2.4 内膜における酸化的リン酸化

　ミトコンドリア内膜は，解糖系やクエン酸回路で産生されたNADH（nicotinamide adenine dinucleotide）やFADH$_2$のエネルギーを利用し，ATP産生を行う酸化的リン酸化の場である．細胞質中の解糖系の反応によって，グルコースはピルビン酸とNADHに作り替えられる．さらに，ピルビン酸は，ミトコンドリアマトリックスに入り，脱炭酸し，アセチル基はCoAへ転移する．これらのアセチルCoA（acetyl–coenzyme A）は，脂肪酸のβ酸化から生成されたものも合わせ，クエン酸回路と呼ばれる循環経路に入り，NADH，FADH$_2$を作り出す．このNADHが内膜において電子伝達系を介して酸化され，ATPが合成される．このNADHやFADH$_2$からの高エネル

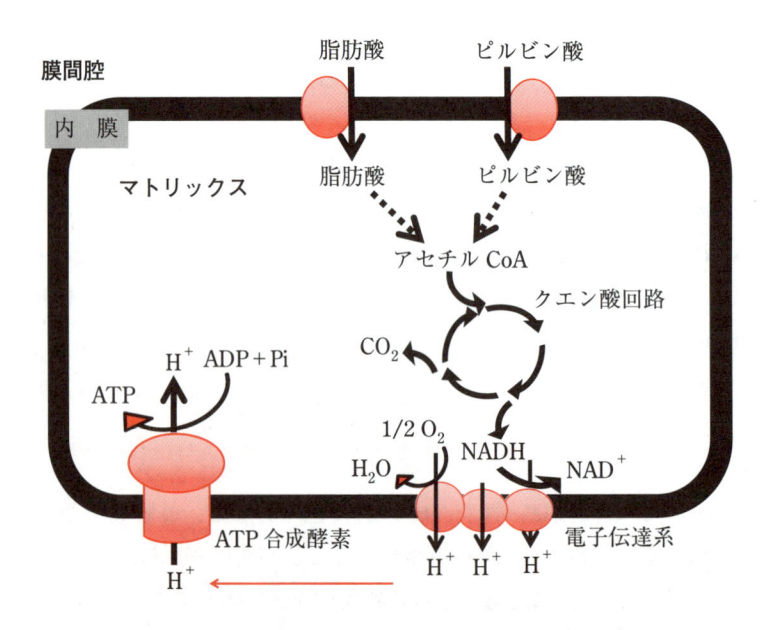

図3.8　内膜における酸化的リン酸化の概略

ギー電子の伝達と ADP から ATP を合成する生成系を **酸化的リン酸化** と呼ばれる．電子伝達系は，特定の複合体（複合体Ⅰ，NADH-ユビキノンオキシドレダクターゼ；複合体Ⅱ，コハク酸-ユビキノンオキシドレダクターゼ；複合体Ⅲ，ユビキノール-シトクロム c オキシドレダクターゼ；複合体Ⅳ，シトクロム c オキシダーゼ）の電子運搬体に繋がっており，電子は，電子受容体と供与体の分子間伝達をたどる間に，NADH からエネルギーの低い状態に移り，最終的に酸素分子に渡され水分子になる．このエネルギーを使って，プロトンはマトリックスから膜間腔にくみ出される．このときマトリックスと膜間腔の間には，プロトンの電荷による電気化学的勾配と濃度勾配である化学的勾配が生じる．プロトンがマトリックスに戻るには，複合体Ⅴである ATP 合成酵素のプロトンチャネルを通る必要があり，このときのプロトンの駆動力を用いて，ATP 合成酵素は ADP とリン酸から ATP を合成する．つまり，プロトンの通過によって，ATP 合成酵素のサブユニットが変形し，この力学的エネルギーから ATP をつくるための化学結合のエネルギーに変換を行っているのである．内膜は折りたたみ構造であるクリステを形成し表面積を増やし，大量の ATP を産生している．肝細胞ではミトコンドリア外膜の 5 倍，生体膜の 3 分の 1 が内膜である．大量に ATP を必要とする心筋細胞においては，肝細胞の 3 倍のクリステが存在し，多くの ATP を産生することができる．

3.2.5　マトリックス

マトリックスには，数百種類の酵素タンパク質が存在し，ここにクエン酸回路や脂肪酸 β 酸化系などの酵素が多く含まれ，ゲル状で粘度が高く，また，ミトコンドリア DNA，ミトコンドリアリボソームなども存在する．細胞質の解糖系により生じたピルビン酸は，ミトコンドリアマトリックスに運ばれ酸化的脱炭酸反応により，アセチル CoA を生じる．また，脂肪酸は細胞質において，アシル-CoA に変換され，ミトコンドリアに取り込まれ，マトリックス中でアセチル-CoA にまで分解される．脂肪酸の β 位を酸化して，脂肪酸アシルの炭素を 2 個ずつ減らし，その後最終産物としてアセチル-CoA が生成される．この脂肪酸からアセチル CoA と NADH，$FADH_2$ を産生する過程を β 酸化という．これらの糖，脂肪酸の代謝産物であるアセチル CoA は，クエン酸回路と呼ばれる循環経路に入り，NADH，$FADH_2$ を作り出すが，これらの回路もミトコンドリアマトリックスに存在する．

3.2.6　内膜の透過

ミトコンドリアの中にみられるタンパク質は，ほとんどが核ゲノムにコードされ，細胞質にて合成され，マトリックスに輸送される．生成されたミトコンドリアタンパク質は，標識配列を N 末端にもっており，それを介してミトコンドリア外膜にあるタンパク質複合体に結合し，外膜を通過する．また，内膜においても外膜と同様に，**タンパク質複合体** に結合し，膜通過のための

チャネルを通る．一般に，ミトコンドリアに向かうタンパク質は，正に荷電した残基をもっており，内膜の通過は，膜を介した膜電位差によって移動する．また，ミトコンドリア内で，酸化的リン酸化で生成される ATP は，ATP–ADP 輸送体（ATP–ADP トランスロカーゼ）により，ミトコンドリア外（細胞質ゾル）に輸送され，その交換としてミトコンドリア外の ADP が，ミトコンドリア内に輸送される．ミトコンドリア内膜は，外側が正電荷，内側が負電荷をもつように膜電位が形成されており，ATP は ADP より負電荷をもっているため ATP 分子は，内側の負電荷と反発するように移動する．また，NAD，ピルビン酸，リン酸などの通過は，ミトコンドリア内膜の種々の輸送系により制御されている．

コラム　　ミトコンドリア病

　ミトコンドリア病の多くは，一般的にミトコンドリア DNA に欠損や変異があることが多く，ミトコンドリア DNA の異常やミトコンドリアタンパク質，酵素をコードする核ゲノム遺伝子異常による ATP 産生不全を伴ったミトコンドリア機能不全である．ミトコンドリアのエネルギー需要の多い脳，骨格筋，心臓，肝臓，目の異常を起こすことが多く，筋力低下，筋萎縮などの骨格筋の症状，痙攣，ミオクローヌス，小脳失調，難聴，外眼筋麻痺などの多彩な神経症状がみられる．さらに，ミトコンドリア脳筋症のなかでも心臓に症状を現すものが多く存在する．しかし体内すべてのミトコンドリアが一様に異常をきたすわけではないため，多彩な病態を示し，障害される臓器ごとに 40 種類以上のミトコンドリア病が知られている．代表的なミトコンドリア病として，MELAS（ミトコンドリア脳筋症・乳酸アシドーシス・脳卒中様症候群）があり，10 歳代に発症することが多く，痙攣発作，麻痺，脳卒中様発作，肥大型心筋症，心不全が認められる．CPEO（慢性進行性外眼麻痺症候群）は，外眼筋麻痺が主な症状として認められ，外眼筋麻痺，網膜色素変性，心伝導ブロックなどのカーンズ・セーヤー症候群 Kearns–Sayre syndrome を示す．MERRF（赤色ぼろ線維・ミオクローヌスてんかん症候群）は，全身のミオクローヌスに，小脳失調，深部感覚の低下などが認められる．このうち MELAS と MERRF が母系遺伝するのに対し，CPEO の多くは孤発例である．また，糖尿病の患者のうち，約 1% がミトコンドリアの異常に基づくといわれているので，ミトコンドリア病の患者数は数万人に達すると試算されている．ミトコンドリア病の多くは，遺伝関係がはっきりしないが，ミトコンドリア DNA の異常に起因するミトコンドリア病は，家族性に発症する．ほとんどのミトコンドリア DNA は母親の卵細胞から受け継がれ，精子由来のミトコンドリアは，受精卵から排除されるため，ミトコンドリアは母親からのみ遺伝する．ミトコンドリア病における根本的治療方法は確立されておらず，CPEO の 20% において心ブロックが認められ，また MELAS，MERRF は一般に予後不良で 30〜40 歳代で死亡することが多く，症状の緩和と病気の進行を抑える対症療法が行われている．

3.3 ペルオキシソーム

3.3.1 形　態

　ペルオキシソーム peroxisome は，原生動物や脊椎動物はもちろん，すべての真核細胞に存在し，植物でも被子植物から藻類，菌類にわたって広く存在する．大きさは0.1〜2μmで，哺乳類細胞では1つの細胞に数百〜数千個存在する．ミトコンドリアとは異なり，一枚の膜に囲まれた小胞である．小胞の中には，DNAやリボソームは含まれず，カタラーゼや尿酸酸化酵素などの酸化酵素が高濃度に含まれており，電子顕微鏡では結晶構造，または線維構造として観察される．また，ペルオキシソームは酸素を消費するため，ミトコンドリアと同様に原始的な祖先の真核細胞において酸素代謝を担っていた小器官とする説がある．ミトコンドリアは光合成細菌の産生した酸素が大気中に増加したため，強力な毒素であった酸素を解毒するために真核細胞が利用したが，ペルオキシソームにおいても細胞内の酸素濃度を低下させるとともに，酸素の化学反応を利用して効率的な酸化反応を行うことを可能にしたと考えられる．

3.3.2 機　能

a ペルオキシソーム内の酵素

　ペルオキシソーム内の酵素は生物種によって異なるが，脊椎動物を含む高等動物においては，酸化に関与する酸化酵素群を多く含み，また，植物においてはグリオキシル酸回路に関与する酵素群を有している．ペルオキシソーム内において，長鎖脂肪酸のβ酸化，コレステロールや胆汁酸の合成，アミノ酸やプリンの代謝などが行われ，何種類かのオキシダーゼをもっている．それらオキシダーゼは，酸素と特定の有機物質を反応させ，有機物質から水素を奪い，過酸化水素を生成させる．また，この反応から生じた過酸化水素は活性酸素の一種であり，非常に毒性が強いが，これはすぐにカタラーゼにより分解される．この時の過酸化水素とカタラーゼにより，アルコール，ホルムアルデヒド，フェノール類などは，過酸化反応により酸化される．この反応は肝臓や腎臓などの代謝の役割を担っており，血液中の有害物質の解毒をしている．またこのカタラーゼの作用が細胞内におけるペルオキシソームの観察を容易にしている．DAB（diaminobenzidine）溶液は，カタラーゼにより酸化され，褐色に変化する．したがって細胞をDABで処理したとき褐色に発色する部位がペルオキシソームであり，容易に顕微鏡で観察できる．肝細胞や腎

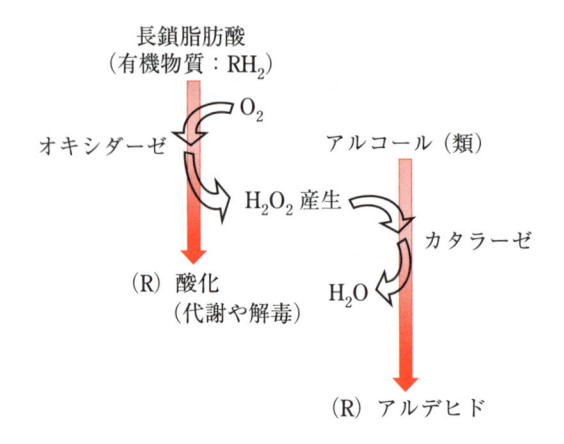

図 3.9　ペルオキシソーム内における脂肪酸の酸化と過酸化水素の関与

臓の上皮細胞だけではなく，すべての細胞に存在が確認されている．また植物において，発芽直後の植物体はすぐに光合成をすることができないため，種子に蓄えられた貯蔵物質を分解し，自身の成長に必要なエネルギーを獲得する必要がある．そこで，植物におけるペルオキシソームには，脂肪から糖に変換代謝するグリオキシル酸回路に関与する酵素を含んだグリオキシソームが存在する．グリオキシル酸回路では，脂肪分解で生じたアセチル CoA を利用することによってコハク酸が合成され，グリオキシソームの外に移動して糖に変換される．また，光合成や光呼吸を行う緑葉には，葉緑体近傍に緑葉ペルオキシソームと呼ばれるペルオキシソームも存在する．葉緑体の光合成によって生成されたグリコール酸は，ペルオキシソーム内において酸化され，アミノ基転移酵素によりグリシンに変化し，ミトコンドリアにおいてセリンとなった後，再度ペルオキシソームに運ばれる．その後，グリセリン酸を介して，糖の生成に関与する．これが植物における光依存的な酸素吸収と二酸化炭素放出現象である．このように植物におけるペルオキシソームには，グリオキシル酸回路に関与する酵素を含んでいるが，この回路は動物細胞にはないため，動物は脂肪中の脂肪酸を炭水化物に変換することはできない．

b　アルコール代謝

飲まれたアルコールは，口腔，胃，小腸において吸収され，門脈を介して肝臓まで運ばれる．体内に吸収されたアルコールは 90% 以上が肝臓で分解され，毒性のあるアセトアルデヒドを経由して，無毒な酢酸に分解される．肝臓での代謝経路は，ADH（alcohol dehydrogenase）系と，カタラーゼ系，MEOS（microsomal ethanol oxidizing system）に分けられ，体調により変動することがあるが，約 80% は ADH 系によって代謝される．ADH 系におけるエタノールは，アルコールデヒドロゲナーゼによりアセトアルデヒドに変換される．さらに，アセトアルデヒドは，アルデヒドデヒドロゲナーゼによって酢酸に代謝される．この反応で電子が NAD^+ に渡され細胞質

にNADHが増える．MEOSにおけるエタノールは，NADPHの関与によって，エタノール酸化酵素によってアセトアルデヒドに代謝される．その後は，アルデヒドデヒドロゲナーゼによって酢酸に代謝される．カタラーゼ系によるアルコール代謝は，ペルオキシソームで行われ，エタノールは過酸化水素によりアセトアルデヒドに変換される．この時の過酸化水素は，同じくペルオキシソームにおいて脂肪酸が β 酸化される際に発生するものである．

c β 酸化

ミトコンドリアマトリックスにおける脂肪酸の β 酸化の他に，ペルオキシソームにおいても β 酸化が行われ，脂肪酸や特に極長鎖脂肪酸やジカルボン酸の代謝にも関与している．哺乳類細胞においては，β 酸化はミトコンドリアとペルオキシソームにおいて行われるが，酵母や植物細胞ではペルオキシソームにおいて行われる．ミトコンドリアの β 酸化は，短鎖から長鎖脂肪酸を酸化し，リン酸化反応と共役して ATP を合成するが，ペルオキシソームの β 酸化は，リン酸化反応とは共役しておらず，その役割は極長鎖脂肪酸を酸化することにある．代謝経路の中間産物は同じだが，関与する酵素や補酵素は異なる．ミトコンドリアにおける β 酸化は，脂肪酸のアシル CoA への変換，エノイル化，水和，脱水素反応，チオール開裂反応を経て，アセチル CoA を生成する．一方，ペルオキシソームでは，アシル CoA を完全に酸化することができず，生じた

コラム　ペルオキシソーム病

　ペルオキシソームには様々な酵素が含まれ，様々な代謝機能があり，正常に形成され，機能するためには多種類の酵素とその遺伝子（PEX 遺伝子群）が必要である．ペルオキシソーム形成異常症に関与する遺伝子は，少なくとも 13 種類の病因遺伝子（PEX1, 2, 3, 5, 6, 7, 10, 12, 13, 14, 16, 19, 26）の存在が明らかにされており，いずれか 1 つの遺伝子の変異によりペルオキシソーム形成が障害され，複数の酵素欠損をきたす結果，種々の臓器組織における機能不全を生じる．

　現在ペルオキシソーム病は，ペルオキシソームに局在する酵素の単独酵素欠損症と，これらの酵素タンパク質や膜タンパク質をペルオキシソームに局在させるのに必要な PEX 遺伝子の異常によるペルオキシソーム形成異常症に大別される．また，ツェルヴェーガー症候群 Zellweger syndrome では，ペルオキシソームへのタンパク質の取り込みが欠損し，ペルオキシソーム機能が低下する．その結果，脳，肝臓，腎臓などに重篤な異常をきたし，出生後間もなく死亡する．副腎白質ジストロフィーは，ツェルヴェーガー症候群よりは重篤ではないが，ペルオキシソーム内に存在する酵素を作る遺伝子の異常症であり，副腎皮質の機能低下と大脳の白質の脱髄などが認められる．副腎白質ジストロフィーのみが X 連鎖劣性遺伝であり，他は常染色体性劣性遺伝である．副腎白質ジストロフィーの発生頻度は出生男子 2 万〜3 万人に 1 人とペルオキシソーム病の中で最も多い．

中鎖のアシル CoA はミトコンドリアへ輸送され，引き続き酸化される必要がある．また 1976 年 C. De Duve と P. Lazarow によって，ペルオキシソームには，β 極長鎖脂肪酸を酸化するアシル CoA オキシダーゼや 3-ケトアシル CoA チオラーゼが多く含まれていることが明らかにされた．極長鎖脂肪酸は炭素数が 22 以上の鎖長の長い脂肪酸のことを示すが，ペルオキシソームはこの極長鎖脂肪酸の代謝において重要な役割をしている．

3.4 小胞体

　小胞体 endoplasmic reticulum は，細胞内では一番大きな膜面積を有する細胞小器官である．その膜は核の外膜と連続しており，膜でつながっている何層にも重なった扁平な袋状の部分や管状の部分をもった構造物を形成している．扁平な袋状の部分には，タンパク質と RNA からなるタンパク質を合成する粒子であるリボソーム ribosome がたくさん結合しており，この様子から粗面小胞体 rough-surfaced endoplasmic reticulum と呼ばれている．これに対し，管状の部分にはリボソームは結合しておらず，滑面小胞体 smooth-surfaced endoplasmic reticulum と呼ばれている．小胞体の働きには，タンパク質の合成，脂質の合成，有害物質の解毒，細胞内での Ca^{2+} の貯蔵などがある．

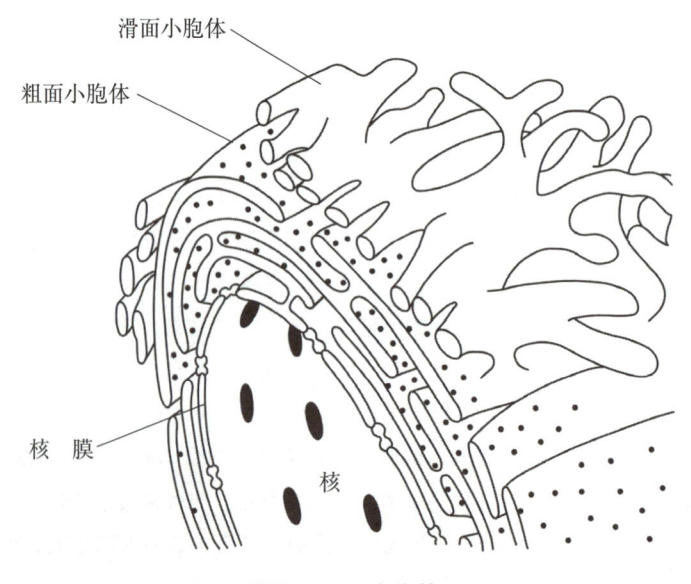

図 3.10　小胞体

3.4.1 滑面小胞体

滑面小胞体ではリン脂質 phospholipid やコレステロール cholesterol の合成が行われている．生体膜の主要な脂質であるグリセロリン脂質 glycerophospholipid は，小胞体膜に接する細胞質部分でグリセロール 3-リン酸と脂肪酸アシル CoA から生成するホスファチジン酸が膜に取り込まれた後，小胞体膜に存在するいくつかの酵素が作用し合成される．スフィンゴ脂質をつくるスフィンゴシンは小胞体でつくられ，脂肪酸が付加されセラミド ceramide となる．セラミドへのホスホコリンや糖の付加は主としてゴルジ体で起こり，スフィンゴミエリン sphingomyelin やスフィンゴ糖脂質 glycosphingolipid などのスフィンゴ脂質の合成が完了する．コレステロールの合成も小胞体と細胞質の界面で起こる．コレステロール合成の律速は，β-ヒドロキシ-β-メチルグルタリル CoA β-hydoroxy-β-methylglutaryl-CoA（HMG-CoA）からメバロン酸への変換であり，小胞体膜内在性酵素である HMG-CoA reductase がこの反応を触媒する．続いていくつかの酵素の触媒により小胞体膜にコレステロールが生成する．滑面小胞体で合成されたこれらの脂質はさまざまな機構で細胞膜や細胞小器官に運ばれていく．

脂質合成とは別に，滑面小胞体にはシトクロム P450 cytochrome P450（CYP）という一連の水酸化酵素ファミリーが存在している．シトクロム P450 は，水に不溶な脂溶性化合物に水酸基を

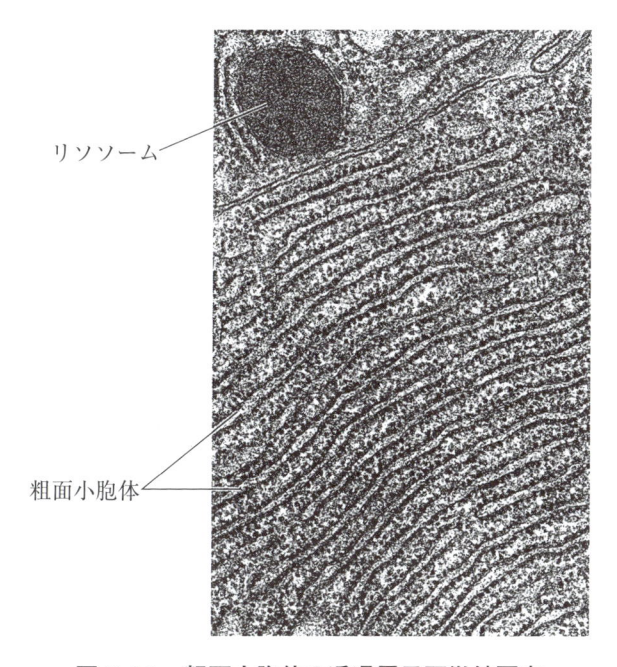

図 3.11 粗面小胞体の透過電子顕微鏡写真
(堅田利明編集：細胞生物学, p. 13, 廣川書店, 改変)

付加することにより，水溶性物質に変換し，脂溶性物質を体外へ排出することを可能にしている．生体にとって毒となる有害物質には脂溶性のものが多く，これらの酵素を含む滑面小胞体は解毒の場となっている．解毒を行っている肝臓の細胞では滑面小胞体がよく発達しており，毒物の投与によりさらに発達が誘導されることが知られている．

3.4.2 粗面小胞体

粗面小胞体は膜にリボソームを結合させ，タンパク質合成の場をつくっている．細胞がつくるタンパク質は，粗面小胞体に結合しているリボソームか，あるいは細胞質基質に浮遊するリボソームのどちらかで合成されており，両者はきっちりと区別されている．小胞体膜に結合しているリボソームがつくるタンパク質は，膜タンパク質（細胞膜，核膜，粗面小胞体膜，ゴルジ膜，リソソーム膜，エンドソーム膜に存在するもの），分泌タンパク質，細胞小器官に含まれる酵素（粗面小胞体，リソソーム，ゴルジ体に存在するもの）などである．これに対し，細胞質に浮遊しているリボソームによってつくられるタンパク質は，細胞質の可溶性タンパク質，細胞骨格をつくるタンパク質，細胞膜の細胞質側につなぎとめられているタンパク質（RasやSrcなど），核DNAにコードされているミトコンドリアのタンパク質，ペルオキシソームのタンパク質，核内タンパク質などである．小胞体で合成されたタンパク質は，小胞体膜から輸送小胞が形成されゴルジ体に送られていく．分泌タンパク質や膜タンパク質が小胞体で合成されゴルジ体に輸送される間に，これらのタンパク質は，糖鎖の付加とプロセシング，ジスルフィド結合 disulfide bond の形成，高次構造の形成，プロテアーゼによる特異的切断などの修飾を受ける．細胞外に分泌を盛んに行っている細胞では粗面小胞体は発達している．

3.4.3 粗面小胞体におけるタンパク質の合成

すべてのタンパク質は，細胞質基質にあるリボソームが合成を開始する．合成が開始されたタンパク質のN末端配列に輸送配列やシグナル配列をもたないものは，合成されて細胞質にとどまる．輸送配列をもつタンパク質は合成されると目的の細胞小器官に輸送され取り込まれる．小胞体で合成されるタンパク質は小胞体へのシグナル配列をもっており，ある程度合成が進むと，そのリボソームは，小胞体に付着する．その後，分泌されるタンパク質は小胞体膜を通過するかたちで，膜タンパク質は一部が小胞体膜に埋め込まれるかたちで合成が継続し，正しく折りたたまれたタンパク質がつくられる．また，小胞体ではタンパク質への糖鎖の付加が開始される．

a 粗面小胞体へのリボソームの付着

リボソームの小胞体への付着はリボソームが決めているのではなく，細胞質基質で合成が開始されたタンパク質のN末端にある16〜20残基のアミノ酸からなる小胞体へのシグナル配列

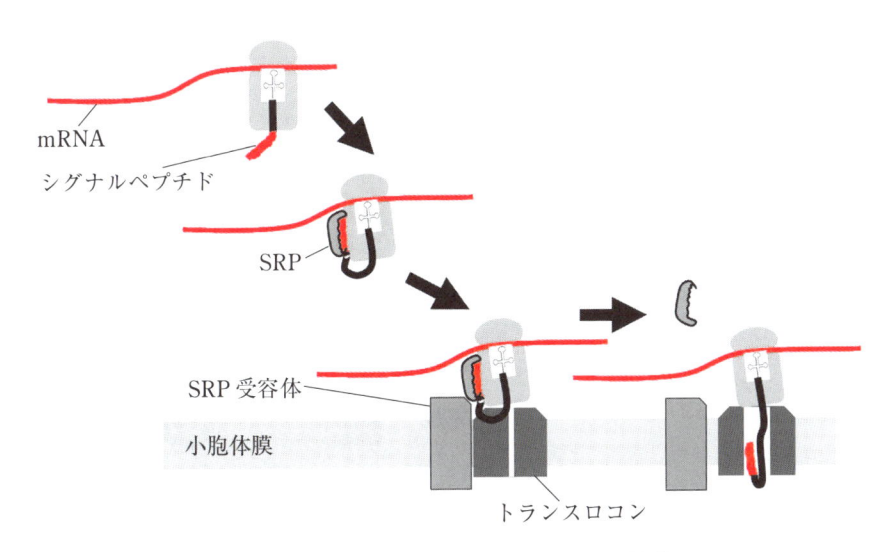

図 3.12　リボソームの小胞体膜への付着

signal sequence が小胞体への付着に関係している．このシグナル配列はシグナル認識粒子 signal recognition particle（SRP）によって認識される．SRP は RNA とポリペプチドからできている粒子で，細胞質に浮遊しているリボソームがタンパク質の小胞体シグナル配列からなるペプチドの合成を完了したところでシグナルペプチドとリボソームに結合する．タンパク質合成途中のリボソーム-SRP 複合体は小胞体に移動し，SRP が小胞体膜内在性の SRP 受容体と結合することにより，タンパク質合成途中のリボソームを小胞体に付着させる．リボソームの小胞体膜への付着が完了すると，SRP と SRP 受容体は解離し，SRP は再びシグナル配列を合成した遊離リボソームへの結合を繰り返す．SRP が結合しているリボソームでは一時的にタンパク質の合成が抑えられており，SRP はリボソームの小胞体への誘導だけでなく，小胞体でのタンパク質の生合成が付着後も支障なく進行するように働いている．

b 分泌タンパク質の合成

小胞体に運ばれた合成途中の分泌タンパク質は，小胞体の細胞質側から小胞体内腔に合成される．したがって，小胞体に付着したリボソームが合成しているポリペプチドは小胞体膜を通過しなければならない．小胞体膜にはペプチドを折りたたまない状態で膜を通過させるトランスロコン translocon というチャネルタンパク質が存在する．リボソームのタンパク質合成部位とチャネル部分は密着した形で結合しており，合成ペプチドはこのチャネルを通って小胞体内腔に押し出される．シグナルペプチドが小胞体膜を通過し，それに続き分泌タンパク質のペプチドが膜を通過し始めると，シグナルペプチドは小胞体膜にあるシグナルペプチダーゼにより切断され，速やかに分解される．この後，小胞体膜を通過したペプチドは，機能をもつタンパク質へと折りたた

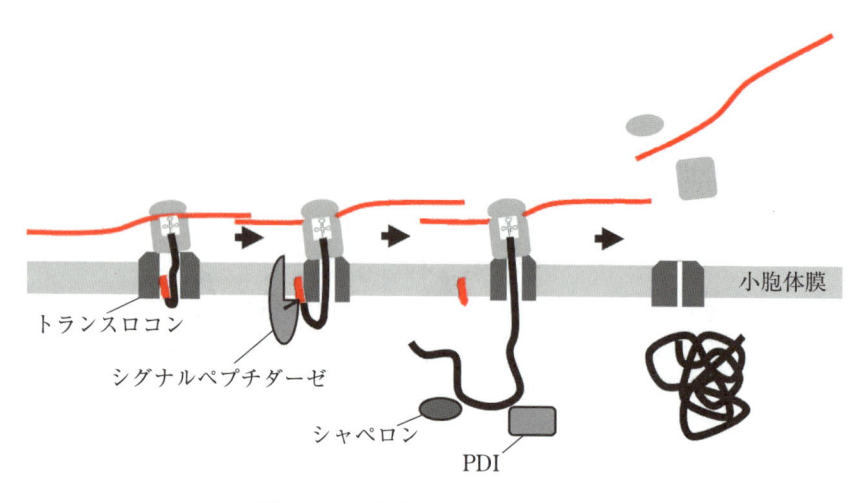

図3.13　分泌タンパク質の合成

まれなければならない．小胞体内でタンパク質の折りたたみに関わる分子は，分子シャペロン molecular chaperone やタンパク質ジスルフィドイソメラーゼ protein disulfide isomerase（PDI）などである．分子シャペロンはトランスロコンを通過したペプチドを逆走しないように小胞体内腔に引きずり込むはたらき，合成途中のタンパク質の凝集の抑制やタンパク質の安定な立体構造構築への誘導などを行っている．ジスルフィド結合は粗面小胞体で合成されるほとんどのタンパク質にみられ，タンパク質固有の立体構造の安定化に寄与している．ところが，小胞体内腔でのタンパク質合成途中において，ジスルフィド結合は最終的に折りたたまれたタンパク質にみられる組合せで形成されているわけではなく，ペプチド鎖が伸長してシステイン残基が出現した順番に形成されて部分的な折りたたみの安定性に役立っている．そのため本来の立体構造をつくるためには途中でジスルフィド結合の組換えが必要となってくる．この組換えを PDI が行っている．このように，小胞体内腔には分泌タンパク質を正しく折りたたんで機能あるタンパク質をつくるための機構とそれを支えるタンパク質群が存在している．小胞体におけるタンパク質合成がその能力を超えて起こり始めると，正常に折りたたまれないタンパク質が生じる原因となる．このような場合，シャペロンタンパク質の誘導や小胞体タンパク質の翻訳抑制により対応が行われるが，それでも異常タンパク質の生成が起こることは避けられない．異常タンパク質が生じた場合，そのようなタンパク質はゴルジ体に送られることはなく小胞体内腔に溜まっていく．小胞体での異常タンパク質の蓄積はストレスとなり，細胞にダメージを与えることとなりかねない．そこで，このような異常タンパク質を排除する機構も小胞体には備わっている．異常を認識するタンパク質，小胞体内腔から細胞質へ通過させる（逆転輸送 dislocation）タンパク質，細胞質側から異常タンパク質を引き出すタンパク質（AAA ATPase スーパーファミリーの1つである p97 など）が知られており，これらのタンパク質により異常タンパク質が細胞質基質に運びだされる．細胞質基

質では 3.7 節にあるユビキチン–プロテアソーム系により異常タンパク質は分解処理される．

c 膜タンパク質の合成

　生体膜に存在するタンパク質の多くは小胞体で合成される．分泌タンパク質との違いは，細胞膜に内在するタンパク質には合成されるペプチドの途中にトランスロコンを通過する際，その後に合成されるペプチドの輸送を防止したり，膜に係留することを指定する配列があることである．

　この配列部分は疎水性のアミノ酸を多く含み α ヘリックス α–helix を形成し，最終的にリン脂質二重層を貫通した形で膜に留まる．膜内在性タンパク質には，大きく分けて膜を 1 回貫通した形のタンパク質と膜を複数回貫通したタンパク質がある．そして，膜を 1 回貫通した膜タンパク質の合成のされ方には 3 つのタイプがある．1 番目のタイプは分泌タンパク質と同様に N 末端に小胞体へのシグナル配列をもち SRP により小胞体に運ばれ，N 末端がトランスロコンを通過した後シグナル配列が切断され N 末端部分が小胞体内腔で折りたたまれていく．さらに合成が進むと途中に膜通過を阻止し膜係留を指定する配列が現れるため，その後に合成されたペプチドは膜を通過せず細胞質側に残り折りたたまれる．こうして，細胞質と小胞体内腔のそれぞれにドメインをもつ膜を 1 回貫通したタンパク質となる（図 3.14a）．2 番目と 3 番目のタイプでは N 末端に小胞体輸送シグナル配列がなく，膜係留を指定する配列が小胞体輸送配列となっている．ただ，この 2 つのタイプではシグナル配列がトランスロコンに侵入する向きが違っている．2 番目のタイプではシグナル配列の C 末端側が小胞体内腔に向かうようトランスロコンに侵入するため，すでに合成を終わっている N 末端部分は細胞質に残ったままとなり，新たに合成された部分がトランスロコンを通過し，小胞体内腔に押し出される（図 3.14b）．したがって，2 番目のタイプの膜貫通タンパク質は 1 番目のタイプのタンパク質とは反対に，細胞質側に N 末端ドメインを小胞体内腔に C 末端ドメインをもつ膜タンパク質となる．3 番目のタイプはシグナル配列を N 末端付近にもち N 末端を小胞体内腔に向けトランスロコンに侵入するので，短い N 末端ペプチドを通過させるが，大部分の C 末端ペプチドを細胞質側に残し，細胞質側で折りたたまれた膜タンパク質となる．空間配置は 1 番目のタイプと同様に N 末端を小胞体内腔に，C 末端を細胞質側に合成されるが，小胞体内腔の N 末端ペプチドは非常に短いものとなる（図 3.14c）．1 番目のタイプの膜タンパク質には LDL 受容体やインスリン受容体，2 番目タイプにはトランスフェリン受容体やゴルジ体にあるいくつかの転移酵素，3 番目のタイプにはシトクロム P450 などがある．複数回膜を貫通する膜タンパク質は，基本的には膜 1 回貫通タンパク質と同様な機構で膜係留配列を交互に複数回膜を貫通させ合成される．膜貫通が奇数回であればN 末端とC 末端は膜をはさんで反対側に，偶数回であればN 末端とC 末端は同じ側に配置された膜タンパク質が合成される．複数回膜を貫通しているタンパク質には，G タンパク質共役受容体やグルコース輸送タンパク質 GLUT などがある．

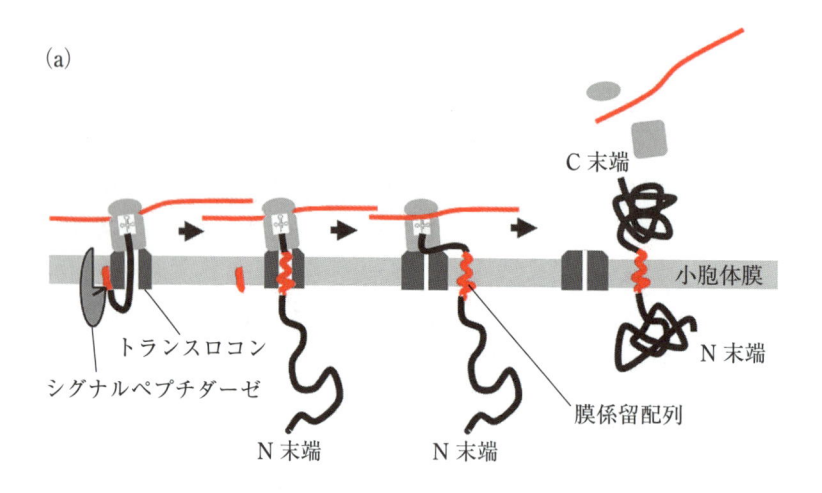

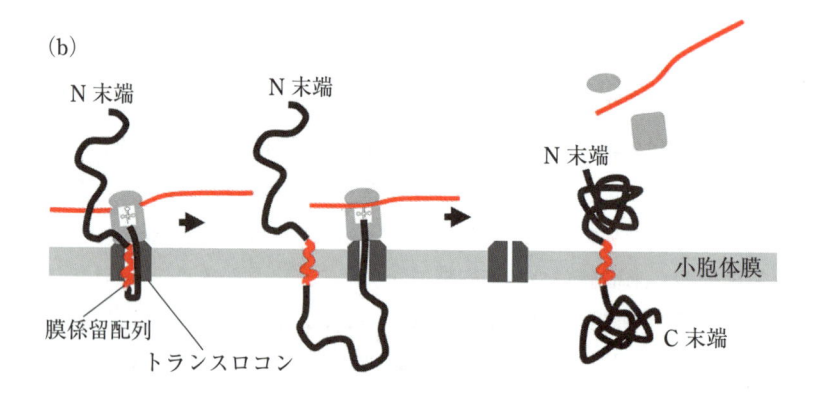

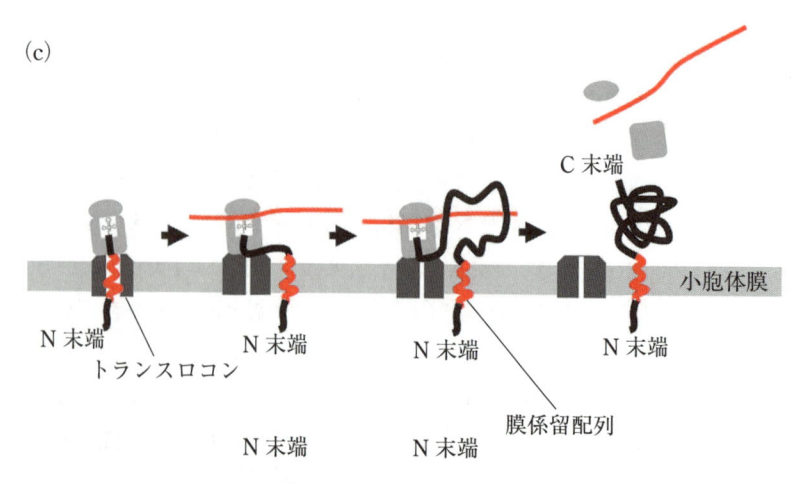

図 3.14 小胞体膜での 1 回膜貫通型タンパク質の合成

d 糖鎖の付加

　小胞体でタンパク質が受ける修飾に糖鎖の付加がある．糖鎖の付加はほとんどの分泌タンパク質や膜タンパク質の細胞外ドメインにみられる．タンパク質の糖鎖付加にはアスパラギン側鎖のアミドの窒素を介した N-グリコシド結合型とセリンやトレオニン側鎖の水酸基の酸素を介した O-グリコシド結合型がある．O-グリコシド結合型糖鎖の修飾はゴルジ体で起こるが，N-グリコシド結合による糖鎖付加は小胞体で起こる．小胞体内で最初に結合する糖鎖は図3.15に示したような前駆体であり，その形は3個のグルコース（Glc），9個のマンノース（Man），2個の N-アセチルグルコサミン（GlcNAc）の14個の単糖からなる糖鎖（Glc3Man9GlcNAc2）である．前駆体の糖鎖は小胞体膜で合成され，最終的に膜に埋め込まれているプレノイド脂質である**ドリコール dolichol** にピロリン酸を介して結合している．この前駆体糖鎖がオリゴ糖転移酵素 oligosaccharyl transferase により合成途中のタンパク質に付加される．オリゴ糖転移酵素はアスパラギンを特異的基質とする酵素で Asn–X–Ser/Thr（X はプロリン以外のいかなるアミノ酸でもよく，3番目はセリンかトレオニン）の3つのアミノ酸からなる配列を認識してアスパラギンに糖鎖を付加する．付加された前駆体糖鎖はすぐに2個のグルコースが1つずつ除去され，残った1個が可逆的に除去と付加の状態になり，最後に1個のマンノースがマンノシダーゼにより除去され，ゴルジ体へと輸送される形（Man8GlcNAc2）となる．小胞体での糖鎖の付加は，タンパク質の折りたたみや安定性にかかわっている．例えば，小胞体での N-グリコシド結合型糖鎖のプロセシングの段階で現れる可逆的に結合している1個の Glc が結合している Glc1Man9GlcNAc2 の糖鎖を認識する**カルネキシン calnexin** と**カルレティキュリン calreticulin** という2種類のシャペロンは，Glc1Man9GlcNAc2 を認識し折りたたみを助けており，正しい折りたたみが行われると3個目の Glc が完全に除去されることとなる．

○ グルコース（Glc）
◇ マンノース（Man）
⬡ N-アセチルグルコサミン（GlcNAc）

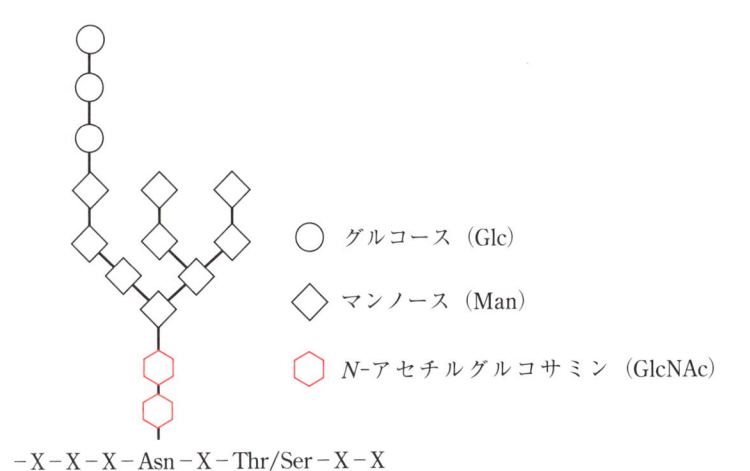

-X-X-X-Asn-X-Thr/Ser-X-X

図3.15　N 結合型糖鎖の前駆体

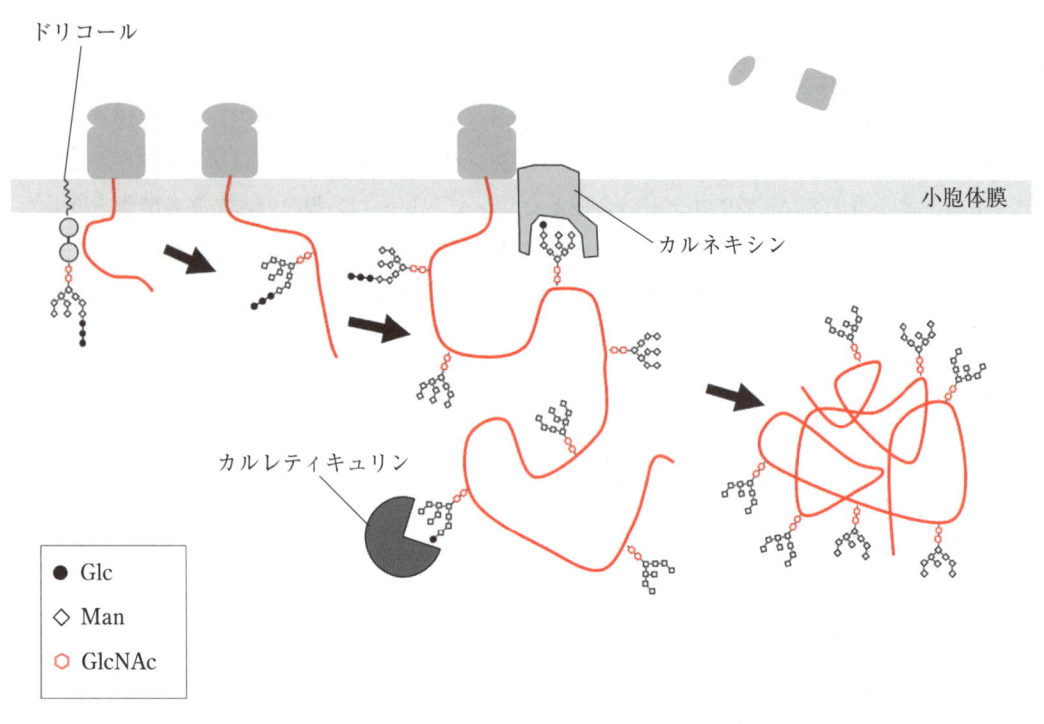

図 3.16　小胞体での糖鎖付加と糖鎖認識シャペロンによるタンパク質の折りたたみ

3.4.4　小胞輸送

　小胞体で合成されたタンパク質のうち小胞体で働くタンパク質は小胞体に留まるが，分泌タンパク質，細胞膜や他の細胞内小器官の膜タンパク質は，小胞体から出芽する輸送小胞 transport vesicle に詰め込まれゴルジ体に輸送される．輸送小胞はタンパク質の輸送だけでなく，小胞体で合成された膜脂質の細胞全体への分配にも寄与している．小胞体から離れていく輸送を順行性輸送 anterograde transport，小胞体の方に向かう輸送を逆行性輸送 retrograde transport という．小胞輸送関してはゴルジ体の節（3.5 節）でさらに詳しく述べる．

3.4.5　小胞体における Ca^{2+} の貯蔵と放出

　細胞質には Ca^{2+} 濃度の上昇により Ca^{2+} と結合し活性化するタンパク質が存在しており，Ca^{2+} 結合によりさまざまな応答を引き起こす．そのため，ふつう細胞質の遊離の Ca^{2+} 濃度は $10^{-7}M$ で低く抑えられている．この濃度調節は，1 つは細胞膜に存在するイオンポンプ Ca^{2+}–ATPase による細胞外への Ca^{2+} の汲み出しにより行われているが，もう 1 つは小胞体に存在する Ca^{2+}–

ATPaseで小胞体内にCa^{2+}を貯蔵することで行われている．また，小胞体膜にはCa^{2+}チャネルがあり，イノシトール1,4,5-トリスリン酸 inositol 1,4,5-trisphosphate（IP$_3$）の刺激などにより開口し，細胞質内にCa^{2+}を放出させいろいろな細胞応答を誘導している．特殊化した小胞体として，骨格筋細胞では筋小胞体 sarcoplasmic reticulum（SR）が発達している．筋小胞体にはたくさんの特殊なCa^{2+}–ATPaseが埋め込まれており，細胞内のCa^{2+}の貯蔵庫となっている．神経筋接合部に活動電位が到達すると筋細胞膜は電気的に興奮し，活動電位は横行小管（T管ともいう）を伝わり，その興奮をジヒドロピリジン受容体（DHP受容体）が感知し近接する筋小胞体のリアノジン受容体に作用し，電位依存的Ca^{2+}チャネルを開口させる．この筋小胞体からのCa^{2+}の放出による筋細胞内のCa^{2+}濃度の上昇が筋収縮の引き金となる．興奮後はCa^{2+}–ATPaseの働きにより速やかにCa^{2+}を筋小胞体に取り込み，筋を弛緩状態に戻す．このように，小胞体における細胞内のCa^{2+}の貯蔵と放出は細胞のいろいろな応答に重要な役割を果たしている．

3.5　ゴルジ体

　ゴルジ体 Golgi bodyは小胞体の細胞膜側に位置し，円盤状の扁平な袋が何層にも重なった形をしている．扁平な袋は嚢と呼ばれ小胞体のように各嚢はつながってない．また，これらの嚢は方向性をもっており，最も小胞体に近い部分をシス側，最も細胞膜に近い部分をトランス側とい

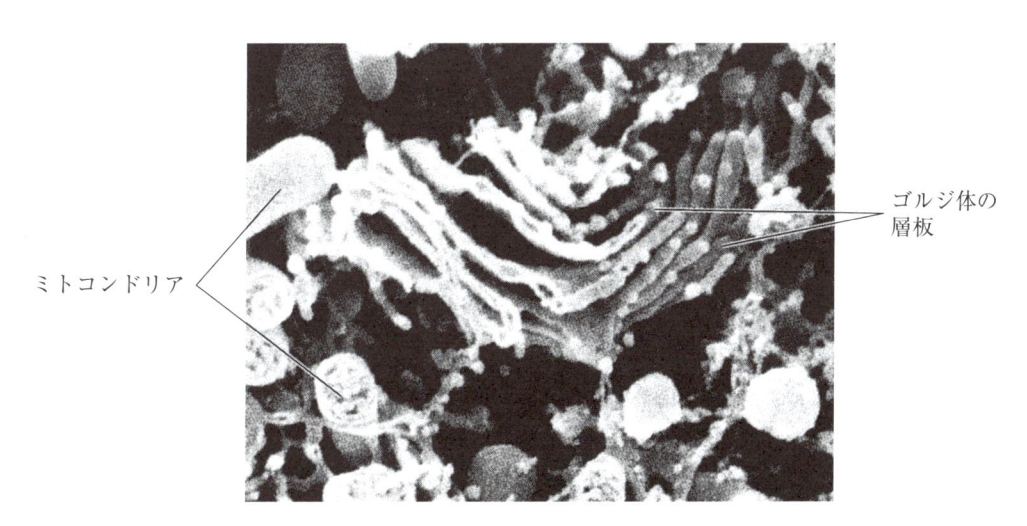

図3.17　ゴルジ体の走査電子顕微鏡写真
（堅田利明編集：細胞生物学，p.14，廣川書店，改変）

う．扁平な嚢はシス側からトランス側にシス嚢，中間嚢，トランス嚢と呼ばれている．シス嚢とトランス嚢の外側は網目状の膜構造がみられ，シス網，トランス網を形成している．ゴルジ体の機能は小胞体でつくられた分泌タンパク質や膜タンパク質に修飾を施し，細胞膜や細胞小器官などの最終目的地へ送るため選別を行うことである．

3.5.1　小胞体で合成された水溶性タンパク質のゴルジ体での流れ

　ゴルジ体の働きの1つは，分泌タンパク質の選別とそれを分泌経路に乗せることである．小胞体で合成されたタンパク質は順行性の小胞輸送 vesicular transport によりゴルジ体に達し，集まった輸送小胞が融合しシス網を形成する．融合を繰り返すことにより網目状の構造は嚢状になり，シス嚢となる．この段階で，小胞体で働くタンパク質が間違って運ばれてきていた場合，ゴルジ体からの小胞が形成され逆行性輸送により小胞体へ送り返される．小胞体で働く水溶性タン

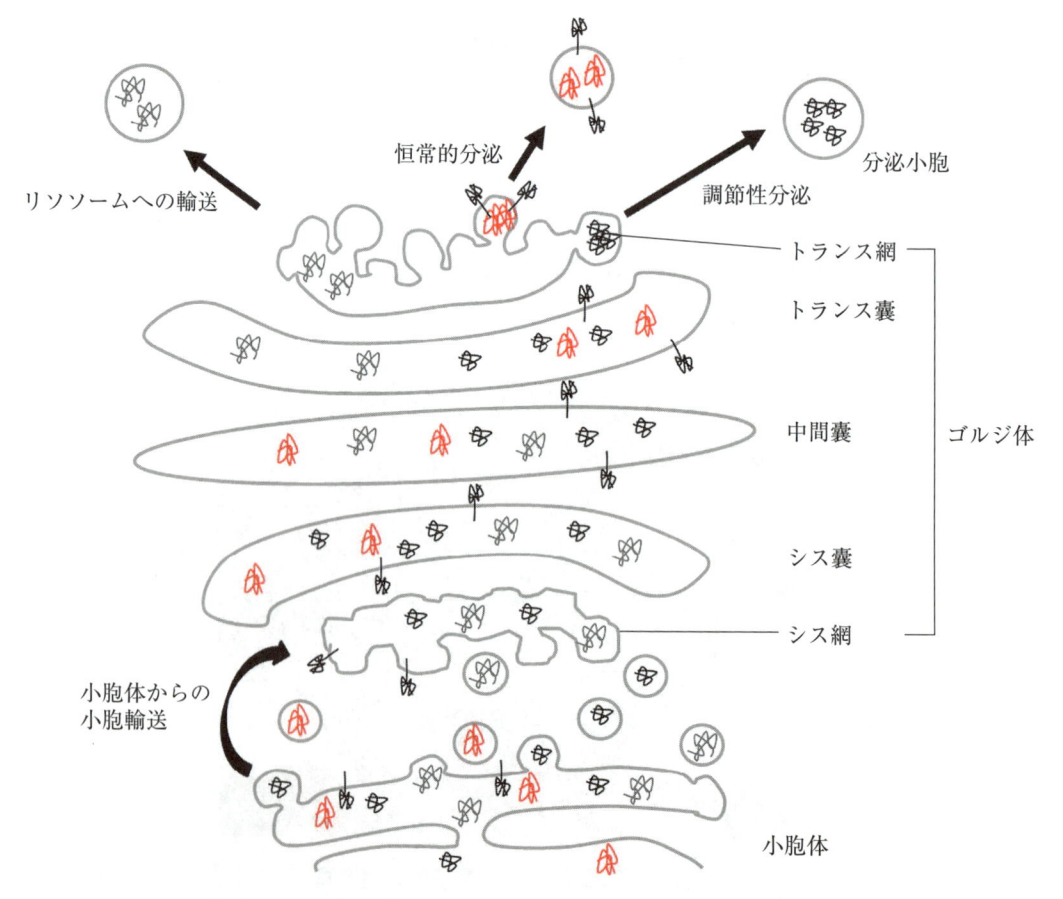

図 3.18　ゴルジ体でのタンパク質の選別と輸送小胞の形成

パク質の多くは C 末端に Lys–Asp–Glu–Leu のアミノ酸配列（KDEL 選別シグナル KDEL sorting signal という）をもっており，小胞体の局在を決めている．シス嚢はタンパク質を含んだまま中間嚢，トランス嚢へと移行していく．この間，ゴルジ体の各嚢に局在して働く酵素類は，移行してトランス側に進んだ嚢から輸送小胞を使った逆行性輸送により元の位置のゴルジ嚢に戻される．トランス嚢まで達すると，タンパク質は運搬先に従って分別され始め，トランス網を形成する．トランス網からは選別されたタンパク質を含んだたくさんの輸送小胞が出芽して目的の場所に輸送されていく．恒常的に分泌されているタンパク質は細胞膜に向かって常時輸送され，エキソサイトーシス（開口分泌）exocytosis により細胞外へ放出される．また，ホルモンや神経伝達物質など細胞の応答により調節されて分泌されるタンパク質を含んだ小胞は分泌小胞 secretory vesicle として細胞内に留まる．もう 1 つの水溶性タンパク質が運ばれる経路はリソソームで，リソソームへ運搬されるタンパク質はトランス網から出芽した輸送小胞が後期エンドソーム late endosome と融合したのち，さらにリソソームと融合しリソソーム内に移される．

3.5.2 ゴルジ体における糖鎖の修飾とプロセシング

小胞体からゴルジ体へ小胞輸送されシス網に入ったタンパク質の N–グリコシド結合型糖鎖は Man8GlcNAc2 の形をしている．N–グリコシド結合型糖鎖はゴルジ体に入ると 3 つの嚢に存在する異なる酵素により，構成糖の除去や付加が行われ，トランス嚢でいろいろな N–グリコシド結合型糖鎖をもったタンパク質が完成する．

シス嚢では Man8GlcNAc2 糖鎖のマンノースを除去する酵素が存在しており，3 つのマンノースが取り除かれ Man5GlcNAc2 になり中間ゴルジへと移行する．中間ゴルジでは 1 個の N–アセチ

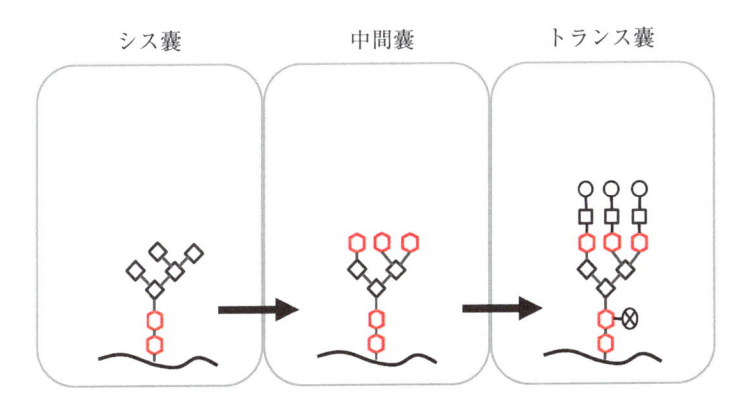

図 3.19　ゴルジ体での N 結合型糖鎖のプロセシング

ルグルコサミンの付加に続いて2個のマンノースの除去，さらに2個の *N*-アセチルグルコサミンの付加が行われる．トランス嚢に移行すると，ガラクトース，*N*-アセチルノイラミン酸，フコースなどが付加され糖鎖のプロセシングが終了する．

O-グリコシド結合型糖鎖の付加はゴルジ体で行われる．*O*-グリコシド結合型糖鎖は比較的単純な糖鎖で，タンパク質のセリンあるいはトレオニン残基の水酸基の酸素に *N*-アセチルガラクトサミン（GalNAc）が結合しその先にガラクトース，*N*-アセチルグルコサミン，*N*-アセチルノイラミン酸などが数個付加された形となる．

ゴルジ体で行われるもう1つの糖付加はプロテオグリカン proteoglycan で起こるものである．プロテオグリカンでは，小胞体でつくられたコアタンパク質に直鎖状の特殊な多糖類であるグリコサミノグリカン glycosaminoglycan（GAG）が1つ以上共有結合している．分泌型のプロテオグリカンは細胞外マトリックス extracellular matrix の重要な成分であり，膜結合型は細胞接着などに重要な役割を果たしている．GAG はコンドロイチン硫酸，ヘパリン，ヒアルロン酸，ケラタン硫酸などで，二糖の繰り返し構造をもつ直鎖状の多糖である．二糖の1つはアミノ糖（GlcNAc か GalNAc）でもう1つはウロン酸（D-グルクロン酸か L-イズロン酸）かガラクトースとなっている．GAG のコアタンパク質への結合様式はセリン残基の水酸基にガラクトース（Gal）とキシロース（Xyl）からなる三糖のリンカー(Gal-Gal-Xyl)を介して行われる．セリンの水酸基は Xyl と結合をつくり，Gal にグルクロン酸が付加され，その先に GAG が結合をつくる．プロテオグリカンでは，タンパク質に対する糖の割合は一般的な糖タンパク質に比べ非常に大きくなっている．

3.5.3　輸送小胞の形成とタンパク質の選別そして輸送と膜融合

ゴルジ体ではすべての嚢において輸送小胞が形成され目的の場所へタンパク質や脂質が輸送される．タンパク質の選別と輸送小胞の形成は関連しており同時に進行する事象である．ゴルジ体で形成される輸送小胞の行く先は順行性では細胞膜あるいはリソソーム，逆行性では小胞体あるいはゴルジ体から新しい嚢への輸送である．この輸送機構はほぼ共通しており，タンパク質の選別と輸送先を区別するため，この機構にかかわるタンパク質が異なっている．ゴルジ内腔のタンパク質の選別は，タンパク質がもつ選別シグナルを認識するシグナル受容体が行っている．シグナル受容体はゴルジ体で成熟した水溶性タンパク質がもつ輸送先を決定する選別シグナル配列を認識するとともに，細胞質側には小胞形成にかかわる被覆タンパク質や被覆タンパク質との仲介を行うアダプタータンパク質が認識する領域をもっている．したがって被覆タンパク質やアダプタータンパク質は輸送先により異なっている．膜タンパク質の細胞質側にも同様なシグナルがあり，被覆タンパク質により形成された小胞には輸送先が同じ水溶性タンパク質や膜タンパク質が積み込まれている．小胞形成の開始と被覆の解離には GTP 結合タンパク質 GTP-binding protein（G タンパク質 G protein）がかかわっており，生体膜に結合する活性型の G タンパク質が被覆タンパク質複合体やアダプタータンパク質複合体の膜への結合を促し，選別されたタンパク質を集

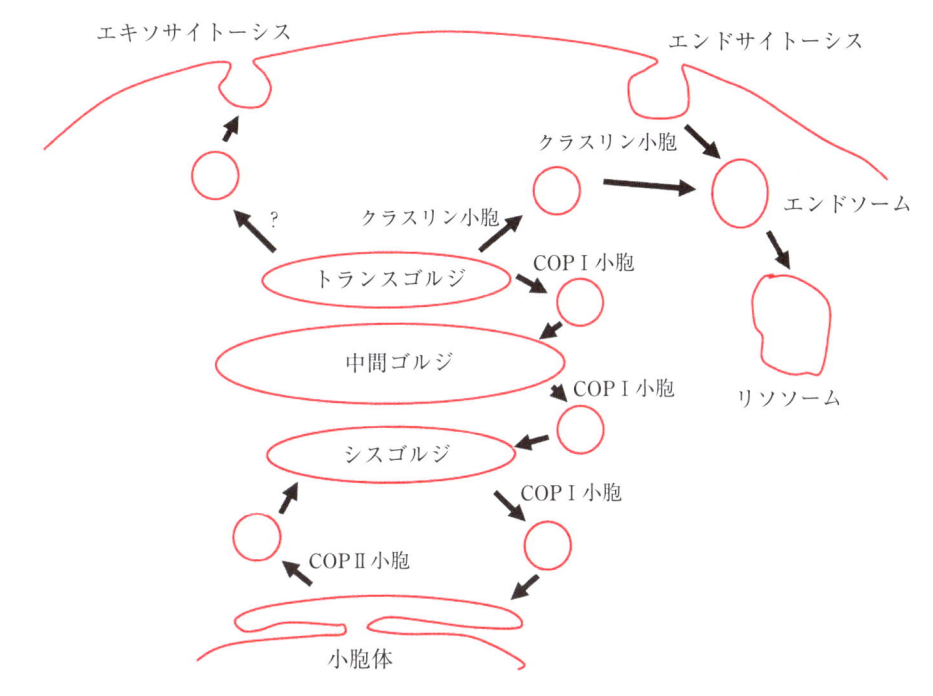

図 3.20　ゴルジ体を中心とした輸送小胞の種類と流れ

めながら小胞を形成させる．現在知られている被覆タンパク質複合体には被覆タンパク質複合体Ⅰ coat protein Ⅰ（COP Ⅰ），被覆タンパク質複合体Ⅱ coat protein Ⅱ（COP Ⅱ），クラスリン clathrin などがある．小胞形成が完全に終わり小胞が形成された器官から離れると，これらの被覆タンパク質複合体は小胞から解離する．次に小胞の輸送先への運搬にかかわる G タンパク質である Rab タンパク質 Rab protein が膜に結合し，輸送先への運搬を調節する．標的膜へ運搬された小胞はそれぞれの膜に存在する SNERE と呼ばれるタンパク質の働きにより膜が融合し，タンパク質の運搬が完了する．

a クラスリン被覆小胞

クラスリン被覆小胞は網目状に組んだ丸いかごのようにみえる．その網目構造からラテン語の「格子」を意味するクラスリンという名前がつけられた．クラスリン分子は，ひものような形をした重鎖と軽鎖が 3 本ずつ三つ巴型（トリスケリオン構造）に組み合わさりプロペラ状の構造をしている．この構造が格子を組むように会合し，被覆を形成している（第 2 章 図 2.30 参照）．

クラスリン小胞が行う輸送は，トランスゴルジからエンドソーム，細胞膜からエンドソーム（第 2 章参照），ゴルジ体からリソソームなど多岐にわたっている．これらの輸送のパターンの違いにより異なるアダプタータンパク質が用いられている．例えば，トランスゴルジからエンドソームでは AP-1 複合体あるいは GGA，細胞膜からエンドソームでは AP-2，ゴルジ体からリソソー

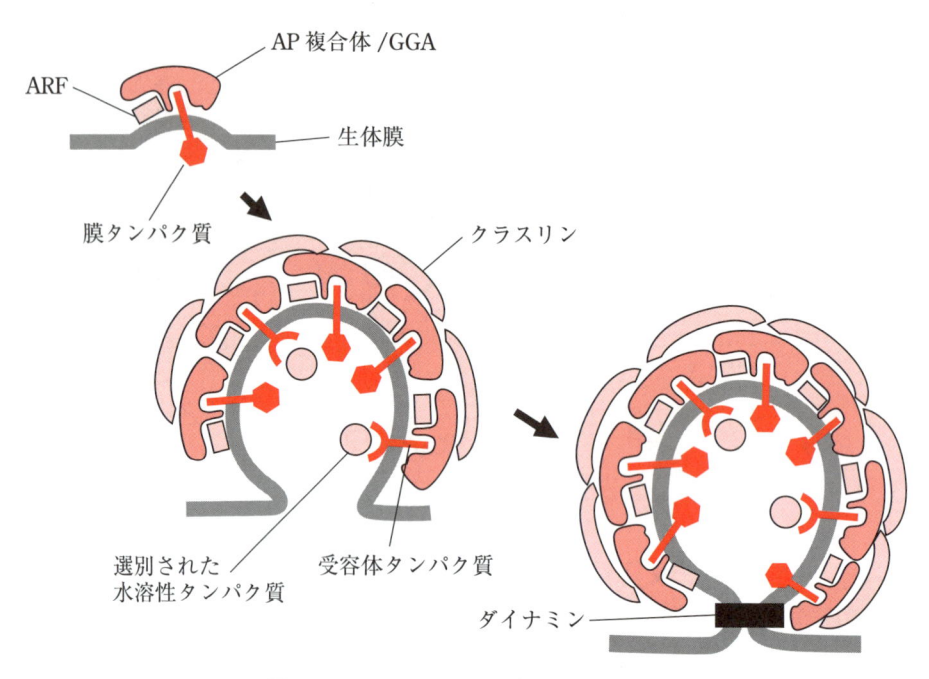

図 3.21　クラスリン被覆小胞の形成

ムでは AP-3 が小胞形成されている．

　クラスリン小胞の切り離しにはダイナミン dynamin と呼ばれるタンパク質の助けが必要で，小胞のくびれに巻きついたダイナミンが GTP の加水分解エネルギーを利用して構造変化を起こし小胞をもとの膜から切り離す．このように小胞の切り離しにかかわるタンパク質が必須なのはクラスリン小胞のみで，COP I 小胞や COP II 小胞ではダイナミンのようなタンパク質の助けをかりることなくもとの膜から切り離される．

b　COP I 被覆小胞

　COP I 小胞はシスゴルジから小胞体へ，あるいはゴルジ嚢を逆行する輸送を行う小胞である．小胞の出芽の開始を調節する G タンパク質はクラスリン小胞と同じ ARF で，活性型の ARF が膜に係留されると，7 種類のサブユニットからなる複合体 COP I が内腔のタンパク質を選別したシグナル受容体をとらえながら小胞を形成していく．COP I 被覆小胞で選別される内腔のタンパク質は KDEL 選別シグナルを，膜タンパク質は細胞質側に Lys–Lys–X–X（KKXX）配列をもっている．

c　COP II 被覆小胞

　COP II 小胞は小胞体からゴルジ体のシス面へ順行性の輸送を行う小胞である．小胞の形成を

表 3.1 被覆小胞の種類と関係するタンパク質

小胞の種類	輸送経路	小胞形成を調節するGタンパク質	被覆タンパク質
クラスリン被覆小胞	トランスゴルジ→エンドソーム	ARF	クラスリン＋AP複合体/GGA
	細胞膜→エンドソーム	ARF	クラスリン＋AP複合体
	ゴルジ体→リソソーム	ARF	クラスリン＋AP複合体
COP Ⅰ被覆小胞	シスゴルジ→小胞体	ARF	7種類のCOPサブユニット
	ゴルジ嚢間の逆行性輸送		
COP Ⅱ被覆小胞	小胞体→シスゴルジ	Ser1	Sec23/Sec24＋Sec13/Sec31

調節するGタンパク質はSer1とよばれ，小胞体膜内在性タンパク質のSec12によりGDPがGTPに変換され活性化して膜表面に係留する．係留したSer1に被覆タンパク質複合体Sec23/Sec24が膜タンパク質やシグナル受容体を取り囲みながら結合し，膜に曲率を与えて小胞が出芽する．出芽が始まるとさらにもう1つの被覆タンパク質複合体Sec13/Sec31がそのまわりを覆って小胞が形成される．小胞体からCOP Ⅱ小胞が離れると，被覆タンパク質の働きよりSer1のGTPはGDPに加水分解され膜から解離する．同時に被覆タンパク質も解体され小胞から離れる．COP Ⅱ小胞は小胞体でできた多種類の可溶性タンパク質を運搬している．他の被覆小胞と同様にシグナル受容体の存在は知られているが，受容体がどのようなシグナル配列を認識しているかは明らかになっていない．ただ，輸送される膜内在性タンパク質では細胞質側のAsp–X–Gluなどの配列がSec24と相互作用することが知られている．

d　SNAREによる膜融合

　生体膜の融合を助ける膜内在性タンパク質の存在が知られておりSNAREと名付けられている．小胞側に膜にはv–SNAREが，標的膜側にはt–SNAREが存在し，2つの膜が結合するとこれら2つのSNAREタンパク質が相互作用することで膜を融合に導く．v–SNAREタンパク質は小胞が形成されるときに小胞膜に取り込まれており，被覆タンパク質が膜から解離すると表面に露出し，標的膜でt–SNAREとの結合が可能となる．ゴルジ体から出芽した分泌小胞の膜にはVAMP (vesicle–associated membrane protein) と呼ばれるv–SNAREがあり，細胞膜にはシンタキシンとSNAP–25と呼ばれる2種類のt–SNAREが存在している．分泌小胞が細胞膜に近づくとこれらのv–SNAREとt–SNAREが複合体を形成し，膜どうしを密着させる．複合体をつくっているそれぞれのタンパク質部分はαヘリックス構造をとっており，VAMPとシンタキシンからは1本，SNAP–25からは2本のαヘリックスがコイルドコイル構造を形成する．膜が融合し1つの膜になると，会合したSNARE複合体にNSF (NEM–sensitive factor) とα–SNAP (soluble NSF attachment protein) という2つのタンパク質が結合し，ATP加水分解エネルギーを使ってコイルドコ

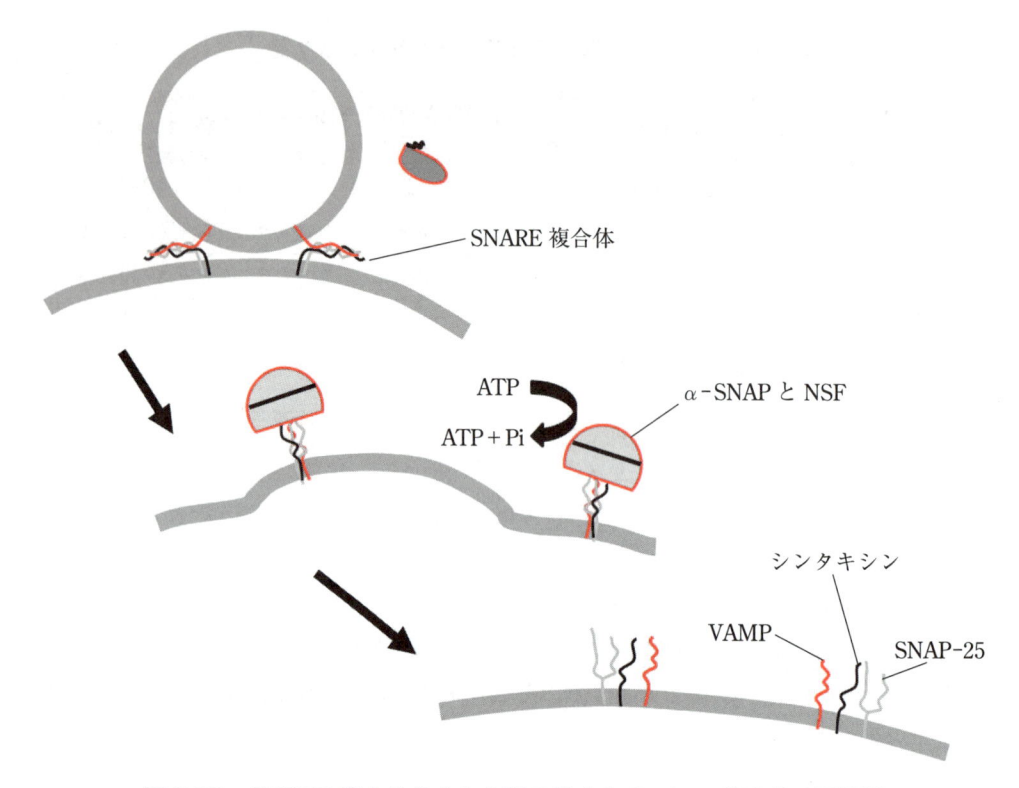

図 3.22 SNARE 複合体を介した膜の融合と SNARE 複合体の再解離

イル構造をほどき，3つの SNARE 分子を解離させる．NSF は N-メチルマレイミド（NEM）で阻害されるタンパク質として見つかった因子で，NSF を阻害すると分泌小胞が蓄積されることが知られていた．この事実から，SNARE タンパク質は複合体形成後に分離されて次の膜融合に再利用されていることがわかった．

e　エキソサイトーシス

エキソサイトーシスを行う分泌小胞の被覆タンパク質はまだ見つかっていない．分泌には恒常的な分泌と調節された分泌があり，恒常的な分泌ではアルブミン，細胞外マトリックスのタンパク質など分泌や細胞膜に存在する膜タンパク質の供給が行われ，調節された分泌ではホルモン，消化酵素，神経伝達物質などが分泌されるが，刺激があるまで分泌小胞として細胞内にとどまっている．これら分泌小胞では分泌されるタンパク質は前駆体として取り込まれている場合があり，前駆体タンパク質を特異的に切断するプロセシングを受け成熟した形に変換される．分泌タンパク質のゴルジ体での選別機構はまだよくわかってないが，調節された分泌においては分泌タンパク質がトランスゴルジの出芽膜近傍で凝集している様子が観察されており，凝集することが選別機構にかかわっている可能性がある．

3.6 リソーム

　細胞は自身を維持するためにタンパク質，脂質，多糖など生体高分子を合成しているが，それらが不要になったり傷んだりしたときには分解する必要が生じてくる．細胞内消化にはタンパク質を特異的な方法で加水分解するユビキチン-プロテアソーム系（3.7 節を参照）と様々な生体高分子を特異的あるいは非特異的に分解するリソーム分解系がある．リソーム lysosome は細胞内で不要になったものや細胞の外から取り込んだ様々な分子や細菌などを消化，分解してしまう細胞内小器官である．

　リソーム内腔は膜に存在している H^+ ポンプの働きで酸性（約 pH 5.0）となっており細胞質とは非常に異なる環境となっている．リソーム内で働く多種類の加水分解酵素はこのような酸性条件で最大活性を示す酵素であり，反対に細胞質基質に放出されたとしても働かないようになっている．このような酸性条件で働く加水分解酵素群には，プロテアーゼ，ヌクレアーゼ，グ

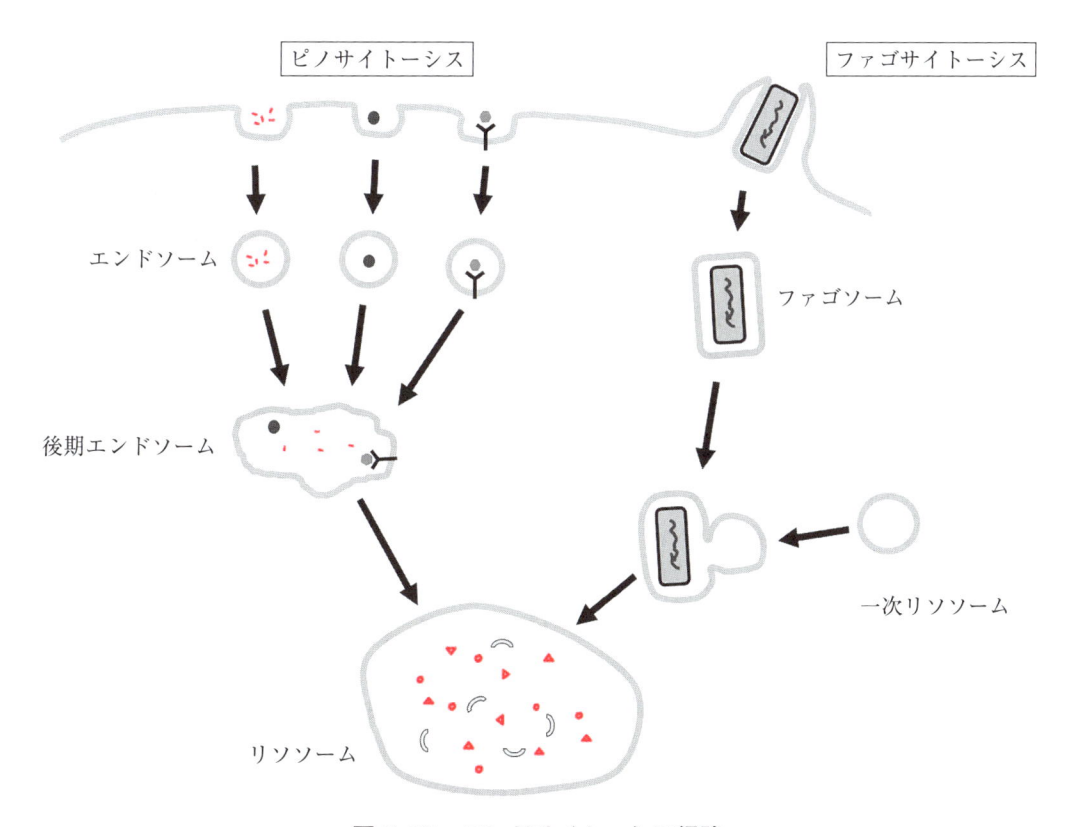

図 3.23　エンドサイトーシス経路

リコシダーゼ，リパーゼ，ホスファターゼ，サルファターゼ，ホスホリパーゼなどがあり，リソソームに取り込まれた水溶性の生体高分子はもちろん細菌や細胞内小器官を，最終的にアミノ酸，ヌクレオチド，単糖，脂質の構成単位にまで分解し，再利用を可能にする．リソソームの大きさや形はいろいろあるが，大きく一次リソソームと二次リソソームに分けられる．一次リソソームは比較的小さく球状で内腔には分解される物質をまだ含んでいない．二次リソソームは分解物を含んだ後のもので，内腔には分解途中の物質が顆粒状に観察される．

リソソームに分解対象物を運ぶ経路には大きく分けて細胞外の異物をエンドサイトーシスendocytosis（飲食作用）で取り込みリソソームに運ぶ経路（異食）と細胞内に膜が形成されて細胞質基質や細胞内小器官を取り囲みリソソームと融合する経路（自食）の2つがある．3.5節で述べたようにリソソームの酵素類や膜タンパク質は小胞体でつくられ，ゴルジ体で選別された後に，クラスリン被覆小胞が後期エンドソームに融合あるいは一次リソソームを形成した後に分解すべき物質を含む小胞と融合し，二次リソソームを形成する．

3.6.1　自食作用とリソソーム

細胞は細胞内で働いている様々な高分子や細胞内小器官をいつも新しいものに置き換えて細胞維持に努めている．つまり古くなって働きが悪くなったこれらのものを分解して新しいものをつくるための材料としている．細胞内消化には，ポリユビキチン化されたタンパク質をプロテアソームが分解する特異的な機構（3.7節参照）があるが，それとは別に細胞質基質分子やミトコンドリアなどの細胞内小器官を膜で包み込みリソソームで分解する機構があり，オートファジー（自食作用）autophagyと呼んでいる．オートファジーは新陳代謝による細胞を維持のために恒常的に行われているが，外部から栄養が補給されない飢餓状態のときや細胞内に侵入してきた細菌の駆除などにも緊急的に誘導される．オートファジーの開始は細胞質に存在する膜の断片であろうと考えられている．初めは小さな膜が周りの膜から生体膜脂質を集め，二重の扁平な袋状の膜を湾曲させ，最終的に細胞質基質や細胞内小器官を封入して隔離していると考えられている．しかしながら，現在のところ材料となる膜脂質の由来は明らかになっていない．ここで封入を完了した二重膜の構造をオートファゴソームautophagosomeという．オートファゴソームはリソソームへと運ばれ，外側の膜がリソソーム膜に融合するとオートファゴソーム内の物質は内側の膜とともにリソソーム内の加水分解酵素群により構成単位まで分解される（図3.24）．このようなオートファジーを進行させる特異的な遺伝子群 autophagy-related gene（ATG）の産物タンパク質は知られているが，その機構の全容はまだ解明途中である．

オートファジーは細胞内の恒常的な新陳代謝のみならず，初期胚で起こる飢餓的状態でのリサイクルによる自己の分子からの栄養調達，異常タンパク質の蓄積によるパーキンソン病，アルツハイマー病などの病気の抑制などに働いている可能性がある．

3.6 リソソーム

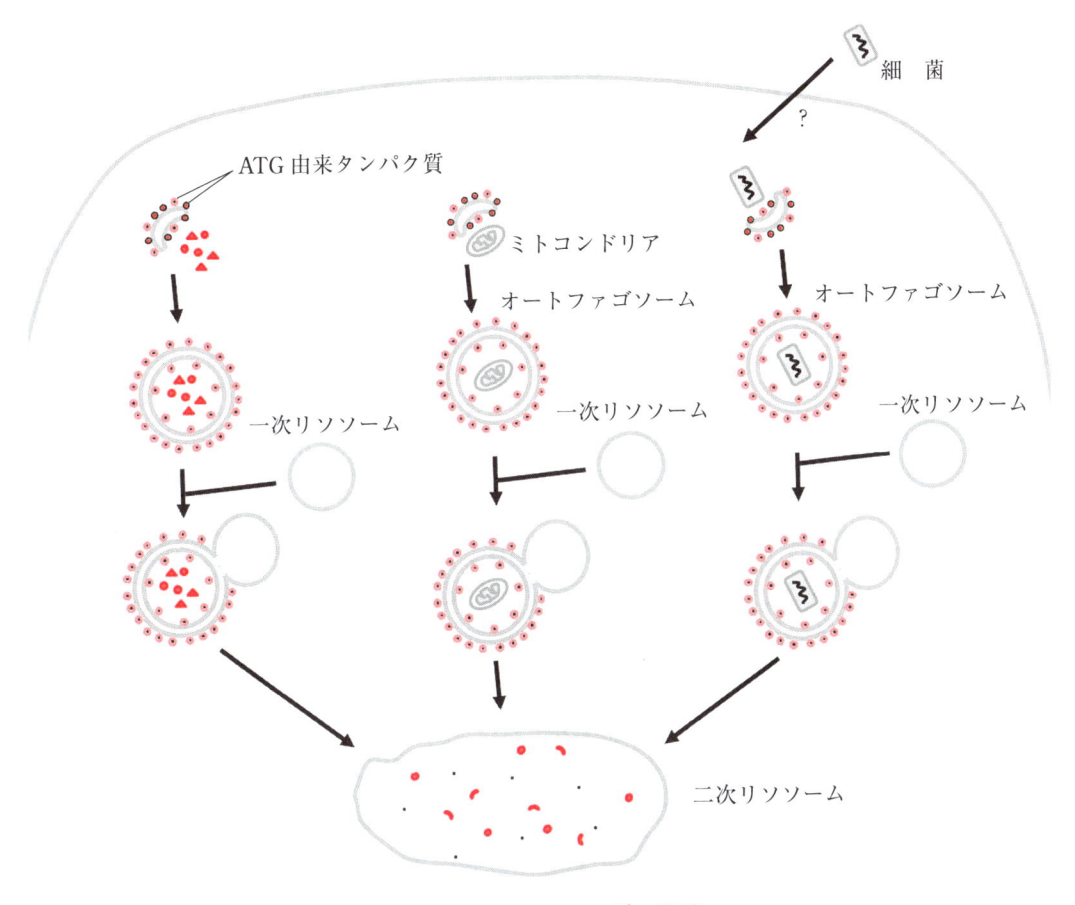

図3.24 オートファジー経路

コラム　　リソソーム病 lysosome disease

　リソソームにはリソソームに運ばれてきた様々な高分子を分解する多種類の加水分解酵素が含まれているが，これらの酵素のうち1つ以上の酵素が欠損していたり異常のために働かないと，分解されるべき多糖や脂質などが分解されずにリソソーム内に蓄積してしまう．この蓄積が原因で起こる病気をリソソーム病という．現在，30〜40種類ほどの病気が知られており，酸性 α-グルコシダーゼの欠損によりグリコーゲンが蓄積するポンペ病，β-ガラクトシダーゼの欠損により GM1 ガングリオシドが蓄積する GM1 ガングリオシドーシス，アリルスルファターゼ A の欠損によりスルファチドが蓄積する異染性白色ジストロフィー，いろいろなムコ多糖分解酵素の欠損が原因でムコ多糖が蓄積するムコ多糖症などがある．また，I-cell 病ではゴルジ体でのマンノース 6-リン酸を付加する酵素の異常でリソソーム移行の標識が行われず，リソソーム酵素がリソソームへ送られないためにリソソームでの非分解物の蓄積が起こっている．リソソーム病は原因ははっきりしているが，根本的な治療法はなく，主に酵素補充療法や症状を緩和する対症療法が行われている．

3.7 タンパク質の品質管理と分解

3.7.1 小胞体内におけるタンパク質の品質管理

　真核細胞の翻訳過程において，分泌タンパク質や膜タンパク質は小胞体に結合したリボゾームでポリペプチド（新生タンパク質）として合成され，小胞体内部へと移行する．新生タンパク質は小胞体内で正しい立体構造を形成（**フォールディング**）し，ジスルフィド結合（S-S架橋）の形成，糖鎖の付加を一部受けた後，ゴルジ装置，リソソーム，細胞表面など次の目的地へ輸送される．細胞が産生する全タンパク質の約30％は小胞体を通過し，このような経路で合成・輸送される．細胞内で作られる多くのタンパク質が，それぞれの機能や酵素活性などを発揮するためには，正しい立体構造を獲得していることが必要不可欠である．**分子シャペロン** molecular chap-

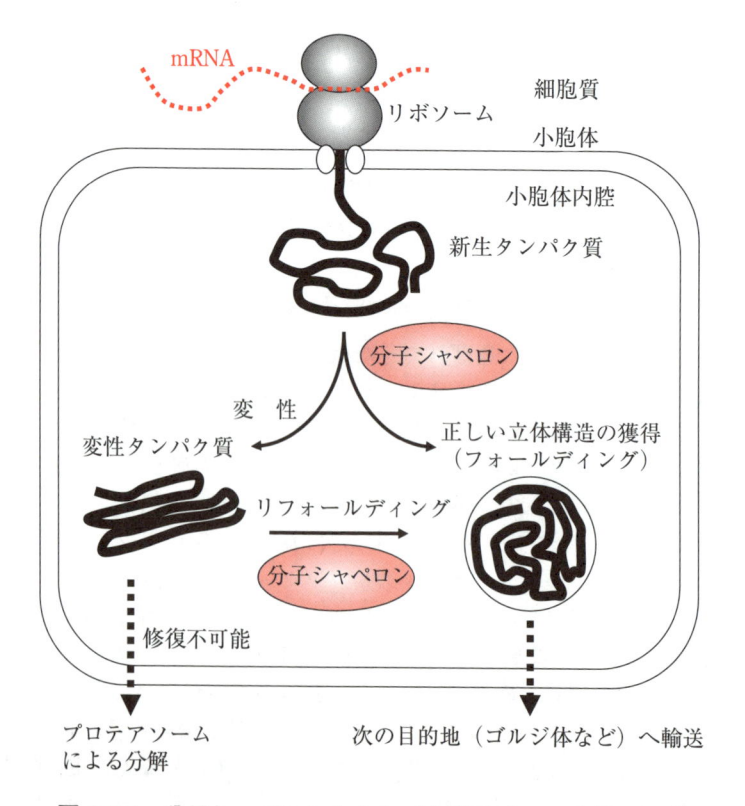

図3.25　分子シャペロンとタンパク質のフォールディング

3.7 タンパク質の品質管理と分解　　91

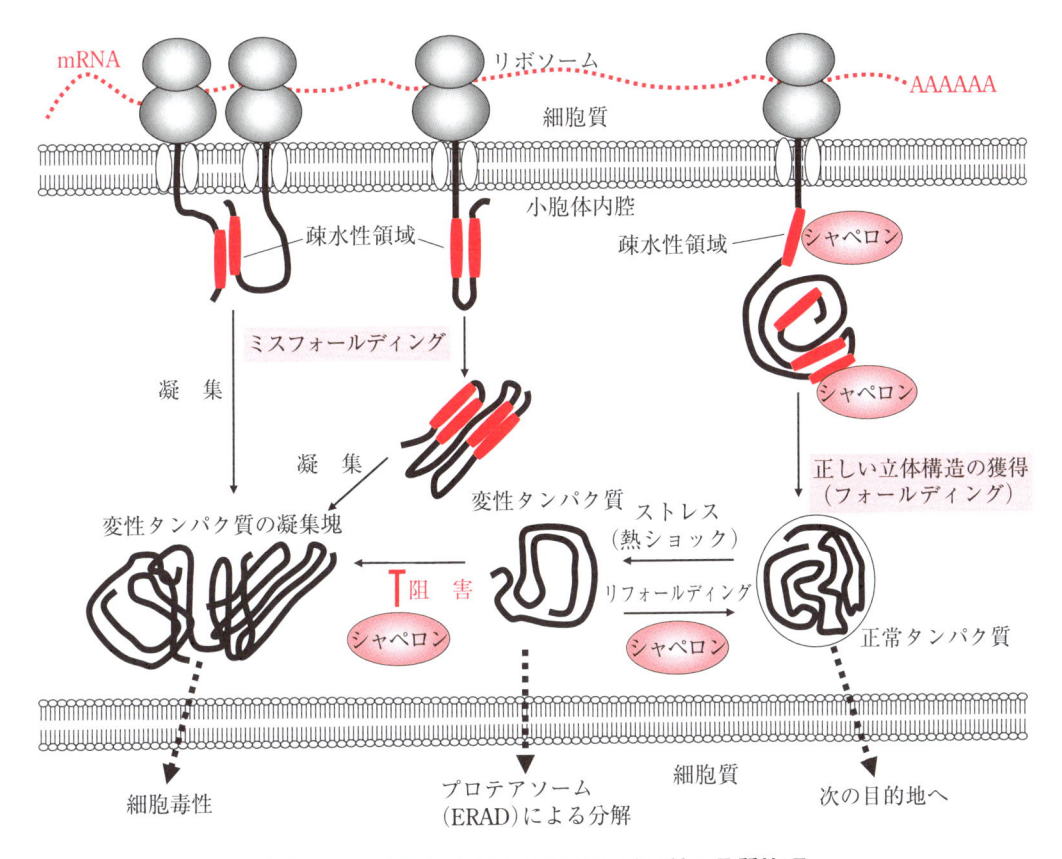

図 3.26　小胞体内におけるタンパク質の品質管理

erone はこの新生タンパク質に結合することによりタンパク質が正しいフォールディングを行うために機能する（図3.25）．正常なタンパク質の分子構造は，親水性アミノ酸を多くもつ親水性領域や親水性アミノ酸の側鎖はタンパク質分子の外側に露出し，一方で疎水性アミノ酸を多くもつ疎水性領域は分子内部に収納されている．しかし，小胞体に結合したリボソームで合成される新生タンパク質がきちんとした立体構造を形成することができずに異常タンパク質や変性タンパク質として生成することがある（図3.26）．合成直後の新生タンパク質は高次構造を形成していないので，疎水性領域が剥き出しなため，新生タンパク質の分子内や分子間の疎水性領域どうしで結合し異常な凝集や誤った立体構造形成を起こしやすい．事実，新生タンパク質の約30%がミスフォールディングをしたタンパク質，つまり，異常タンパク質や変性タンパク質であるといわれている．真核細胞では，分子シャペロンが合成直後の新生タンパク質の疎水性領域に結合し，新生タンパク質どうしの凝集を防ぎ，新生タンパク質が正しく折りたたまれ，高次構造を形成するのを介助する．また，熱や重金属などの細胞ストレス（3.7.3項の小胞体ストレスを参照）により小胞体や細胞質ゾルのタンパク質が変性した場合は，タンパク質の立体構造が破壊され疎

水性アミノ酸残基が外側に露出してしまう．このような変性タンパク質は細胞質内の水分子への溶解性が低下し，変性タンパク質の疎水性部分どうしで結合し凝集しやすくなり，凝集塊が巨大になると細胞毒性を発現する．そこで，変性タンパク質が生成すると，分子シャペロンは変性タンパク質と結合し，その構造を一度壊してフォールディングのほどけた状態（**アンフォールディング**）にもどし，再び正しい立体構造に修復（**リフォールディング**）する．また，分子シャペロンは変性タンパク質どうしで凝集するのを防ぐ役割も果たす．しかし，修復が不可能なほど立体構造が壊れた変性タンパク質は小胞体から細胞質に輸送されプロテアソームにより分解される．このように，小胞体では分子シャペロンはフォールディングとリフォールディングを行い新生タンパク質の品質管理を行っている．つまり，この小胞体内でのタンパク質の品質管理は細胞内や小胞体内の環境の恒常性維持に大きな役割を果たしている．

なお，ここで図説した小胞体内の分子シャペロンの機能と役割は，関与する分子は異なるが，細胞質ゾル（細胞質基質）でもほぼ同じであると考えられている．つまり，細胞質ゾルでは細胞質ゾルに存在する分子シャペロンが小胞体に結合していない遊離のリボソームで合成される新生タンパク質（糖鎖修飾や S–S 架橋を必要としない）のフォールディングを介助し，また，細胞ストレスにより細胞質ゾルで生成した変性タンパク質のリフォールディングを行っている．例えば，タンパク質のフォールディングに関与する分子シャペロンは，小胞体では Bip，細胞質ゾルでは Hsp70/Hsc70，ミトコンドリアでは mtHsp70 であり，それぞれが局在するタンパク質の管理を行っている．

3.7.2　分子シャペロンと熱ショックタンパク質

分子シャペロンとは，他のタンパク質が正しい折りたたみ（フォールディング）をして機能を発揮できるようにするのを助けるタンパク質であり，大腸菌などの真正細菌，酵母やヒトなどの真核生物において広く発現している．分子シャペロンは，小胞体，細胞質（細胞質ゾル），ミトコンドリア，そして核内に，多種・多様な分子シャペロンが局在している．元々のシャペロンの意味は，花嫁の婚礼に付き添う年上の女性（介添者）であり，新しく合成されたタンパク質が正常な構造と機能を獲得するための介添役になぞらえて分子シャペロンと名づけられた．分子シャペロンの多くは，**熱ショックタンパク質 heat shock protein（HSP）**である．HSP は細胞が熱，エタノール，重金属，浸透圧変化，活性酸素，紫外線，低酸素状態などの**細胞ストレス**条件下にさらされた際に発現が亢進するタンパク質と定義され，各種ストレスから細胞やタンパク質を保護する役割をもち，分子シャペロンとしても機能する．HSP はファミリーを作っていて，HSP の分子量により，Hsp 40（分子量 40 kDa），Hsp 60（60 kDa），Hsp 70（70 kDa），Hsp 90（90 kDa）など，多数の HSP ファミリーが存在する．また，後述するタンパク質分解において重要な役割を果たすユビキチン（8.6 kDa）も熱ショックストレスにより発現が増加することから，HSP としての性質をもつ．細胞が上記のストレスにさらされると，転写調節因子である熱ショック転

写因子（HSF）が HSP 遺伝子のプロモーター領域内の熱ショックエレメント（HSE）に結合し，HSP の mRNA の発現を誘導し HSP が合成される．発現した HSP は変性タンパク質と結合し，それらの凝集を防いだり，変性タンパク質のリフォールディングによる立体構造のつくり直しを行う．なお，細胞質ゾルにおいて修復が不可能な変性タンパク質はそのままユビキチン化されプロテアソームにより分解され，変性タンパク質が凝集塊をつくったとしても，リソソーム・オートファジーの経路により分解・除去されると考えられているが不明な点も多い．特に，変性タンパク質の凝集塊が除去されずに蓄積し，疾患の原因となる場合もある．例えば，アルツハイマー病の原因となる β アミロイドタンパク質や，ハンチントン舞踏病におけるハンチンチンタンパク質の蓄積，狂牛病やヒトのクロイツフェルト・ヤコブ病におけるプリオンタンパク質の異常蓄積などが知られている．

3.7.3 小胞体ストレスと小胞体ストレス応答

　小胞体内腔には多くの分子シャペロン（小胞体シャペロン）が恒常的に高発現することで，小胞体内の環境とフォールディング効率を良くするように調整している．しかし，小胞体の処理能力を超える量のタンパク質が小胞体に送り込まれれば，高次構造形成が間に合わず，多量の変性タンパク質が生じることになる．また，細胞ストレスでも変性タンパク質の生成が起こり，変性タンパク質の異常な蓄積は凝集塊の形成へとつながり，細胞は生存することができなくなる．このような，変性タンパク質が小胞体に蓄積し，それにより細胞への悪影響（ストレス）が生じることを**小胞体ストレス endoplasmic reticulum（ER）stress** という．しかし，細胞内部と小胞体の恒常性を維持するために，細胞は小胞体ストレス応答 endoplasmic reticulum（ER）stress response と呼ばれる応答反応を行う．また，変性タンパク質は IRE1α, ATF6, Perkn などの小胞体ストレスセンサーによって感知され，小胞体ストレス応答を誘導する．小胞体ストレス応答が発動すると，細胞内では翻訳を抑制して新生タンパク質がそれ以上小胞体内へ送り込まれないようにし，小胞体内の負荷を軽減する（翻訳抑制）．また，Hsp90 などの分子シャペロンを誘導して小胞体内のフォールディング容量を増大させ，不良品タンパク質の修復に努める（シャペロンによるリフォールディングの促進）．さらに，変性タンパク質を小胞体から引き抜く装置を転写誘導し，変性タンパク質を小胞体内部から細胞質に輸送する．変性タンパク質は品質管理ユビキチンリガーゼとして働く C–terminus of Hsc–70–interacting protein（CHIP）によるユビキチン化を受けることで，26S プロテアソームにより選択的に分解される（次項を参照すること）．これらの機構は小胞体関連分解 endoplasmic reticulum（ER）–associated degradation（ERAD）といわれている．

　このように小胞体内では，正しく立体構造を形成したもののみが選別されて，ゴルジ装置以降の分泌経路に進む．小胞体内で誤った高次構造をとった変性タンパク質や異常タンパク質は判別され ERAD により分解される．このように，小胞体はタンパク質の品質を管理する選別工場とし

て機能し，不良品のタンパク質は決して市場に出さないようにきわめて厳密なタンパク質の品質管理がなされている．

3.7.4　ユビキチン・プロテアソームシステム

　細胞内における主要なタンパク質分解機構は，リソソーム・オートファジーと，ユビキチン・プロテアソームシステム ubiquitin–proteasome system（UPS）の2つからなる．前者のシステムは3.6節を参照されたい．後者のシステムは，ユビキチン化という翻訳後修飾を利用することで，基質タンパク質に対する高い選択性を獲得したエネルギー依存的なタンパク質分解機構である．本分解システムによって分解されるタンパク質として，細胞周期，アポトーシス制御，転写制御などにかかわる短寿命タンパク質，放射線，UV，熱ショック，活性酸素や翻訳時のフォールディングのミスにより生成する変性タンパク質や異常タンパク質，抗原提示のための抗原タンパク質等があげられる．

　UPSは，分解すべき基質タンパク質の翻訳後修飾（**ユビキチン化**）と **26Sプロテアソーム** による分解の2つの系から構成され，両者の系にエネルギー（ATP）を必要とする（図3.27）．最初に，

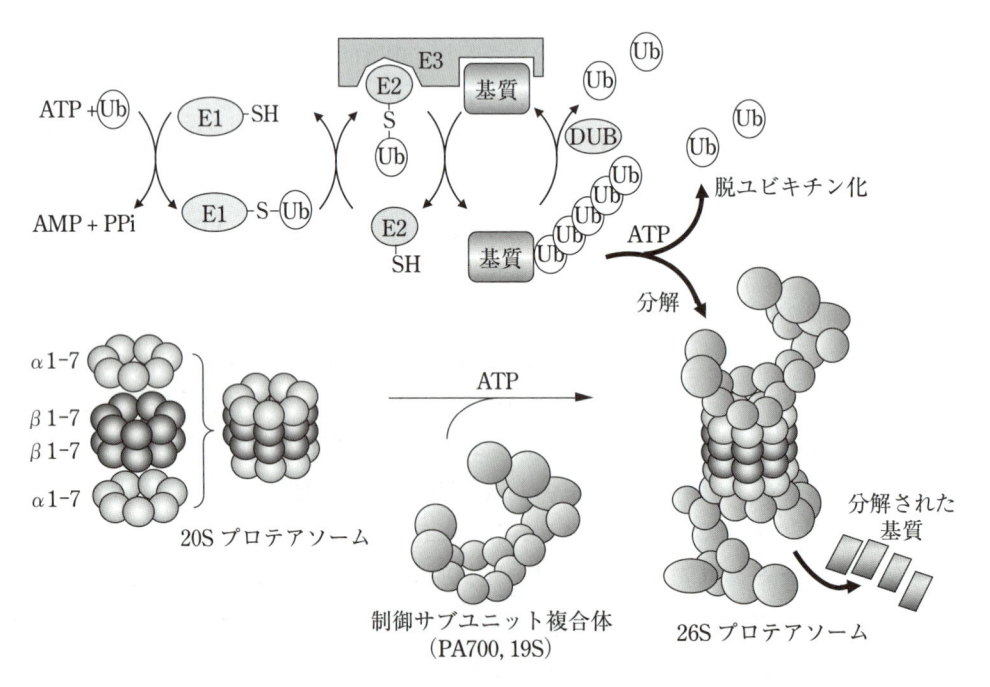

図3.27　ユビキチン・プロテアソームシステム（UPS）

Ub；ユビキチン，E1；ユビキチン活性化酵素，E2；ユビキチン結合酵素，E3；ユビキチンリガーゼ E3，基質；UPSによりポリユビキチン化され分解される標的タンパク質

ユビキチン活性化酵素（E1），ユビキチン結合酵素（E2）およびユビキチンリガーゼ E3（E3）からなるユビキチン化酵素群の作用により，**ユビキチン**（分子量 8.6 kDa）が標的タンパク質のリジン残基の ε-アミノ基にイソペプチド結合する（ユビキチン化）．このユビキチン化反応が繰り返されて，ポリユビキチン鎖が形成される．次に，26S プロテアソームが，形成されたポリユビキチン鎖を分解のシグナルとして認識し，基質タンパク質部分を ATP 依存的に分解する．この時，ポリユビキチン鎖は脱ユビキチン化酵素の作用によりユビキチン分子として再生される．なお，ユビキチン分子内には 7 個のリジン残基が存在し，どのリジン残基を介してポリユビキチン鎖が形成されるかにより，ポリユビキチン化は異なる機能をもつ．例えば，48 番目のリジン残基を介して形成される鎖は 26S プロテアソームによって認識される分解シグナルとして働き，一方，63 番目のリジン残基を介して形成されるポリユビキチン鎖は，シグナル伝達，エンドサイトーシス，DNA 修復に関与する．

トピック　プロテアソーム阻害剤と抗がん剤

プロテアソーム阻害剤ボルテゾミブ bortezomib（PS-341, Velcade™）が，悪性腫瘍（再発または難治性の多発性骨髄腫）の治療薬として，2003 年に米国 FAD の承認を受け，日本でも 2006 年 10 月に製造承認が取得された．ボルテゾミブ（図 3.28）はプロテアソームのキモトリプシン様活性を阻害する．また，ボルテゾミブは NF-κB シグナル伝達の抑制因子 IκB の 26S プロテアソームによる分解を阻害するので，腫瘍細胞内の NF-κB シグナルを抑制し，アポトーシスを誘導することで抗腫瘍活性を発揮する．

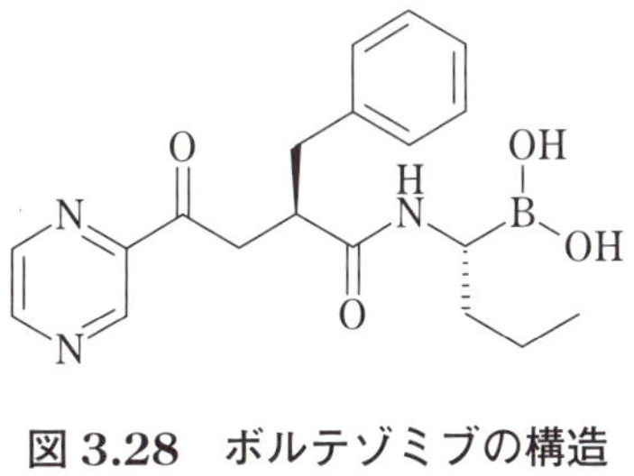

図 3.28　ボルテゾミブの構造

第4章 細胞骨格

到達目標

- 細胞骨格の種類と構成タンパク質を説明できる．
- 細胞骨格の構造と機能を説明できる．
- モータータンパク質の種類と機能を説明できる．

序　細胞骨格とは

　真核細胞の核の外側は細胞質であり，細胞質には細胞小器官が存在しているが，細胞質は単なる濃厚な溶液ゲルだけというわけではない．すべての細胞には**細胞骨格 cytoskelton**と呼ばれる線維群が存在し，細胞質全体に張り巡らされている．細胞骨格には3つのグループがあり，径が太い順に，**微小管 microtubule**，**中間径フィラメント intermediate filament**，**アクチンフィラメント actin filament**（マイクロフィラメント microfilament ともいう）と呼ばれている（図4.1）．

　細胞骨格はいずれもタンパク質線維である．微小管やアクチンフィラメントは，すべての種類の細胞に共通のそれぞれの構成タンパク質から形成されている．一方，中間径フィラメントを構成するタンパク質は，細胞の種類により異なっている．また，それぞれの線維の細胞内分布には特徴がある（図4.2）．微小管は，主に核の近傍に存在する**中心体 centrosome**から**細胞膜に向かって放射状**に伸びている．アクチンフィラメントは細胞全体に分布しているが，特に細胞膜の裏側でよく発達しており，**細胞膜に横行性**の線維がみられる．中間径フィラメントは**細胞内を網目状**に拡がっており，核膜の内膜直下にもみられる．これらの骨格は常に一定ではなく，伸長と短縮を繰り返している**動的な状態**にある．

　細胞骨格の各線維はそれぞれ独立して存在しているのではなく，それぞれの線維ごとに多くの

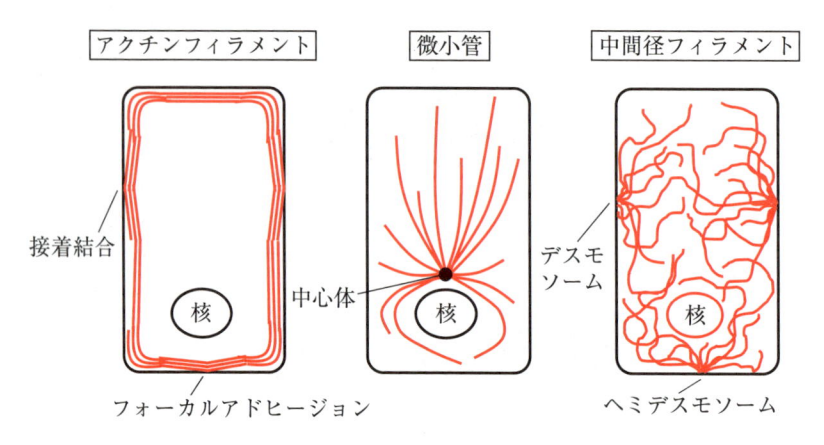

図 4.1　細胞骨格の分布

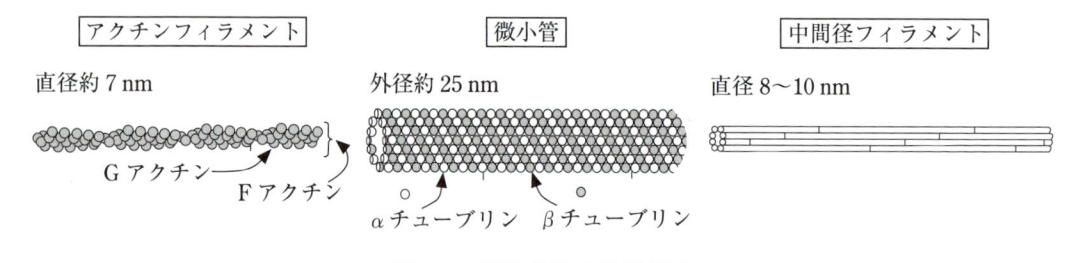

図 4.2　細胞骨格の線維構造

表 4.1　細胞骨格の機能

1　細胞形態
・細胞膜の裏打ちにより，細胞表層の形態形成（アクチンフィラメント）
・強度を与え，細胞全体の形態維持（中間径フィラメント）
・核膜の裏打ちにより，核の形態維持（中間径フィラメント）

2　細胞運動
・移動（アクチンフィラメント）
・収縮（アクチンフィラメント）
・線毛，鞭毛の動き（微小管）

3　細胞分裂
・有糸分裂（微小管）
・細胞質分裂（アクチンフィラメント）

4　細胞内輸送
・細胞内小器官や小胞の輸送（微小管）

結合タンパク質が関与しており，これらにより線維同士や線維と他の細胞成分が結び付けられ，**お互いに連結し協調して機能する**．このようにしてできる骨組みは，細胞の形態を内部で支えている．これは固い細胞壁のない動物細胞にとっては，形態を維持する上で特に重要である．結合タンパク質には，線維の分岐に関与する分子，線維の長さを調節する分子，線維を動かす分子，線維の上を細胞小器官や小胞を輸送する分子などがある．

細胞骨格は，細胞の通常の**形態維持**に重要であるだけでなく，細胞の移動，収縮や繊毛，鞭毛の動きといった**細胞運動**，染色体の分離や細胞の二分割などの**細胞分裂**，細胞小器官や小胞の**輸送**にも関与している．3種類の細胞骨格にはそれぞれに役割分担があり，特に密接に関与する細胞機能は異なっている（表 4.1）．

4.1 細胞骨格と構成タンパク質

4.1.1 アクチンフィラメント

アクチンフィラメントは，直径約 7 nm の最も細い細胞骨格である（図 4.1，表 4.2）．線維 1 本ごとを他の細胞骨格と比べると，アクチンフィラメントは短いが，細胞内のアクチンフィラメントを合計すると際だって長い．アクチンフィラメントは，多数の球状タンパク質が二重らせん構造のねじれ帯状に重合して，線維状に構成されている．この単量体タンパク質を**球状アクチン（G アクチン）** globular actin といい，二重らせん構造の線維状に重合してできたフィラメント

表 4.2 細胞骨格の各線維の特徴

	アクチンフィラメント	微小管	中間径フィラメント
構成分子	G アクチン （すべての細胞）	α および β チューブリン （すべての細胞）	ケラチン（上皮細胞） ビメンチン（ほとんどの細胞に存在） デスミン（筋細胞） ニューロフィラメント（神経細胞） ラミン（すべての細胞核）
構成分子の形状	球状	球状	線維状
ヌクレオチド依存性	あり（ATP）	あり（GTP）	なし
外径	最も細い（7 nm）	最も太い（25 nm）	他の 2 つの線維の間（8〜10 nm）
極性	あり	あり	なし
線維の細胞内分布	特に細胞膜の裏側に横行性	中心体から放射状	細胞質全体に網目状

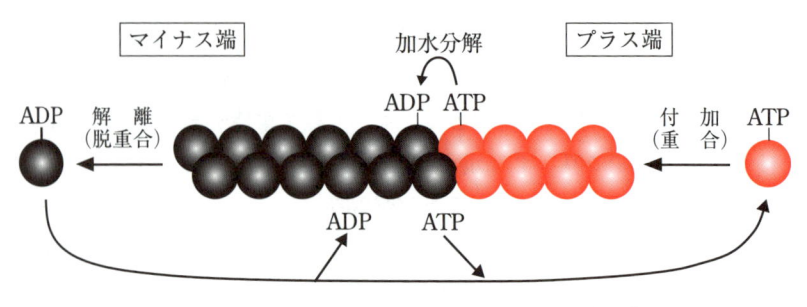

図4.3　アクチンフィラメントの伸長と短縮

（アクチンフィラメント）を**線維状アクチン（Fアクチン）filamentous（fibrous）actin** という．Fアクチンはアクチンフィラメントの別称である．

　アクチンフィラメントは，重合の核（起始点）になるタンパク質にGアクチンが付加してつくられる．アクチンフィラメントの伸長と短縮の仕組みは次のとおりである（図4.3）．GアクチンはATP結合タンパク質であり，**ATPase**活性を内在している．したがって，GアクチンにはATP結合型とADP結合型が存在する．どちらの結合型でも線維の端に付加でき，また端から解離できるが，その速度には差がある．ATP結合型は線維への付加の方が解離より早く起こるため重合型であり，フィラメントは伸長する．逆に，ADP結合型は線維からの解離の方が付加より早く起こるため脱重合型であり，フィラメントは短縮する．つまり，アクチンフィラメントの伸長ではATP型Gアクチンが付加し，その後，内在性ATPaseによりATPが加水分解されてADP型になると，フィラメントの反対側ではADP型Gアクチンが解離し短縮が起こる．細胞質には単量体アクチンの巨大なプールがあり，Gアクチンの供給は容易である．このようにアクチンフィラメントは両端が均一というわけではなく，一方は伸長する端（プラス端）であり，反対側は短縮する端（マイナス端）である．これを**極性 polarity**をもつという．

　アクチンフィラメントは，必要に応じて伸長したり短縮したりしており，比較的**動的な状態**にある．アクチンフィラメントには多くの**アクチン結合タンパク質 actin-binding protein**が作用し，アクチンフィラメントを調節している（図4.4）．キャップタンパク質はフィラメント末端に結合し保護することによって，フィラメントを安定化させる．逆に，プラス端やマイナス端に作用し，Gアクチンの重合や脱重合を促進するものもある．アクチンフィラメントを切断するものもある．アクチンフィラメントのほとんどは1本ごとの単独で存在することはなく，フィラメント間で架橋して束になったり，網目状のネットワーク構造をとる．これには架橋タンパク質が関与する．また，細胞膜タンパク質の中にはアクチンフィラメントと結合するものがあり，アクチンフィラメントは細胞膜と連結できる（4.2に後述）．このように，アクチンフィラメントは**アクチン結合タンパク質を介して柔軟で多様な構造をとる**ことができる．また，アクチンフィラメントはミオシン線維と収縮装置を形成し，細胞収縮に関与する（4.2.3に後述）．

　アクチンフィラメント構築の制御には，**低分子量Gタンパク質**の**Rhoファミリー**の関与が知

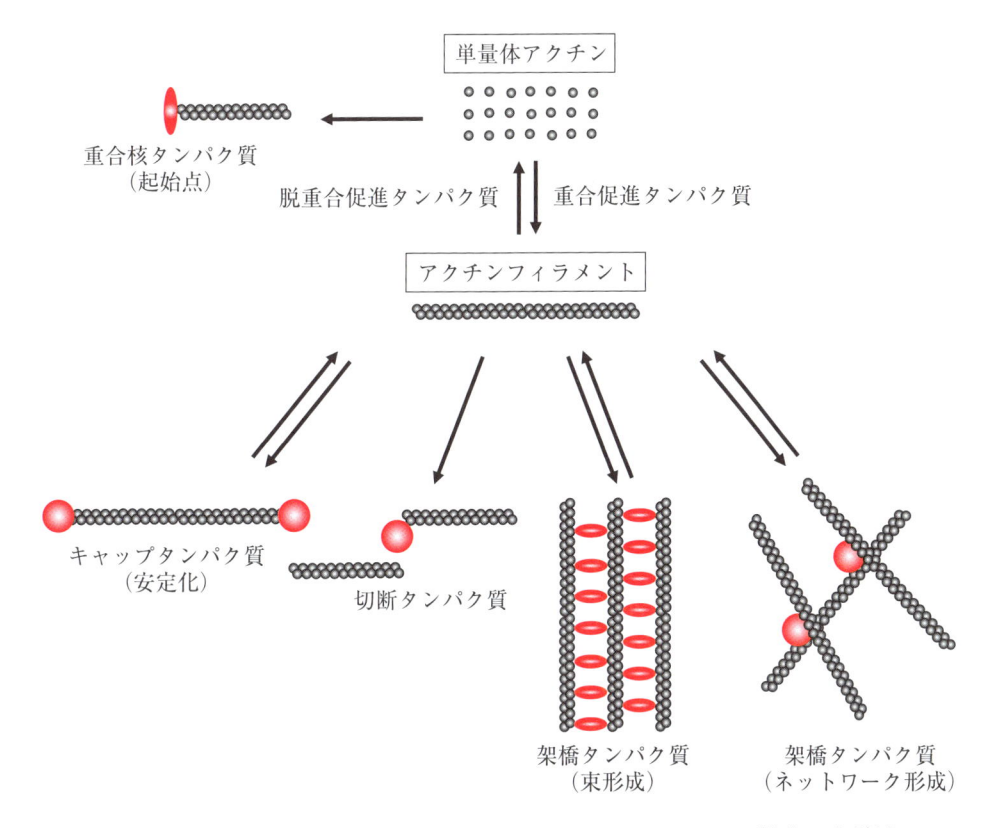

図 4.4 アクチン結合タンパク質とアクチンフィラメントの構造の多様性

られている．Rho ファミリーは，細胞にアクチンフィラメントを変化させる刺激により活性化される．葉状仮足や糸状仮足とよばれる突起の形成（4.2.2 に後述）では，それぞれ Rac，Cdc42 が関与する．ストレスファイバーの形成（4.2.1 に後述）や細胞収縮（4.2.3 に後述）には，Rho が関与する．

4.1.2 微小管

微小管は，外径約 25 nm の中空の円筒状構造であり，最も太い細胞骨格である（図 4.1，表 4.2）．微小管は，α および β **チューブリン tubulin** のヘテロ二量体を 1 単位として，それらが数珠状に重合して構成されている．アクチンフィラメントの場合と同様に，線維を構成する単量体タンパク質のチューブリンは球状である．

微小管は，核の近傍にある**中心体 centrosome** を中心に含む微小管重合中心 microtuble organizing center（MTOC）から細胞膜に向かって放射状に重合して伸びている．中心体に微小管が MTOC と接する部分では γ チューブリンという別の分子が存在し，これが微小管形成における重

合核（起始点）となっている．また，繊毛や鞭毛の微小管の場合では，細胞膜近くの細胞質に基底小体という構造体があり，これが重合核となる．微小管は基本的に重合中心から重合し，重合中心側がマイナス端，重合中心より遠端がプラス端である．静止期の細胞では，核付近にあるMTOC，同様に神経軸索は細胞体の核付近にあるMTOCがマイナス側となる．分裂中の細胞では極がマイナス端となり動原体との結合部はプラス端である．繊毛，鞭毛は繊毛・鞭毛の起始部側がマイナス側である．後述するが，微小管にそった細胞内輸送にとって微小管のプラス・マイナスの方向性は重要である．微小管の伸長と短縮の仕組みは，次のとおりである（図4.5）．チューブリンは $\alpha\beta$ 二量体の単位で重合，脱重合を行う．チューブリンはGTP結合タンパク質であり，**GTPase活性**を内在している．チューブリンにはGTP結合型とGDP結合型が存在するが，GTP結合型は線維末端に付加するため重合型であるが，GDP結合型は線維末端から解離するため脱重合型である．微小管の伸長端では，GTP型チューブリンが次々に付加していく．細胞質にはヘテロ二量体チューブリンのプールがあり，伸長する微小管へのチューブリンの供給は容易に行われる．プラス端付近のチューブリンがすべてGTP型が占めているとき，微小管の伸長は安定的に進む．この局所構造はGTPキャップと呼ばれる．一方，脱重合が起こる場合，末端のチューブリンはすべてGDP結合型に変化し，その結果，GDP結合型チューブリンは次々に線維から解離する．

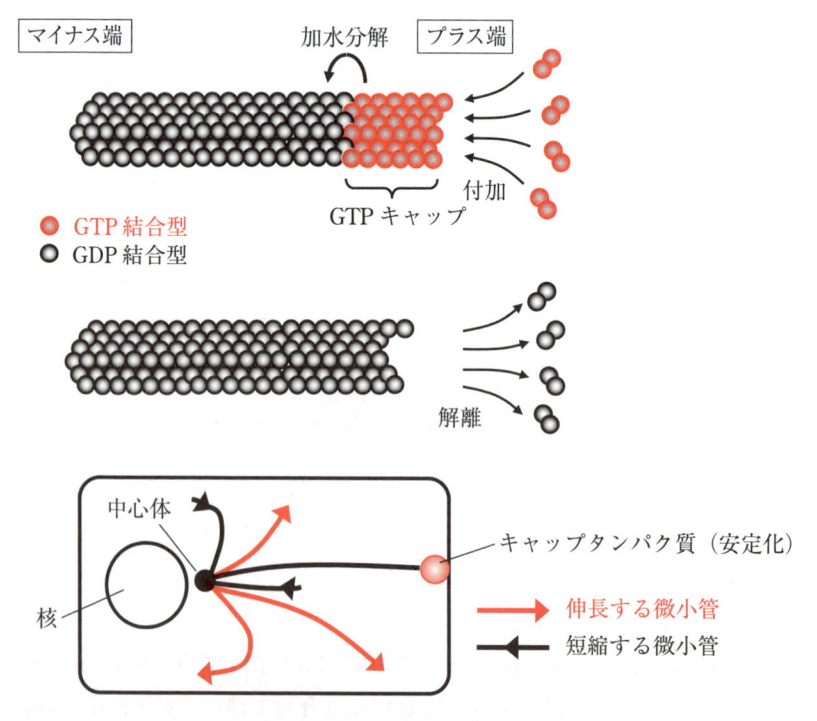

図 4.5 微小管の伸長と短縮

微小管は**比較的不安定（動的）な線維**であり，たえず伸長と短縮を繰り返しているが，状況に応じた調節がなされている．アクチンフィラメントと同様，微小管にも多くの結合タンパク質（**微小管結合タンパク質 microtubule–associated protein**）が作用する．末端に結合しキャップをつけることで微小管を安定化させるもの，微小管を他の細胞骨格や分子に連結するもの，微小管の上を移動するモータータンパク質（4.3.1 に後述）などがある．**タウ tau** は微小管の重合を促進し安定化させる結合タンパク質であり，アルツハイマー病との関連が見出されている（4.3.1 に後述）．微小管の線維は，アクチンフィラメントのような束化は起こさない．

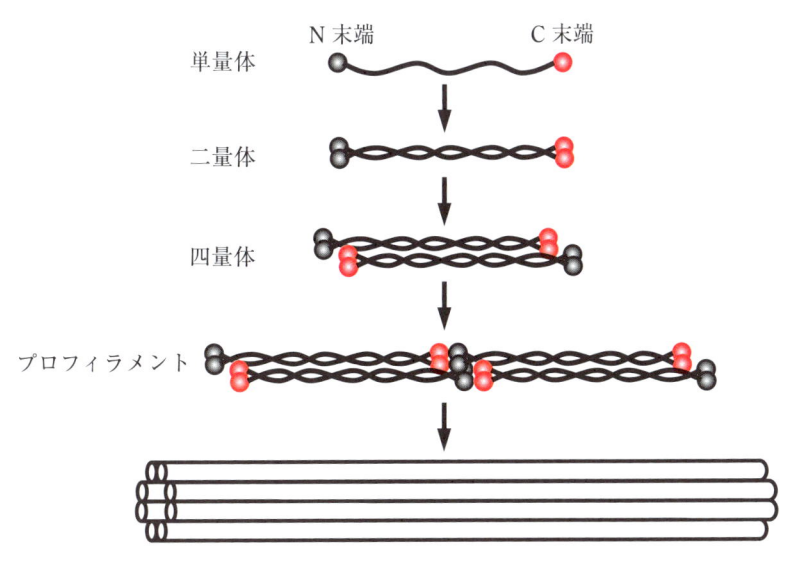

4.1.3　中間径フィラメント

中間径フィラメントは，微小管とアクチンフィラメントの中間の太さをもち，細胞質全体に網目状にはりめぐらされている細胞骨格である（図 4.1，表 4.2）．中間径フィラメントは，細胞同士や細胞と細胞外マトリックス分子との細胞接着結合のところで，細胞膜に結合している．また，中間径フィラメントは，線維の途中で構成タンパク質のつなぎ目のところでも，他の細胞成分と結合している．中間径フィラメントの構成タンパク質は細胞の種類により異なっている．**ケラチン keratin** は上皮細胞，**ビメンチン vimentin** は線維芽細胞や白血球，**デスミン desmin** は筋細胞，**ニューロフィラメント neurofilament** は神経細胞の基本構成タンパク質である．また，核膜を裏側で支える**ラミン lamin** も中間径フィラメントに含まれる．

網目状構造を形成するラミンを除いては，これらの構成タンパク質の基本構造や中間径フィラ

図 4.6　中間径フィラメントの形成

メントの線維形成の仕組みはほぼ同じである（図 4.6）．単量体の構成タンパク質は，長い α ヘリックス領域を含んでいる繊維状タンパク質である．2 分子がお互いに巻き付いて二量体となり，二量体同士はずれながら逆向きに会合して四量体となる．四量体同士はさらに両端で次々と結合し，ロープ状のプロフィラメントをつくる．複数本のプロフィラメントがよじれて太いロープ状の中間径フィラメントとなる．このように中間径フィラメントは，アクチンフィラメントや微小管が球状の単量体の重合から極性（方向性）をもって形成されるのとは異なり，繊維状の単量体からなる極性をもたない線維である．中間径フィラメントは太いロープ状の線維であり，中間径フィラメント内での枝分かれはない．また，微小管やアクチンフィラメントよりは比較的安定である．したがって，他の細胞骨格よりも**強くて丈夫**であることが特徴である．中間径フィラメントにもプレクチンなどの結合タンパク質が存在しており，中間径フィラメントを他の細胞成分に連結する．

4.2 アクチンフィラメントの機能

　アクチンフィラメントは多様な構造をとることができる柔軟な線維であり，アクチン結合タンパク質を介して細胞膜と結合できるため，特に細胞膜の裏側の**細胞皮層 cell cortex** とよばれる領域でよく発達している．そのため，細胞表面の形態を細胞の内側で支持したり，細胞表面が関係する運動や細胞分裂に密接に関与している．また，細胞の収縮は，アクチン–ミオシンフィラメントが収縮装置として働くことにより起こる（表 4.1）．これらのアクチンフィラメントの制御には，低分子量 G タンパク質 **Rho ファミリー**が重要な役割を果たしている．

4.2.1 細胞膜の支持

　アクチンフィラメントは，細胞膜直下の細胞皮層でネットワークを形成し，細胞膜を支持している．これは**細胞膜の裏打ち**と呼ばれることが多い．このアクチンフィラメントのネットワークは，細胞周囲の全体および局所的な形態を決めることになる．

　代表的な細胞膜の裏打ち構造として，図 4.7 が知られている．赤血球の細胞膜の研究から解明された構造である．**スペクトリン spectrin** は線維状のアクチン結合タンパク質であり，アクチン–スペクトリンの裏打ちネットワークを形成し，アンカー分子を介して細胞膜タンパク質と結合する．つまり，スペクトリンはアンキリン ankyrin やバンド 4.1 band 4.1 というタンパク質にも結合する．細胞膜には，バンド 3 band 3 やグリコホリンという細胞膜貫通タンパク質が多数存在しているが，アンキリンはバンド 3 に，バンド 4.1 はグリコホリンに結合する．したがって，ア

4.2 アクチンフィラメントの機能

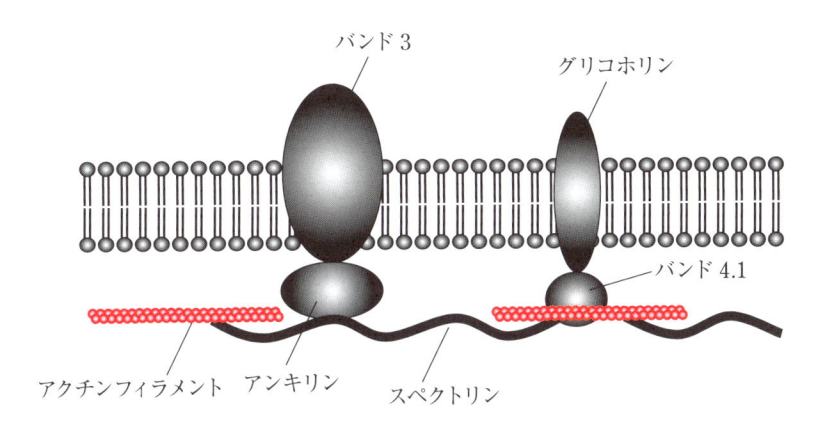

図 4.7 アクチンフィラメントによる細胞膜の裏打ち構造

クチン-スペクトリン線維は，アンキリンやバンド4.1というアンカー分子を介して細胞膜と結合するため，細胞膜を支えることができる．赤血球以外の細胞では，スペクトリンをフォドリンfodrinと呼ぶこともあるが，基本構造は同じである．骨格筋細胞において，アクチンフィラメントを細胞膜に連結するタンパク質に，**ジストロフィン dystrophin** がある．ジストロフィンは，細胞外マトリックスとアクチンフィラメントをつなぐことによって，筋が収縮するときの細胞膜構造を安定させている．しかしながら，ジストロフィンの遺伝子異常により生み出される変異ジストロフィンは，アクチンフィラメントの連結が不十分であるため細胞膜障害があらわれ，筋細胞が破壊される．このため筋萎縮と筋力低下があらわれる**筋ジストロフィー muscular dystrophy** が発症する．

微絨毛 microvillus は通常の光学顕微鏡では観察できないほどの微細な表面の突起構造で，栄養の吸収面を増やすような小腸上皮細胞などでよく発達している．この微絨毛の構造を支えているのは，アクチンフィラメントである．

細胞膜には，隣の細胞や細胞外マトリックス分子と接着する領域がある（図4.8，細胞接着の詳細は第5章を参照のこと）．細胞間の接着領域である**接着結合 adherens junction** では，接着分子である**カドヘリン cadherin** に，アクチンフィラメントがアンカー分子のカテニンcateninを介して連結する．また，細胞と細胞外マトリックス分子との接着領域である**フォーカルアドヒージョン focal adhesion** では，点状の接着点である**フォーカルコンタクト focal contact** において接着分子である**インテグリン integrin** に，アクチンフィラメントがアンカー分子のテーリンtalinやビンキュリンvinculinを介して連結する．このような構造により，アクチンフィラメントは細胞と外部との結合に影響を与えることができるし，逆に影響を受けることもある．フォーカルアドヒージョンに結合するアクチンフィラメントは**ストレスファイバー stress fiber** といわれ，細胞を細胞外マトリックスにつなぎとめ，細胞に張力を発生する線維である．

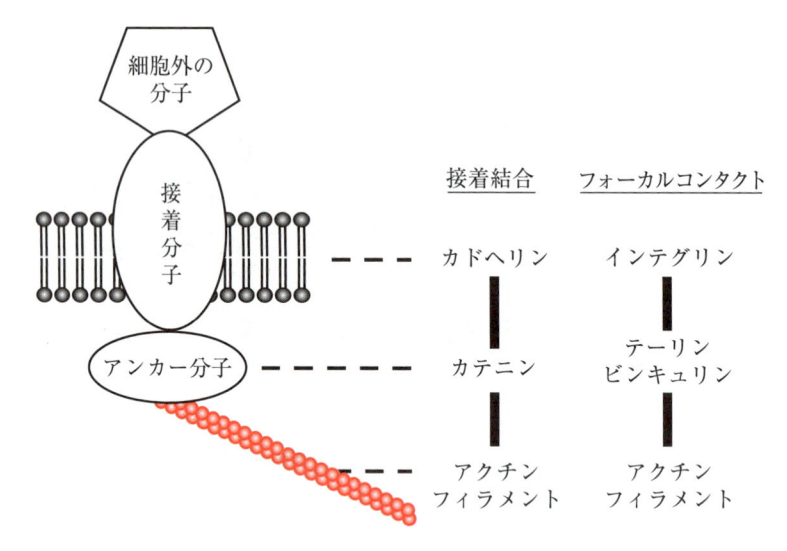

図 4.8 細胞接着とアクチンフィラメント

4.2.2 細胞運動（移動）

　傷を埋める細胞の移動，感染症やがんなどの病巣部に向かう白血球の組織への侵入などは，大きな形態変化を伴う．このような細胞移動は，1つの細胞骨格だけの変化によるものではなく，すべての骨格や多くの関連する分子の数段階にわたる協調作業である．特にアクチンフィラメントはすべてに密接に関与している．

　細胞移動は次の3段階の過程により起こる（図4.9）．① 移動方向の細胞の先行端に突起を伸ばす．② 伸ばした突起を接着する．③ 接着により細胞の後方部が前方に引きずられる．先行端に伸ばす薄い膜状の突起は**葉状仮足 lamelipodium** と呼ばれ，また細くて固い突起は**糸状仮足 filopodium** と呼ばれる．ここでは**アクチンフィラメントの再構築**が起こっており，先行端で急速に形成されたアクチンフィラメントが細胞膜を押し出す形で突起が伸びていく．突起にフォーカルコンタクトが形成されると，アクチンフィラメントはフォーカルコンタクトに結合し，細胞の先端を固定する．その結果，細胞は前にひきずられるように張力がかかるので，細胞後方部のフォーカルコンタクトを解消し，細胞全体は前に移動する．この動的な繰り返しにより，細胞は移動していく．

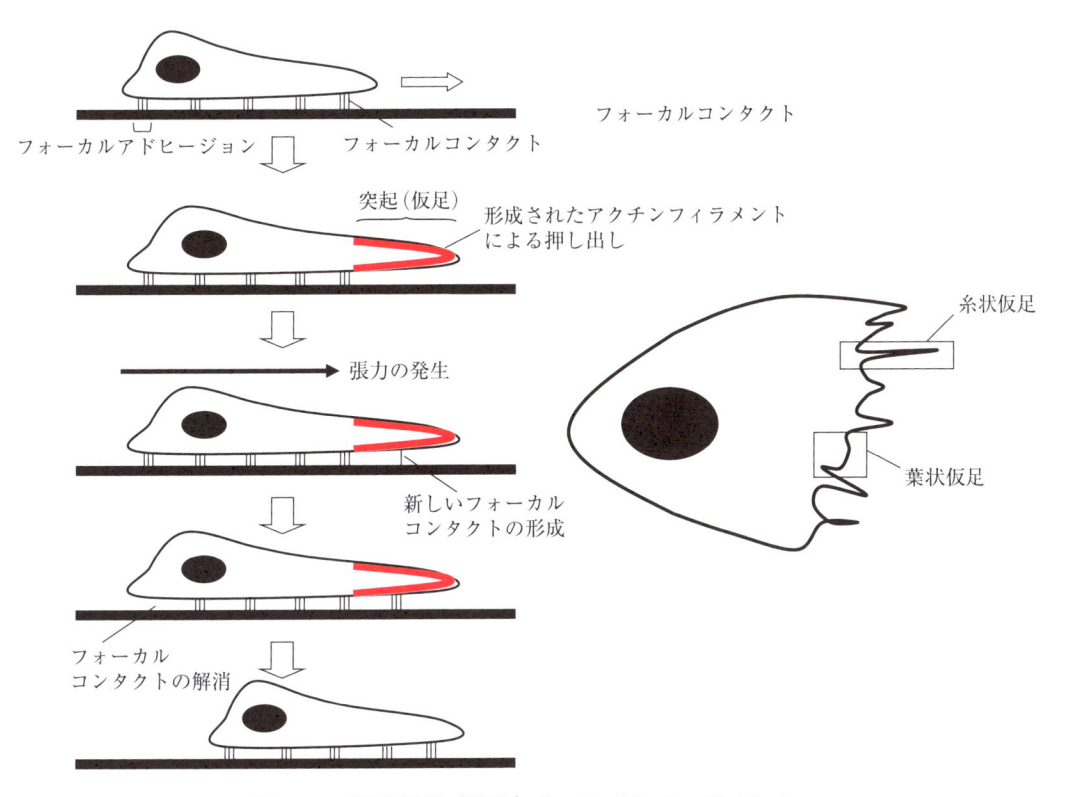

図 4.9　細胞運動（移動）とアクチンフィラメント

4.2.3　細胞運動（筋収縮）

　ヒトの筋肉は，横紋筋である骨格筋と心筋および平滑筋に分類される．横紋筋と平滑筋とで筋収縮を起こすまでの機序は異なるが，筋収縮そのものの仕組みは同じであり，アクチンとミオシンが相互作用して収縮を起こす．
　ミオシン myosin は2本の重鎖と2本の軽鎖からなる分子で，重鎖は頭部と呼ばれる球状部と長いらせん状の尾部をもつ（図4.10）．軽鎖は，重鎖の頭部近くに結合している．**頭部**には**ATPase** 活性があり，ATPを加水分解して得るエネルギーで，頭部は**首振り運動**することができる．ミオシン分子は互いに会合して，太いミオシンフィラメントを形成する．このとき，球状の頭部はフィラメントの側面にたくさん突き出ている（図4.11）．一方，アクチンフィラメントは，細胞皮層などに存在するフィラメントとは異なり，収縮装置のフィラメントは**トロポミオシン tropomyosin** というアクチン結合タンパク質が巻き付いた複合体になっている（図4.10）．
　筋細胞の収縮装置は，細いアクチンフィラメントと太いミオシンフィラメントが交互に規則正しく並んだ束である（図4.11）．アクチンフィラメントの端はZ盤（Z線）に結合しており，フィ

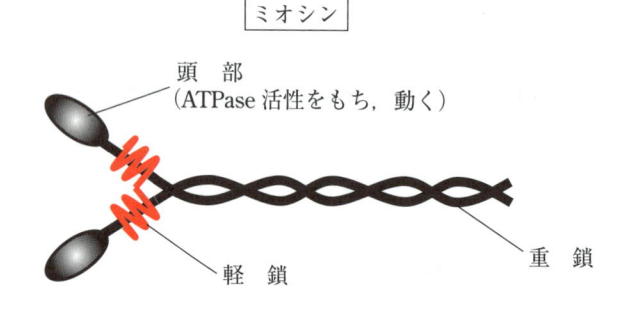

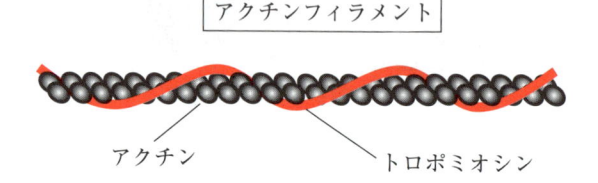

図 4.10　収縮装置のミオシンとアクチンフィラメントの構造

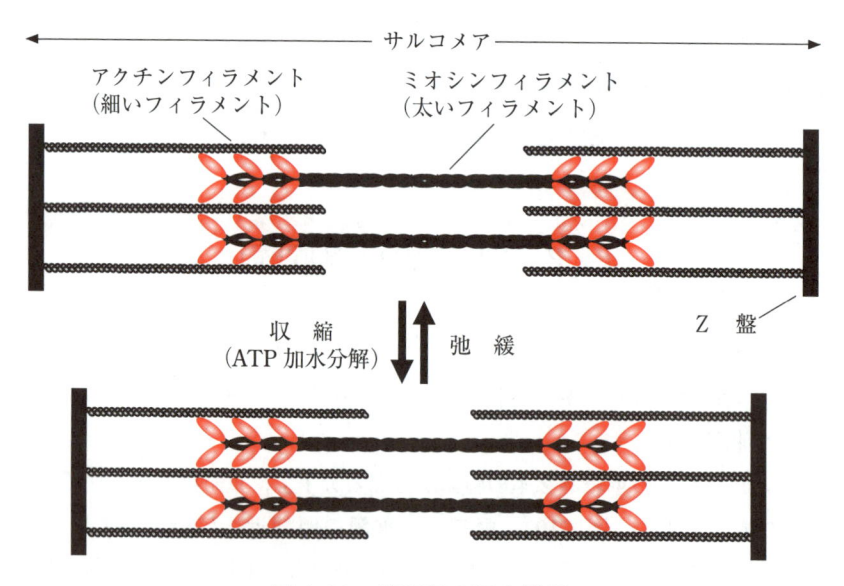

図 4.11　筋収縮の滑走機構

ラメント間の収縮を細胞収縮として反映する．ミオシン頭部にはアクチンフィラメントと結合する部位があり，筋収縮時にはミオシンとアクチンは相互作用する．相互作用した会合状態を，**アクトミオシン actomyosin** という．ミオシン頭部はATPを加水分解し，首振り運動をして内側に位置を変えると，ミオシンに結合しているアクチンフィラメントが引っ張られて左右のZ盤間

4.2 アクチンフィラメントの機能

(**筋節またはサルコメア sarcomere**) の距離が短縮する．これが筋収縮であり，これを筋収縮の**滑走機構（滑り込み）**という．収縮では，アクチンとミオシンの2種類のフィラメントの相互の位置関係が変化するだけで，細胞移動で見られるようなフィラメントの再構成ではない．

2つのフィラメントの滑走機構により筋収縮が起こるが，その引き金となるのは**細胞質 Ca^{2+} 濃度の上昇**である．ただし，この Ca^{2+} の作用機序は，横紋筋と平滑筋とで全く異なるため，区別しておかねばならない．

横紋筋で収縮刺激がない場合（細胞質 Ca^{2+} 濃度は非常に低い状態），アクチンフィラメントに巻き付いているトロポミオシンは，アクチンフィラメント上のミオシン頭部の結合部位をふさいでいる（図4.12）．このため，ミオシンはアクチンと相互作用してアクトミオシンを形成することができず，収縮は起こらない．そのミオシン結合部位にあるトロポミオシンには，3つのサブユニットからなる**トロポニン troponin** が結合している．収縮刺激を受けて細胞質 Ca^{2+} 濃度が上昇すると，トロポニンのサブユニットである Ca^{2+} 結合タンパク質**トロポニン C troponin C** に Ca^{2+} が結合し，トロポニンの立体構造が変化する．それによりトロポミオシンの位置が少しずれるため，アクチンフィラメントのミオシン結合部位が現れる．その結果，ミオシンはアクチンと結合しアクトミオシンを形成し，ミオシンの ATPase が働き頭部を首振り運動させることによって，収縮が起こる．このように，横紋筋では収縮装置にトロポミオシンの抑制がかかっているが，**Ca^{2+} がトロポニンを介して抑制を解除する**という機構が利用されている．

それに対して，平滑筋ではトロポミオシンはアクチンフィラメントと結合しているが，トロポミオシンはミオシン結合部位をふさいでおらず，トロポニンも存在しない（図4.13）．しかしな

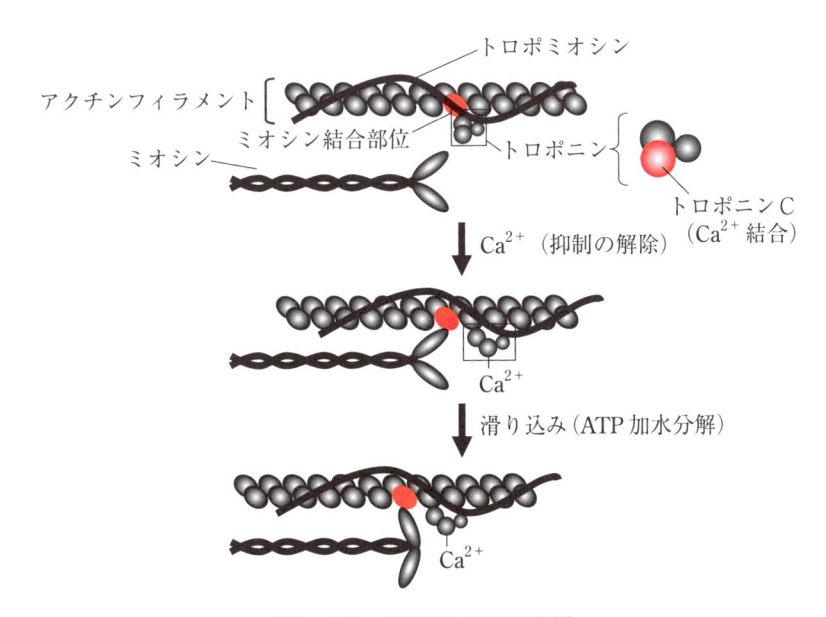

図 4.12 横紋筋の収縮機構

がら，平滑筋のミオシンは不活性な状態であり，アクチンとアクトミオシンを形成できない．平滑筋ミオシンがアクチンと相互作用するためには，ミオシン軽鎖をリン酸化することによりミオシンを活性化し，ミオシンとアクチンの相互作用を起こす必要がある（図4.14）．**ミオシン軽鎖キナーゼ myosin light chain kinase（MLCK）**は，Ca^{2+} 依存性にミオシン軽鎖をリン酸化する酵素である．ミオシン軽鎖キナーゼは，Ca^{2+} 結合タンパク質**カルモジュリン calmodulin** をサブ

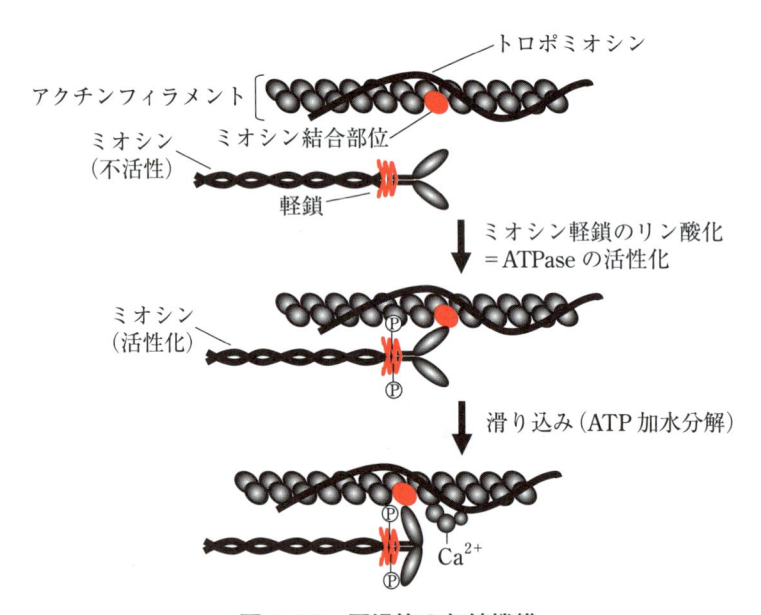

図 4.13 平滑筋の収縮機構

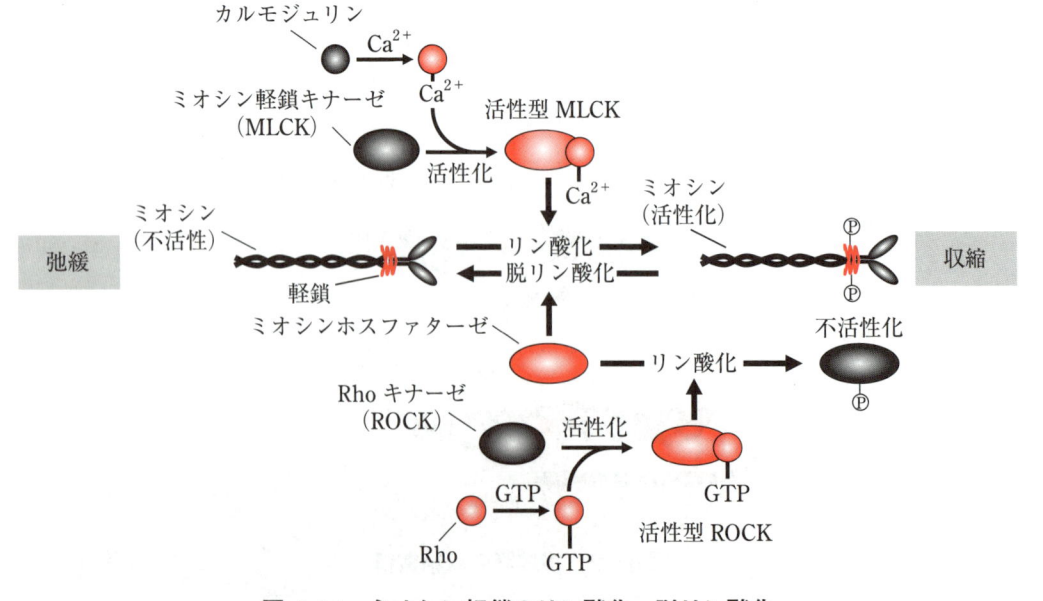

図 4.14 ミオシン軽鎖のリン酸化・脱リン酸化

ユニットとして利用する．すなわち，収縮刺激を受けて細胞質 Ca^{2+} 濃度が上昇すると，カルモジュリンに Ca^{2+} が結合し，活性型カルモジュリンとなる．活性型カルモジュリンはミオシン軽鎖キナーゼと結合し活性化することによって，ミオシン軽鎖キナーゼはミオシンをリン酸化できるようになる．その後は横紋筋と同様に，アクチン-ミオシンの滑走機構で筋収縮が起こる．平滑筋では横紋筋と異なり，**収縮装置のスイッチをオンにするために Ca^{2+} が利用**されている．

また，Ca^{2+} 非依存性の調節機構も存在し，その詳細が明らかにされてきた．収縮刺激を受けると，細胞内 Ca^{2+} 濃度上昇によらず，低分子量 G タンパク質 Rho は GTP を結合し活性型となる．活性型 Rho は，**Rho キナーゼ Rho kinase（ROCK）**と相互作用し，それを活性化する．Rho キナーゼは，**ミオシンホスファターゼ myosin phosphatase** をリン酸化し，不活性化する．ミオシンホスファターゼは，リン酸化されたミオシン軽鎖を脱リン酸化する酵素であり，ミオシン軽鎖キナーゼと相反する関係にある．すなわち，ミオシンホスファターゼはリン酸化ミオシンをすぐに脱リン酸化し，ミオシンを不活性状態に戻す．これでは十分な収縮が起こらないため，収縮時には Rho キナーゼがミオシンホスファターゼを働かないようにし，ミオシン軽鎖キナーゼによるミオシンのリン酸化を維持する．このようにミオシン軽鎖キナーゼと Rho キナーゼが協調して平滑筋の収縮機構を働かせる．Rho キナーゼ阻害薬ファスジルは，血管平滑筋収縮を抑制することができ，くも膜下出血後の血管れん縮の治療に用いられている．

4.2.4 細胞分裂（細胞質分裂）

細胞分裂では，核分裂が終了した後，細胞質分裂が起こり，2 つの細胞が形成される．細胞質分裂では，分裂の起こる部分に**収縮環 contractile ring** が形成される（図 4.15）．収縮環はアクチン-ミオシンのフィラメントからできており，この収縮により細胞は絞られて 2 つに割れる．

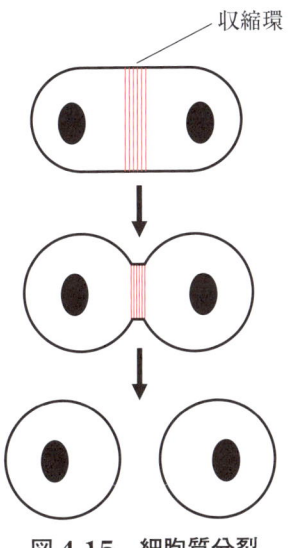

図 4.15 細胞質分裂

4.3 微小管の機能

微小管も動的な細胞骨格であり，伸長と短縮を繰り返している．細胞形態の維持の他に，細胞内輸送，細胞分裂（核分裂），細胞運動に関与している（表4.1）．

4.3.1 細胞内輸送

細胞内小器官は，同じ位置に固定されているのではなく，少しずつ動いて位置を変えている．また，細胞内には多くの小胞が存在し，小胞も活発に移動している．このような小器官の移動や小胞輸送において，**微小管はレールの役割**をしている（図4.16）．レールとなる微小管の上を輸送物と結合して移動する機関車となるタンパク質が存在し，それを**モータータンパク質 motor protein** という．モータータンパク質は球状の頭部と伸びた尾部があり，頭部で微小管と接しながら動き，尾部で輸送物（小器官や小胞）と結合する．頭部は **ATPase 活性**を内在しており，ATP の加水分解により得られるエネルギーを利用して移動する．中心体から細胞膜に向かっての外向き輸送を**順行性輸送**，逆に細胞膜から中心体に向かっての内向き輸送を**逆行性輸送**といい，それぞれを行うモータータンパク質は異なっている．**キネシン kinesin** は順行性輸送を行うモータータンパク質であり，例えば分泌小胞を細胞膜の方に移動させたり，神経細胞の細胞体で

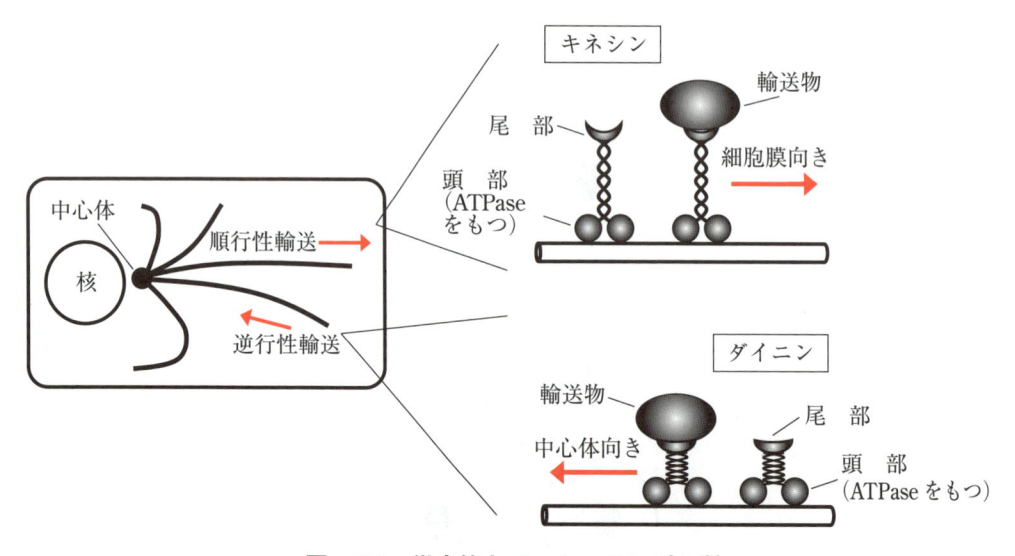

図4.16　微小管とモータータンパク質

生合成されたタンパク質を軸索を通って神経終末の方に移動させるような外向き輸送を行っている．一方，**ダイニン dynein** は逆行性輸送を行うモータータンパク質であり，細胞外からエンドサイトーシスで取り込んでできた小胞を内部に向かって輸送するなどを行う．

　微小管結合タンパク質の**タウ**は，微小管重合を促進し安定化させる．タウはリン酸化されると不活性化し，微小管は不安定になるため，細胞内輸送が抑制される．認知症の1つである**アルツハイマー病 Alzheimer's disease** では，中枢神経細胞内で過剰リン酸化されたタウの線維状凝集，蓄積が起こっており，神経変性や壊死を引き起こす1つの要因として注目されている．

4.3.2　細胞分裂（核分裂）

　細胞分裂において，DNAの複製が終了すると，2組の染色体を混同しないように正確に二分しなければならない．そこで真核細胞では紡錘体 mitotic spindle を形成し，各染色体に**紡錘糸 spindle fiber** を結合することによって正確な分配を行っている（有糸分裂 mitosis，詳細は第6章を参照）．この**紡錘糸の実体は，微小管**である．核分裂時には微小管の形成核である中心体は2つになり，左右に移動し，紡錘体極となる．ここから紡錘糸が伸びて，染色体の動原体 kinetochore に結合する（図4.17）．

　微小管の重合や脱重合を阻害する化合物は紡錘糸の機能を阻害することになるため，有糸分裂を行うことができず細胞死を起こす．ビンクリスチンやビンブラスチンはチューブリンの重合阻害剤であり微小管の伸長を阻害し，パクリタキセルやドセタキセルは脱重合阻害剤であり微小管の短縮を阻害する．これらは細胞分裂を阻害するので，抗がん薬として利用されている．

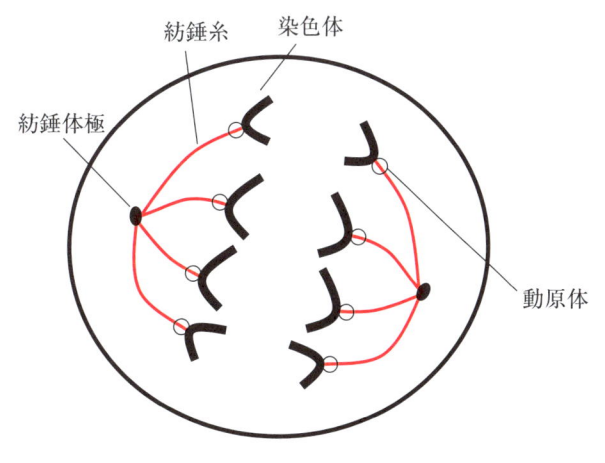

図 4.17　有糸分裂

4.3.3 細胞運動（繊毛，鞭毛）

鼻腔，気管，気管支，卵管などの自由表面に存在する細胞の多くは，細胞表面を多数の**線毛 cilium**で覆われている（図4.18）．ゾウリムシ等の繊毛虫のものは繊毛といい，動物の組織の一部の細胞に生えるものは線毛と表す．線毛は光学顕微鏡で観察可能な突起であり，微絨毛より大きい．線毛はムチのような振動運動を起こすことで，液中で細胞を移動させたり，細胞表面に水流を発生させ表面を洗い流している．一方，**鞭毛 flagellum**は精子のしっぽなどであり，運動を起こす移動装置である．これも細胞膜の突起とみなされる．これら線毛，鞭毛，ゾウリムシなどの繊毛は軸糸と呼ばれる共通の構造，すなわち9＋2構造をとる．9＋2構造は，中心にあるセントラルペアと呼ばれる2本の微小管の周辺に9本のダブレット微小管が配置している（図4.19）．

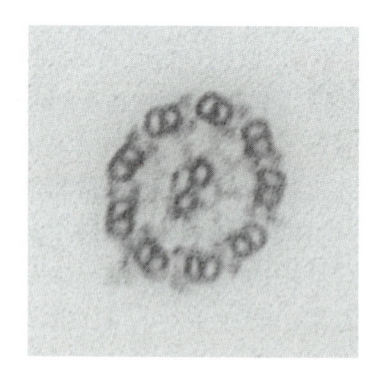

図 4.18　精子鞭毛の電子顕微鏡像（切片）

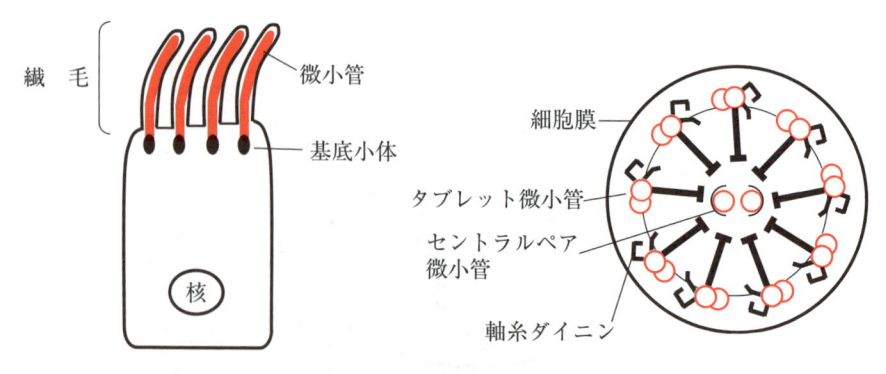

図 4.19　線毛と微小管

9本のダブレット微小管に結合しているダイニンは，相対する隣り合うダブレット微小管を押し上げることにより，ずれの力を生じ，これが軸糸全体の屈曲を生み出す．このときの微小管の形成核は中心小体と同様の構造を持つ，細胞膜近くにある基底小体であり，ここから微小管が伸びている．

線毛の形成異常に**カルタゲナー症候群 Kartagener syndrome** がある．カルタゲナー症候群では，体内の細胞に線毛が存在しないため，細胞表面の水流が発生しない．カルタゲナー症候群の多くでは内臓が左右逆に配置される内臓逆位が起こっており，線毛の存在や機能と細胞や臓器の極性には密接な関連性が認められている．

4.4 中間径フィラメントの機能

中間径フィラメントを構成する分子は細胞の種類により異なるが，どの中間径フィラメントも強くて丈夫な線維である．中間径フィラメントは，細胞質に網目状に拡がっている．また，核膜の裏側にもある．細胞や核にかかる外からの張力から細胞を守り形態を維持するのが，主な役割である（表4.1）．

4.4.1 細胞形態の維持

中間径フィラメントは，核の周辺から細胞膜まで細胞質全体を覆うように網目状に拡がっており，細胞接着領域のところで細胞膜に結合している．丈夫な中間径フィラメントが細胞内全体に張り巡らされていることによって，細胞に強度を与えている．これは，細胞壁のような固い構造で取り囲まれていない動物細胞では，細胞を頑丈にして外力に抵抗することに，非常に重要である．

中間径フィラメントが結合する細胞接着領域には，**デスモソーム desmosome** と**ヘミデスモソームがある hemidesmosome**（図4.20，細胞接着の詳細は第5章を参照のこと）．細胞間の接着点であるデスモソームでは，接着分子であるデスモソームカドヘリンに，アンカー分子のデスモプラキン desmoplakin を介して中間径フィラメントが連結する．また，細胞と細胞外マトリックス分子との接着点であるヘミデスモソームでは，中間径フィラメントがアンカー分子のプレクチン plectin などを介して接着分子である**インテグリン integrin** に連結する．このような構造により，中間径フィラメントは細胞と外部との結合に影響を与えることができ，逆に影響を受けることもある．

単純性先天性表皮水疱症 epidermolysis bullosa hereditaria simplex では，ケラチン遺伝

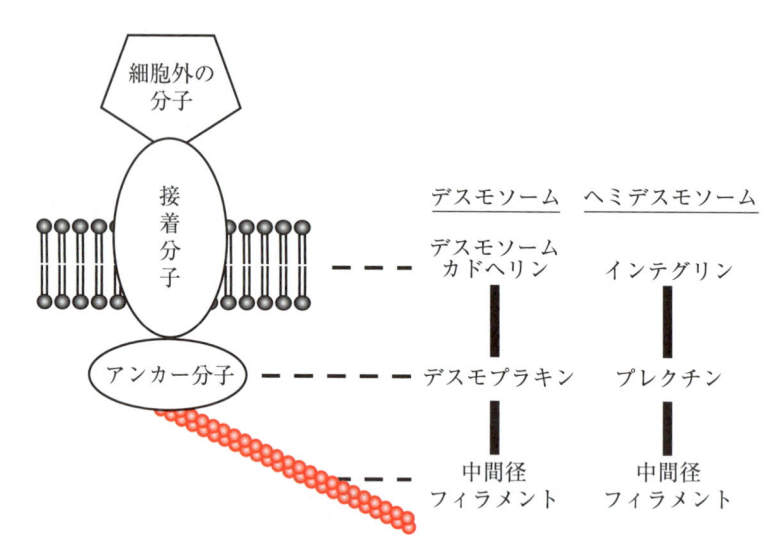

図 4.20　細胞接着と中間径フィラメント

子に異常があり，変異ケラチンタンパク質はケラチンフィラメントを形成できない．丈夫な正常の表皮ケラチンのフィラメントがないため，皮膚を触るだけで水ぶくれができるほど外力に弱くなる．

4.4.2　核膜の裏打ち

　核膜の裏側には核膜を支持する裏打ち構造があり，**核ラミナ nuclear lamina** と呼ばれる．核ラミナにみられる線維は，中間径フィラメントのラミンである．細胞質の中間径フィラメントはロープ状の線維であるのに対して，ラミンは網目状に拡がっている．

第5章

細胞接着とコミュニケーション

到達目標

- 細胞間の接着構造，主な細胞接着分子の種類と特徴を説明できる．
- 主な細胞外マトリックス分子の種類，分布，性質を説明できる．
- 細胞内情報伝達に関与する主な経路，ならびにセカンドメッセンジャー等を具体例を挙げて説明できる．

序　細胞のコミュニケーションとは

　多細胞生物において，血液系やリンパ系以外のほとんどの細胞は，集合・凝集して組織を構築していることを学んだ．個々の細胞は細胞外からの情報を取り入れながら組織全体の一定機能を維持している．組織を構成する細胞の細胞膜貫通タンパク質は，細胞と細胞を接着・結合させて組織全体の構造維持や，隣接する細胞との情報交換において重要な役割を果たしている．細胞と細胞間隙に存在する細胞外マトリックスとの結合もまた，組織の機械的強度や構造維持を図るだけでなく，情報交換の手段として利用されている．

　細胞外の情報は，情報発信細胞から産生される拡散性のシグナル分子，あるいは隣接する細胞表面のタンパク質や細胞外マトリックスから直接伝えられる．情報受信細胞においては，これらのシグナルが受容体を介して受信され，刺激に応答するために細胞内でのシグナル変換を受けた後，代謝変化，形態変化，遺伝子発現等が誘導される．

　この章では，細胞と細胞，および細胞と細胞外マトリックスの接着・結合に関わる細胞膜上の接着タンパク質や，それらが構築する接着装置，ならびに細胞が合成・分泌する細胞外マトリックスについて概説する．また，情報が膜受容体を介して細胞内に取り入れられるための装置，細

胞内における情報の伝達機構について解説する．

5.1　細胞接着を担う細胞膜上の接着分子

　表皮や血管内皮に代表されるように，細胞は隣接する細胞や，細胞と細胞外マトリックスとの接着を通して組織全体の構造を維持している．一方，血液系・リンパ系細胞のように浮遊している細胞は，他の細胞との接触を利用して動きを弱めたり，方向の転換等を行っている．これらの機能は細胞膜上に存在する接着分子と呼ばれる細胞膜受容体タンパク質が担っている．ここでは細胞膜上に存在して接着分子と呼ばれているタンパク質について解説する．

5.1.1　カドヘリンスーパーファミリー

　カドヘリン cadherin は細胞と細胞の接着に関与する膜1回貫通タンパク質で，細胞外に約110個のアミノ酸からなるドメイン（カドヘリンリピート）が4〜5回繰り返した構造を有している．分子量は120〜130 kDaで構造的に類似した20種類以上からなるタンパク質ファミリーの総称である（図5.1）．カドヘリンの機能的特徴は，その名前の由来にもなっているようにカルシウム依存的にホモフィリックな結合をする点である．例えば，異なる2種のカドヘリンをそれぞれ発現している細胞を混合して培養すると，発現しているカドヘリンの種類に依存して細胞同士が凝集して2つの集団を形成する．カドヘリンには発現する細胞により，E-カドヘリン（上皮細胞），

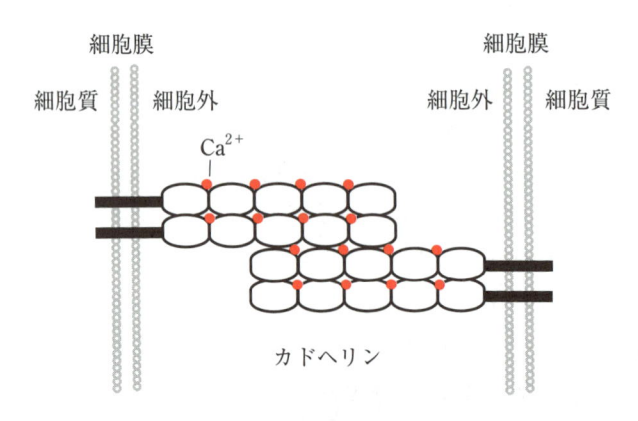

図 5.1　カドヘリンを介した結合
カドヘリンは通常は二量体を形成する．同種のカドヘリンがカルシウム依存的に結合し，細胞間の結合が形成される．

N-カドヘリン（神経細胞），および P-カドヘリン（胎盤）などが存在し，同種の細胞間の機械的な接着と細胞の凝集に重要な働きをしている．後述するデスモソーム（細胞と細胞の接着装置）の接着分子であるデスモグレイン，デスモコリンもカドヘリンスーパーファミリーの一員である．

5.1.2 インテグリン

細胞内の現象と細胞外の現象を統合する（integrate）分子として命名された**インテグリン integrin** は，様々な細胞で発現している膜貫通タンパク質である．インテグリンは主に細胞外領域を用いて細胞外マトリックスと結合する一方，細胞内では細胞骨格やシグナル伝達分子と連結

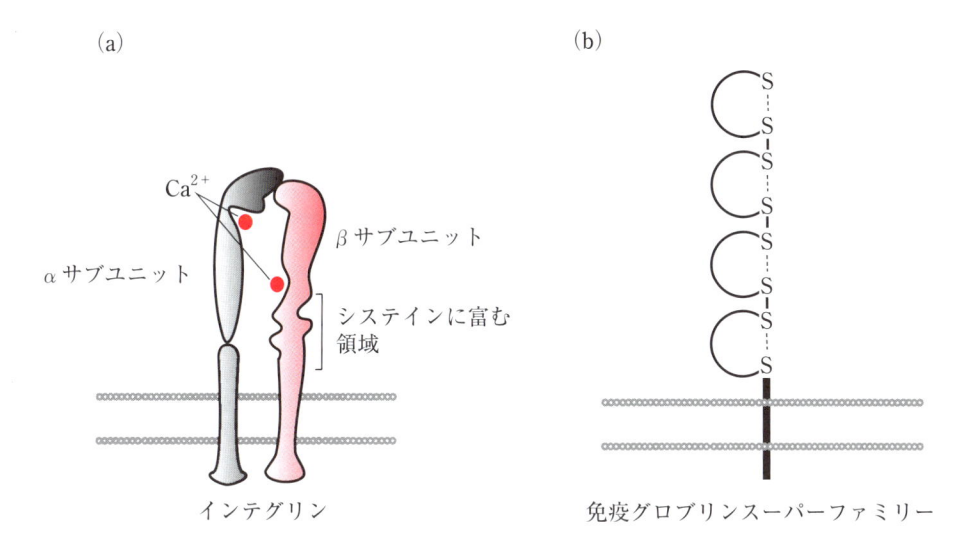

図 5.2　インテグリン（a）と免疫グロブリンスーパーファミリー（b）の模式図

表 5.1　代表的なインテグリンと結合する接着分子

インテグリン	別　名	結合する接着分子（リガンド）
α1β1	VLA-1	コラーゲン，ラミニン-1
α5β1	VLA-5	フィブロネクチン
α6β1	VLA-6	ラミニン-1, 2, 3, 5
αLβ2	LFA-1	I-CAM-1
αMβ2	Mac-1	フィブリノーゲン，I-CAM-1
α11bβ3	GPⅡb/Ⅲa	フィブリノーゲン，フィブロネクチン，ビトロネクチン
αvβ3		フィブリノーゲン，フィブロネクチン，ビトロネクチン

する．インテグリンは 90 〜 180 kDa の α サブユニットと 90 〜 110 kDa の β サブユニットが非共有結合によりヘテロ二量体を形成して，カルシウム依存的に各種リガンドと結合する（図 5.2 (a)）．哺乳動物では α サブユニット 18 種類（α1，α2，α3 など），β サブユニット 8 種類（β1，β2，β3 など）が知られており，これらの組合せにより少なくとも 24 種類の αβ 受容体が同定されている．これらは β サブユニットに基づいて大きく 3 つのサブファミリーに分類される（表 5.1）．β1 サブユニットを含むインテグリンはあらゆる細胞に認められ，主として細胞外マトリックスとの相互作用に関与している．一方，β2 インテグリンは白血球にのみ発現して，免疫グロブリンスーパーファミリーとの相互作用を通じて免疫応答を調節し，β3 インテグリンは血小板に特異的に発現し，フィブリノーゲンと結合し止血に関与することが知られている．

5.1.3 免疫グロブリンスーパーファミリー

　カドヘリンやインテグリンがカルシウム依存的に働く細胞接着タンパク質であるのに対して，カルシウム非依存性の細胞接着タンパク質の存在も知られている．その 1 つが神経細胞に発現して，機械的接着や情報伝達に関与する細胞接着分子，N–CAM（neural cell adhesion molecule）である．N–CAM は細胞外に免疫グロブリンドメインと類似の約 110 個のアミノ酸からなり，S–S 結合で区切られたループ構造をもち，ホモフィリックな結合をする膜タンパク質である（図 5.2 (b)）．以後，様々な細胞種から免疫グロブリンと類似の構造を有する接着分子が同定され，これらを**免疫グロブリンスーパーファミリー**と呼んでいる．サイトカインなどで活性化された血管内皮細胞に発現してリンパ球の遊走に関与する V–CAM（vascular cell adhesion molecule），白血球間や白血球と血管内皮細胞の接着，相互作用を介して免疫応答に関わっている I–CAM（intercellular adhesion molecule）などインテグリンとのヘテロフィリックな結合をする接着分子が見

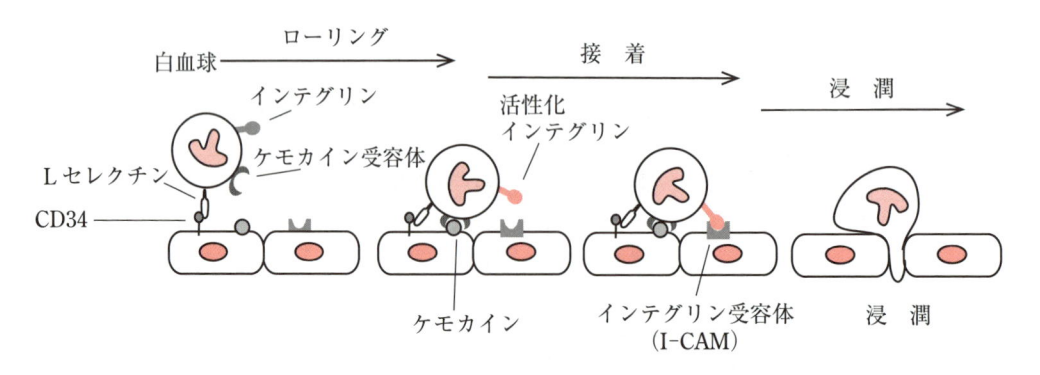

図 5.3　接着分子による白血球のホーミング

白血球の L セレクチンと血管内皮細胞の CD34 と弱い接着によりローリングを開始する．次いで，血管内皮細胞のケモカイン（サイトカインの一種）刺激によりインテグリンが活性化し，I–CAM と強固な結合をし血管外に浸潤する．

出されている．また，T細胞の抗原認識に関与するCD4やCD8もこのファミリーの一員である．

5.1.4 セレクチン

セレクチン selectinは血球および脈管系の細胞にのみ発現しており，細胞表面のオリゴ糖を認識する一連のタンパク質であるレクチンに似ていることから名づけられた．発現する細胞に基づいて，Lセレクチン（白血球），Pセレクチン（血小板），Eセレクチン（内皮細胞）の3種が知られている．白血球のLセレクチンと血管内皮細胞のCD34との弱い接着反応は，白血球が血管外へ遊走する際のローリングにおいて重要な働きを果たしている（図5.3）．

5.2 細胞-細胞間の接着装置

多細胞生物は，細胞膜に存在する接着分子と，細胞内でその接着分子と結合する種々のタンパク質で構成する接着装置をもつ．例えば，上皮組織を構成する細胞-細胞間には3つの結合様式，密着結合，接着結合，デスモソームが存在している．さらに，隣接する細胞間での物質の移動を可能にしているギャップジャンクションと呼ばれるチャネル構造も存在する（図5.4）．ここでは，上皮組織に代表される細胞間の接着装置について解説する．

5.2.1 密着結合（タイトジャンクション）

小腸上皮や血管内皮などの上皮組織を形成している細胞では，最も管腔側（頂端側）に近い領域の細胞膜上に，結合に関与するタンパク質複合体が存在している．これらの接触部分では細胞膜間にクモの巣様に縫い合わせたような構造が見られ，細胞間隔がほとんどない．この構造を**密着結合 tight junction**（タイトジャンクション），あるいは閉鎖結合と呼んでいる（図5.5）．タイトジャンクションでは，月田らにより同定されたクローディンとオクルディンと呼ばれる4回膜貫通タンパク質が重要な役割を果たしている．特に，クローディンの欠損した細胞ではタイトジャンクションの形成が認められないこと，また，クローディンを発現していない細胞にクローディンの遺伝子を導入するとタイトジャンクションが形成されること等から，クローディンは必須のタンパク質と考えられている．

タイトジャンクションの役割は大きく分けて2つあげられる．その1つは，各組織における細胞間隙の物質輸送の障壁としての役割である．組織により特異性に差はあるが，管腔側と基底膜側との分子の自由な拡散に制限を与えている．2つ目は頂端膜と基底膜側に局在する膜タンパ

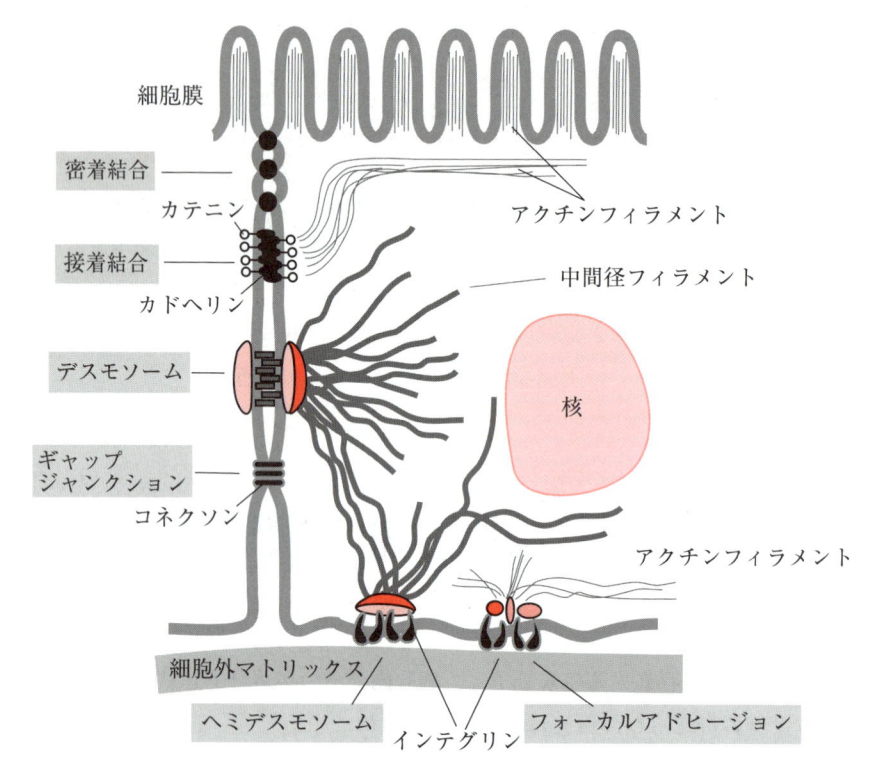

図5.4 細胞接着機構と細胞骨格の関係

質の拡散を防ぐフェンスとしての役割であり，これにより上皮細胞などの細胞極性が保たれている．

5.2.2 接着結合

　上皮細胞ではタイトジャンクションのすぐ下側（基底側）の細胞間隙に棒状の突起物による架橋構造が見られる．細胞を帯状に取り巻いているこの構造体を**接着結合 adherens junction**（アドヘレンスジャンクション）といい，他の接着装置の形成に影響を及ぼし，非上皮細胞でも単独で細胞間接着を担っている．そのため，細胞間接着の中心的役割を果たしていると考えられる．接着結合は，細胞膜上で二量体を形成したカドヘリンが，隣接する細胞膜表面に存在するカドヘリンとカルシウム依存的に細胞同士を連結させる．膜貫通タンパク質であるカドヘリンの細胞質側では，βカテニン（またはγカテニン）がαカテニンとの複合体を介してアクチンフィラメントの束に結合している（図5.6）．アクチンフィラメントの収縮により上皮細胞の頂端側付近の形態変化が引き起こされるのは，このような構造的基盤によるものである．また，接着結合の形成には，細胞間にネクチン同士の結合が形成され，アファディンを介したアクチン骨格の再編

5.2 細胞–細胞間の接着装置

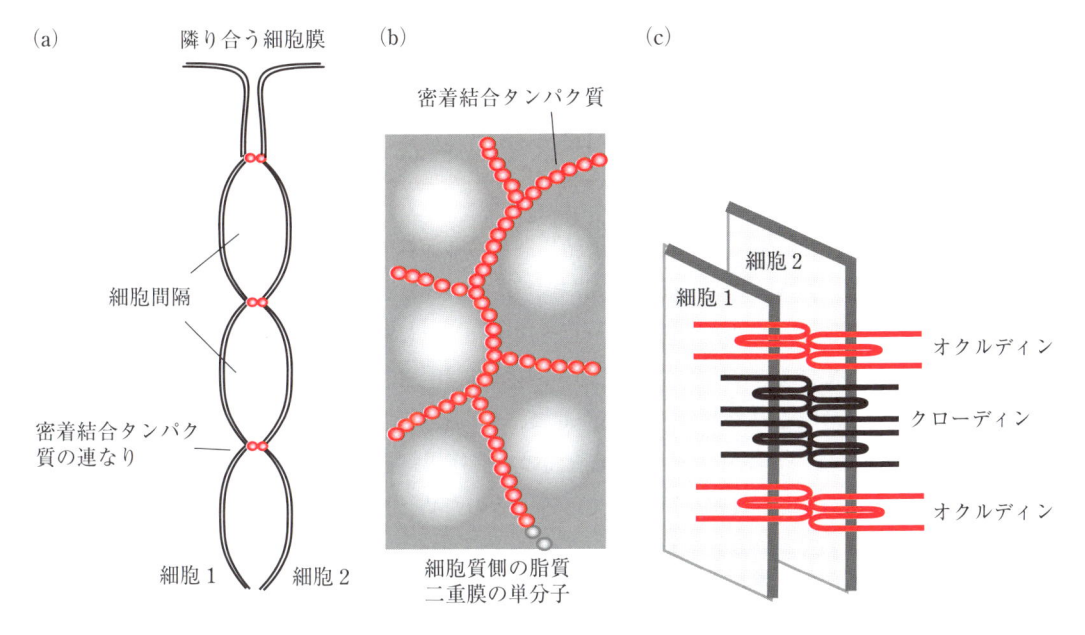

図 5.5 密着結合

(a) 密着結合領域の断面図．(b) 細胞膜間で密着結合に関与するタンパク質はクモの巣様に発現している．(c) 4回膜貫通タンパク質のクローディン，オクルディンが密着して結合している．

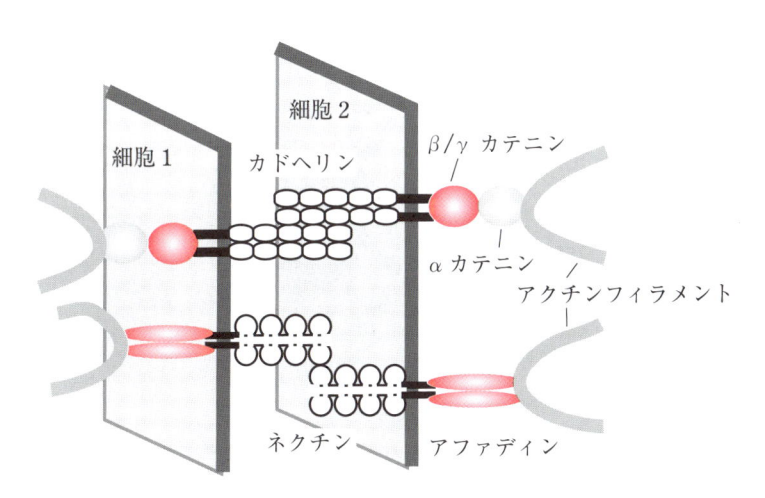

図 5.6 接着結合

接着結合はカドヘリン分子，そしてネクチン分子のホモフィリックな結合で形成されている．

成が先行することが新たにわかってきている．

接着結合は発生中の胚に形成され，細胞間接着を増強する．E-カドヘリン遺伝子をノックア

ウトすると発生初期に致死となり，その他のカドヘリンファミリーの変異も脳，脊髄，肺など様々な器官の形成に異常をもたらすことが知られている．

5.2.3 デスモソーム

接着結合のさらに基底膜側に，細胞間の連結に関与する**デスモソーム desmosome**と呼ばれる接着装置が存在する．ちなみに，"*desmos*"は櫛，つまり束を意味する．デスモソームを構成する膜貫通タンパク質として，カドヘリンスーパーファミリーに属するデスモグレインとデスモコリンの存在が知られている．これらは細胞質タンパク質群（プラコグロビン，プラコフィリン，デスモプラキン）で形成されたプラークを介して，中間径線維のネットワークと連結している（図5.7）．言い換えると，デスモソームは細胞間の中間径線維を連結させることにより，組織全体の構造的安定性をもたらす役割を果たしている．そのため，皮膚や心筋など物理的負荷の大きな細胞に豊富に存在する．表皮水疱症や自己免疫性水疱症は，デスモソーム（およびヘミデスモソーム）の異常に起因する疾患である．

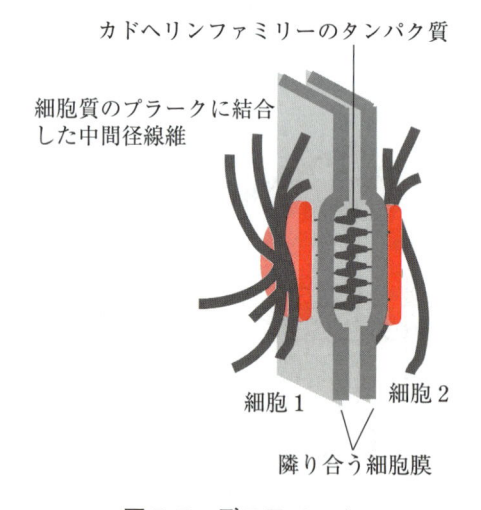

図5.7 デスモソーム

5.2.4 ギャップジャンクション

ギャップジャンクション gap junctionは動物細胞において隣接する細胞同士が物質の移動を可能にしている装置である．ギャップジャンクションの主要な構成単位はコネクソンと呼ばれるヘミチャネルで，隣接する細胞のコネクソンがドッキングしてチャネルを形成する．コネクソン

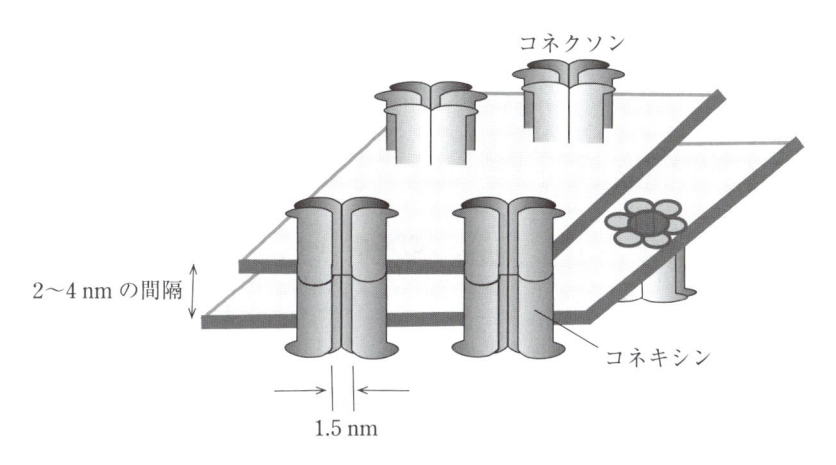

図 5.8　ギャップジャンクション

コネキシンが六量体を形成し，コネクソンをつくる．コネクソンが二量体を形成して，チャネルを形成する．

はコネキシンという4回膜貫通タンパク質の六量体からなり，その中心部に孔をつくり出している（図5.8）．ヒトには少なくとも20種類のコネキシンタンパク質の存在が示唆されている．多くの細胞では複数のコネキシンが発現しており，同一のサブユニットで形成されるホモタイプだけでなく，複数のサブユニットで構成されるヘテロタイプのコネクソンも存在し機能している．

ギャップジャンクションの物質透過はチャネルの開閉により制御されており，細胞内pHの変化，細胞内カルシウム濃度の変化，ならびにコネキシンサブユニットをリン酸化するタンパク質キナーゼにより調節を受ける．ギャップジャンクションを介して，イオンや糖，ヌクレオチドなどの小分子を含め，最大1,200 Da程度の物質も透過可能と考えられている．ギャップジャンクションを介した即時のイオン交換は，多数の細胞間で迅速かつ調和した応答を必要とする神経細胞や心筋細胞での情報伝達において特に重要な役割を担っている．

5.3　細胞間の情報伝達

細胞はシグナルに応答するために，細胞内に向けてシグナル形を変えて伝えていく．このシグナルの変換を**シグナル伝達 signal transduction**という．日常生活でもシグナルは形を変えて伝わっており，これは携帯電話での会話が，電波を受信してから声に変換されることをイメージすればよい（図5.9）．

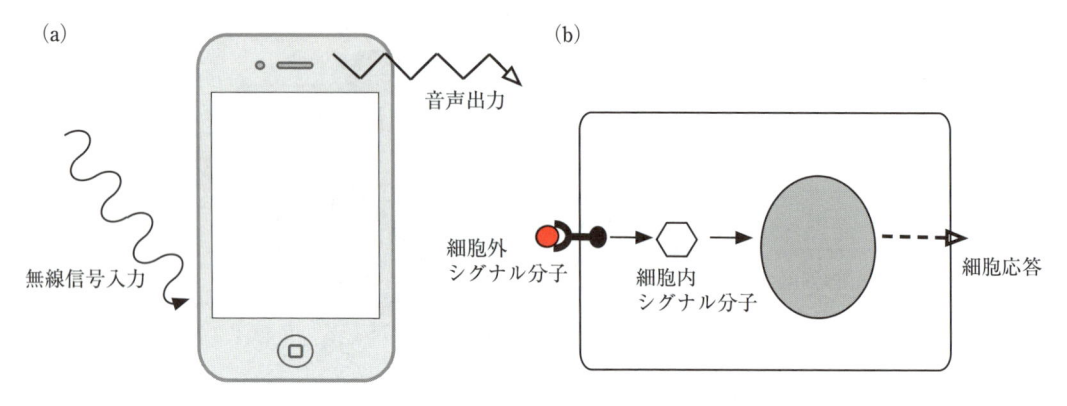

図5.9 シグナルの変換
（a）携帯電話は無線信号を音声信号に変換する．（b）細胞外からきた信号は受容体で受信し，細胞内部でシグナル分子に変換され種々の応答をする．

　細胞間のシグナル伝達の基本は，情報発信細胞が特定のシグナル分子（ファーストメッセンジャー）を産生し，それを情報受信細胞（標的細胞）がもつ受容体で特異的に検出することである．シグナル分子は，タンパク質，ペプチド，アミノ酸，ヌクレオチドなどの水溶性物質から，ステロイド，レチノイド，脂肪酸誘導体などの脂溶性物質，NOやCOなどの水に溶けた気体分子まで多種多様である．受容体は，水溶性のシグナル分子に対しては標的細胞の膜タンパク質として存在し，脂溶性分子に対しては細胞内に局在する．このような拡散性の分子以外にも，細胞膜上に発現している膜タンパク質が標的細胞に直接結合する場合もある．
　ここでは代表的な細胞間のシグナル伝達様式を解説する．

5.3.1　細胞間接着依存伝達（図5.10（a））

　細胞間のシグナル伝達の中には，情報発信細胞と標的細胞が物理的に直接結合する**細胞間接着依存伝達**（接触型シグナル伝達）がある．この伝達の特徴は，細胞同士が直接接着分子を介して結合することから最短距離で起こることである．接着分子は細胞の生存，増殖，分化の調節や白血球の遊走などに関与している．接着を介するシグナル伝達の例として，胚発生時の個々の細胞がニューロンへと分化する際のデルタ-ノッチ Delta-Notch シグナル系による制御が知られている．ともに細胞膜貫通タンパク質のため，細胞同士の直接の結合により両因子が結合し，シグナルが伝達される．また，正常細胞が隣接した細胞と接触すると細胞増殖が停止するが（接触阻害 contact inhibition），この機序も細胞接着に依存するシグナル伝達と考えられている．

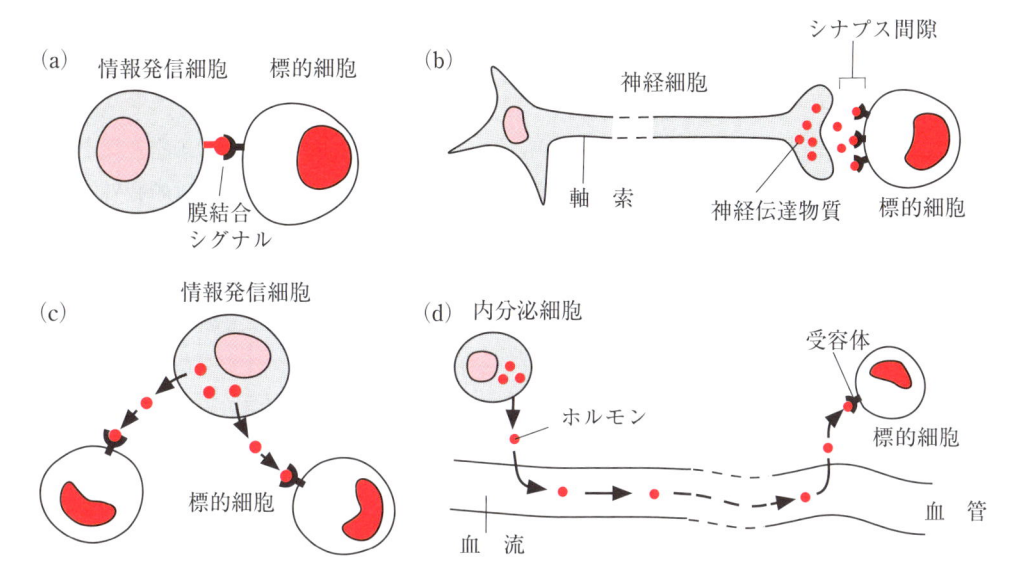

図5.10 細胞間のシグナル分子の伝達と受容
(a) 細胞間接着依存伝達．(b) シナプス伝達．(c) パラクリン伝達．(d) エンドクリン伝達．

5.3.2 シナプス伝達 (図5.10 (b))

　神経細胞（ニューロン neuron）は，シグナルを受け取り，さらに別の神経あるいは効果器細胞へシグナルを伝達する．ニューロンは1個の細胞体に多数の樹状突起をもち，さらに細胞体から離れた効果器細胞までシグナルを伝導する軸索が伸びている．この軸索の末端はたくさんの枝に分かれ，最終的には神経末端となっている．神経末端と他のニューロンや効果器細胞は直接には接触せず，20 nm程度のシナプス間隙によって隔てられている．そのため，神経細胞が活性化され発生した活動電位はシナプス間隙を越えることができず，神経伝達物質の放出という別のシグナルに変換される必要がある．神経伝達物質として機能する化合物は多岐にわたり，神経末端部分でシナプス小胞に蓄えられている．

　活動電位が神経末端に到達すると，シナプス前神経末端の電位依存性 Ca^{2+} チャネルが開き，Ca^{2+} が細胞内に流入する．シナプス前細胞の細胞質の Ca^{2+} 濃度が上昇すると，シナプス小胞がシナプス前膜と融合し，神経伝達物質がシナプス間に放出され，シナプス後膜に存在する受容体に結合しシグナルが伝わる．このようにして電気シグナルが化学シグナルへと変換される．このような伝達を**シナプス伝達**という．

5.3.3　パラクリン（傍分泌）伝達 (図5.10 (c))

　情報発信細胞から分泌されたシグナル分子が，同一組織内にある近くの標的細胞の受容体を介してシグナルが伝わることを**パラクリン paracrine 伝達**という．シグナル分子は細胞外液を拡散するので，分泌した細胞の周辺にとどまり，遠くの細胞に作用することはない．免疫系で細胞の分化・増殖に関与するサイトカインによる作用はパラクリン伝達である．

　パラクリン伝達の特殊型として，オートクリン autocrine（自己分泌）伝達がある．これは細胞から分泌されたシグナル分子が，発信細胞自身の受容体に結合してシグナルを伝達する様式である．サイトカインの1種であるIL-2は，分泌する細胞自身に作用して細胞の増殖を誘導する．一方，がん細胞ではオートクリン伝達によって自身の増殖を促進していると考えられている．

5.3.4　エンドクリン（内分泌）伝達 (図5.10 (d))

　ホルモン hormone と呼ばれるシグナル分子が関与する伝達経路を**エンドクリン伝達**という．情報発信細胞から分泌されたホルモンは，血流を通して体内の至る所に運ばれるが，受容体を発現している特定の標的細胞にだけシグナルを伝達し，特定の機能を誘導する．ホルモンは血流によって運搬され希釈されるので，低い濃度（10^{-8} M 以下）でも効果を発揮できるようになっている．ホルモンを分泌する細胞を内分泌細胞と呼ぶ．ホルモンを化学的性状で分類すると，タンパク質，低分子ペプチド，アミノ酸誘導体のような水溶性のものと，脂溶性のステロイドに大別される．

5.4　細胞内の情報伝達

　生物を取り巻く環境の変化に応答するシグナルであれ，体内で恒常的に行われている神経系や内分泌系のシグナルであれ，細胞がシグナルを受け取る．また，細胞外のシグナル分子の多くは親水性であるため，細胞膜を透過することは難しい．そのため，この刺激を受ける細胞には，細胞外からのシグナルを受け取る**受容体タンパク質 receptor** が細胞膜に存在する．受容体タンパク質は細胞膜を貫通しており，細胞外からの刺激を受け取ると，その情報を変換して細胞内部へと新しい情報を伝える．一方，ステロイドホルモンのように疎水性物質は細胞膜を透過することができるので，細胞内部に受容体タンパク質が存在している．受容体に結合する物質のことを**リガンド ligand** という．

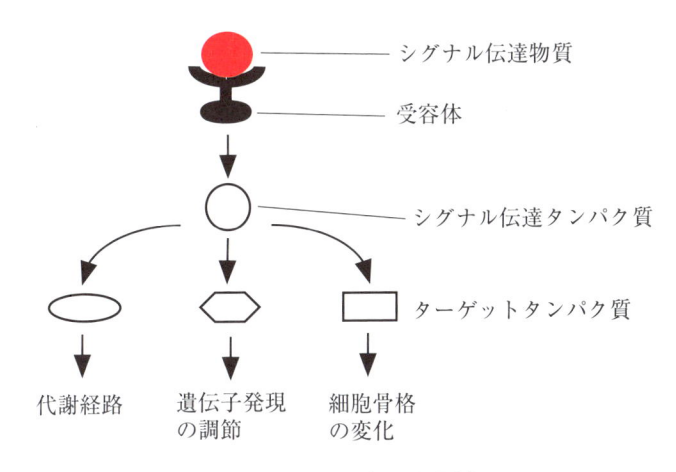

細胞膜上に発現している受容体も細胞内に存在する受容体も，その役目は細胞外から来た微弱なシグナルを識別することである．受容体から伝わる細胞内シグナル伝達の過程で，シグナルは変換され（**トランスデューサー transducer**），効果器（**エフェクター effector**）によりcAMP，ジアシルグリセロール diacylglycerol（DAG），Ca^{2+} 等の細胞内小分子（**セカンドメッセンジャー second messenger**）を産生し，反応は増幅されていく．多くの場合，複数のタンパク質が変化を受け，それぞれのタンパク質が下流に情報を送り出すため，反応経路が増加していく．このような反応経路をカスケードという（図5.11）．カスケードによるシグナル伝達の結果，代謝酵素

図 5.11 カスケード反応

受容体刺激を受けると，信号の増幅を受けながら，複数のタンパク質が変化を受けて反応が広がっていく．

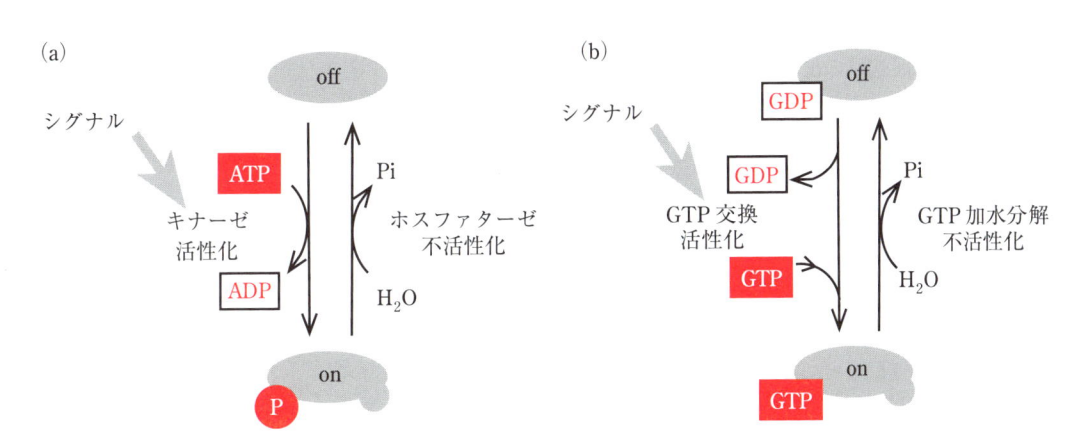

図 5.12 リン酸化によるタンパク質の機能調節と GTP 結合タンパク質の機能調節

(a) リン酸化によりタンパク質が活性化されるシグナル伝達．(b) GTP 結合タンパク質を介したシグナル伝達．

の活性化，細胞骨格の変化，遺伝子発現の開始，あるいは停止という反応が引き起こされ，最終的に細胞が細胞外からの刺激に対して応答することができるのである．

我々が使用する電気器具にはスイッチのon–offがあり，使用時にのみonにする．細胞内シグナル伝達にもシグナルをon–off（活性化−不活性化）する仕組みが備わっている．スイッチの働きをする代表的なものが，タンパク質の修飾，あるいはGTP結合タンパク質である（図5.12）．タンパク質の修飾で代表的なものは，セリン/トレオニン，あるいはチロシン残基のリン酸化，あるいは脱リン酸化である．リン酸化を触媒する酵素は**プロテインキナーゼ protein kinase**（タンパク質リン酸化酵素）であり，脱リン酸化を触媒するのが**プロテインホスファターゼ protein phosphatase**（タンパク質脱リン酸化酵素）である．GTP結合タンパク質は，GTPが結合している状態がonで，自らもつ加水分解活性でGDPとなるとoffになる．再びonにする際には，GDPがGTPに交換される．一般的にタンパク質の活性化とは，タンパク質の修飾等によって立体構造が変化し，酵素活性の誘導，あるいはタンパク質，核酸分子等との相互作用が誘導されることである．

細胞外の刺激によって起こる細胞応答は，反応時間によって2種類に分けることができる．酵素活性の変化，あるいはイオンチャネルの開閉などは短時間で応答するが，ステロイドホルモンのように遺伝子の転写を活性化するようなものであれば，応答には日の単位が必要である．

ここではシグナル伝達を受容体の性質によって分類し，解説する．

5.4.1　Gタンパク質共役型受容体（7回膜貫通型受容体）

a　GTP結合タンパク質とシグナル伝達

細胞膜受容体の中には，膜結合型**三量体GTP結合タンパク質**（ヘテロ三量体Gタンパク質）を活性化し，細胞膜の酵素あるいはイオンチャネルを活性化して様々な細胞応答を誘導するものがある．このような受容体を**Gタンパク質共役型受容体 G-protein-coupled receptor**（GPCR）という．GPCRの特徴は，1本のポリペプチド鎖が7回細胞膜を貫通しており，**7回膜貫通型受容体**ともいう．また，GPCRはスーパーファミリーを形成しており，光受容体分子であるロドプシンや嗅覚受容体を含めると，ヒトにおいて約2,000種類のGPCRが同定されており，ゲノムに存在する遺伝子の約10％に相当する．現在使用されている治療薬の約50％はGPCRを標的としている．GPCRの中にはリガンドが同定されていないものがあり（オーファンレセプター），これらの受容体は創薬のターゲットとして期待されている．

細胞外シグナル分子のGPCRへの結合は，受容体の立体構造の変化を誘導し（活性化），細胞質側に存在するGタンパク質に情報を伝達する．一般的にGタンパク質という名称はヘテロ三量体Gタンパク質に対して用いられる．ヘテロ三量体Gタンパク質はα（約40 kDa），β（約36 kDa），γ（約7 kDa）の3つのサブユニットからなる．βサブユニットはγサブユニットと強固に

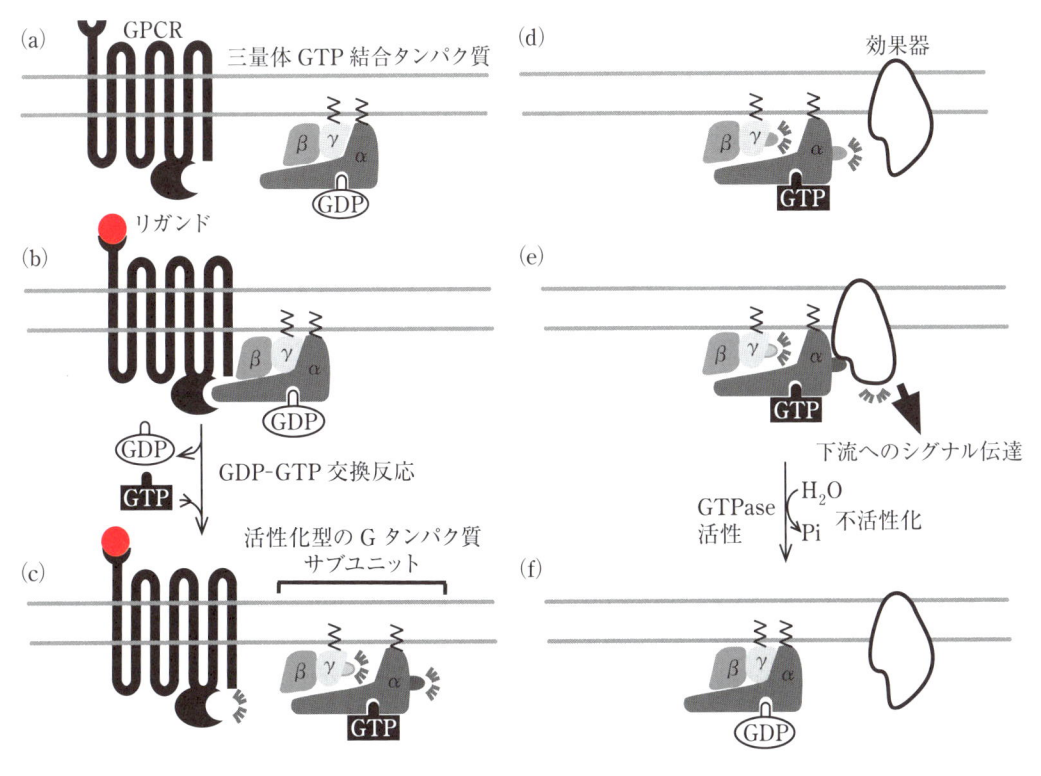

図5.13 GTPタンパク質共役受容体とシグナル伝達

結合して，βγサブユニットとして一体となって振る舞う．αサブユニットにはヌクレオチド結合部位がある．αサブユニットのN末端とγサブユニットのC末端は脂質修飾されているため，α，β，γサブユニットは細胞膜に局在する．

受容体が刺激を受けていない時は，αサブユニットにはGDPが結合しており，offの状態にある（図5.13（a））．しかし，リガンドが受容体に結合すると，受容体の構造変化がαサブユニットの構造を変えて，GDPが解離し代わってGTPが結合する（図5.13（b，c））．このGTP結合型がonの状態であり，αサブユニットとβγサブユニットが解離する場合もある．活性化型となったαサブユニット，あるいはβγサブユニットはそれぞれ効果器に直接結合し，シグナルは変換されて細胞内に伝達される（図5.13（d，e））．αサブユニットはGTPを加水分解する酵素活性を有する（GTPase）ため，数秒後にはGDPに加水分解されGタンパク質は不活性化型となる（図5.13（f））．つまり，Gタンパク質のαサブユニットは，Gタンパク質の活性を調節する分子スイッチの働きをする（次ページのコラム参照）．

b Gタンパク質に共役するエフェクター分子

1) アデニル酸シクラーゼ

サイクリックAMP（cAMP） は最初に発見されたセカンドメッセンジャーであり，アドレナリンやグルカゴン刺激によるグリコーゲン分解に関与することが明らかとなった．Gタンパク質が活性化すると，細胞膜に結合している**アデニル酸シクラーゼ adenylate cyclase** が活性化さ

コラム

このスイッチの重要性は細菌毒素の研究からも明らかにされている．コレラ菌，百日咳菌の菌体外毒素は，αサブユニットをADPリボシル基により修飾し，機能を消失させる．**コレラ毒素**はGsαのGTPの加水分解活性を消失させ，不可逆的に活性化状態にする．活性化状態になったGsαは標的タンパク質（アデニル酸シクラーゼ）を活性化し続け，Cl^-と水を排出し続けるために下痢による脱水症状が起こる．**百日咳菌毒素**はGiαのGTPへの交換を抑制するために，Giαによる効果器（アデニル酸シクラーゼ）への抑制が解除される（効果器の活性化）．そのため，アデニル酸シクラーゼは常に活性化状態となり，激しい咳が止まらなくなる．

Gタンパク質は数種類あり，それぞれに特定のGPCR，ならびに標的となる効果器への特異性を示す．Gタンパク質の多様性はαサブユニットによって決定される（表5.2）．αサブユニットファミリーは4つの主要クラス（Gs, Gi, Gq, G12）に分類され17種類から構成され，同じクラスのサブユニットの機能は基本的に似ている．$α_s$はアデニル酸シクラーゼの活性化，$α_i$はアデニル酸シクラーゼの抑制，$α_q$はホスホリパーゼCβ（PLCβ）を活性化する．一方，βサブユニットは5種類，γサブユニットは12種類あることが知られているが，すべての組合せが存在するわけではない．βγサブユニットも，αサブユニットと同様にシグナルを伝達することができる．代表的なものに，ムスカリン性K^+チャネル，ホスホリパーゼA_2，$PLCβ_2$が知られている．

表5.2　三量体Gタンパク質の標的因子

クラス	メンバー	標的因子
Gsα	Gsα, Golfα	アデニル酸シクラーゼ（活性化）
Giα	Gi1α, Gi2α, Gi3α	アデニル酸シクラーゼ（抑制）
	GoAα, GoBα	Rap1GAP
	Gt1α, Gt2α	cGMPホスホジエステラーゼ（活性化）
	Gzα	K^+チャネル
Gqα	Gqα, G11α, G14α, G15α, G16α	PLCβ，Btk活性化
G12α	G12, G13	RhoGEF，Btk活性化
Gβγ		$PLCβ_2$，K^+チャネル，ホスホリパーゼA_2

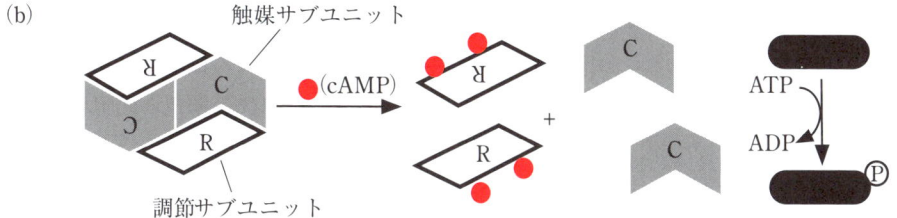

図 5.14 cAMP の産生とプロテインキナーゼの活性化機構

(a) アデニル酸シクラーゼにより，ATP が cAMP に変換される．cAMP はホスホジエステラーゼにより AMP に変換され，不活性化される．(b) 活性化されていない状態では，PKA は触媒サブユニット（C），調節サブユニット（R）が 2 分子ずつ会合し複合体を形成している．

れ，ATP から cAMP が産生される．GPCR の多くはこのアデニル酸シクラーゼを効果器とする（図 5.14）．

cAMP は cAMP 依存症プロティンキナーゼ cyclic AMP dependent protein kinase である**プロテインキナーゼ A*** **protein kinase A（PKA）**を活性化して，細胞に影響を及ぼす．通常 PKA は不活性化型であり，2 つの調節サブユニットと 2 つの触媒サブユニットの安定な四量体で存在する．細胞内の cAMP 濃度が上昇すると，調節サブユニットに 2 分子の cAMP が結合して立体構造が変化し，触媒サブユニットが解離することで活性化型となる．PKA はセリン/トレオニンキナーゼであり，ある特定のタンパク質のセリンあるいはトレオニン残基をリン酸化し，タンパク質の活性を変化させる．

2）ホスホリパーゼ C

ホスホリパーゼ C phospholipase C（PLC）は，リン脂質である**ホスファチジルイノシトール-4,5-二リン酸 phosphatidylinositol-4,5-bisphosphate（PIP₂）**を加水分解して，セカンド

---

* protein kinase A の "A" は c<u>A</u>MP により活性化され，protein kinase C の "C" は <u>C</u>a²⁺ により活性化されることから命名された．PKC はその後の研究により，Ca²⁺ に非依存的なものを novel PKC（nPKC），DAG によって活性化されないものを atypical PKC（aPKC）と分類されるようになった．発見当初の Ca²⁺ と DAG によって活性化されるものを conventional PKC（cPKC）と分類する．

メッセンジャーである**イノシトール-1,4,5-三リン酸 inositol-1,4,5-trisphosphate（IP$_3$）**と**ジアシルグリセロール diacylglycerol（DAG）**を生成する膜酵素である．Gq の活性化に伴い α サブユニットが PLCβ を活性化し，Gi や Go では，βγ サブユニットが PLCβ$_2$ を活性化する（図 5.15）．

細胞内の IP$_3$ 濃度が上昇すると，小胞体に存在する Ca^{2+} チャネルとして働く IP$_3$ 受容体に結合する．小胞体は細胞内の Ca^{2+} の貯蔵庫であるため，IP$_3$ が結合すると小胞体から Ca^{2+} が放出され，細胞内で様々な反応を誘導する．

DAG は疎水性のため細胞膜に留まり，**プロテインキナーゼ C protein kinase C（PKC）**を膜に誘導し，この酵素を活性化する．PKC の活性化には，DAG と共に Ca^{2+} を必要とし，活性化した PKC は特定のタンパク質のセリン/トレオニン残基のリン酸化を触媒する．皮膚がんのプロモーターとして知られているクロトン油のホルボールエステルは，DAG と構造が類似しているため，DAG と同様に PKC を活性化する．

3）Ca^{2+} の効果器

静止期の細胞質の Ca^{2+} 濃度は 50〜100 nM であり，細胞外の Ca^{2+} 濃度 1〜2 mM，小胞体内の Ca^{2+} 濃度 30〜300 μM と比べて極めて低濃度である．そのため，細胞質の Ca^{2+} 濃度の変動は，情報伝達の手段の 1 つとしてとして利用されている．

一般的に Ca^{2+} は，Ca^{2+} 感受性タンパク質を介してシグナルを伝達する．**カルモジュリン calmodulin** はすべての真核細胞に存在し，Ca^{2+} 結合モジュールである EF ハンドを 1 分子中に 4 個もち，Ca^{2+} が結合すると立体構造の変化が誘導される．この Ca^{2+}/カルモジュリンが，様々な標的分子に作用する．

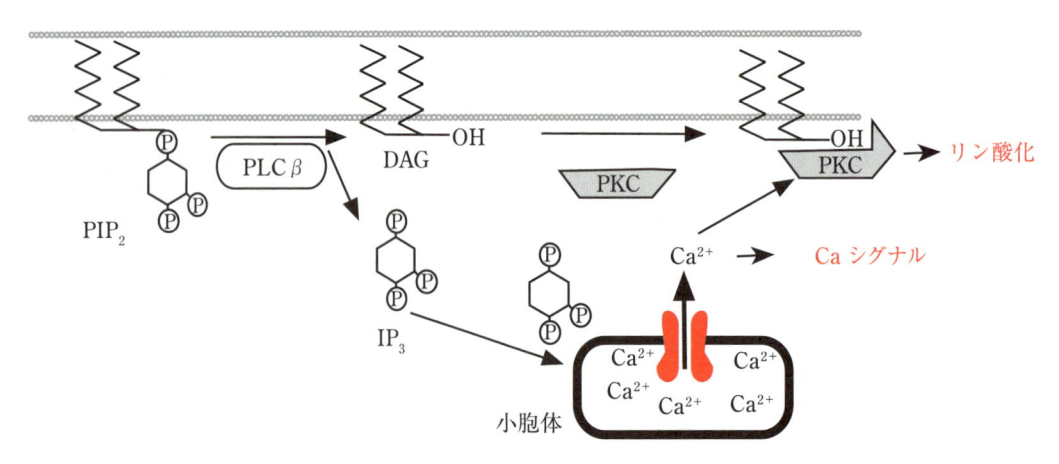

図 5.15　リン脂質代謝と Ca^{2+} による細胞内情報伝達

受容体刺激により PLCβ が活性化すると，細胞内では PIP$_2$ が分解されて DAG と IP$_3$ ができる．DAG は細胞膜に留まり，Ca^{2+} と共に PKC を活性化する．IP$_3$ は小胞体に作用し，Ca^{2+} の細胞内濃度を上昇させ，種々の生理作用が誘導される．

① Ca²⁺/カルモジュリンキナーゼ

Ca²⁺/カルモジュリンによって，セリン/トレオニンキナーゼである **Ca²⁺/カルモジュリンキナーゼ（CAMキナーゼ）** が活性化される．アイソザイムである CAM キナーゼⅡは，脳での発現レベルが高く，学習や記憶で重要な働きをしていると考えられている．

② カルシニューリン

セリン/トレオニンホスファターゼである **カルシニューリン calcineurin** も Ca²⁺/カルモジュリンの効果器である．カルシニューリンの作用分子の１つに，免疫細胞や神経細胞で発現している転写因子 NFAT（nuclear factor of activated T cells）がある．免疫抑制剤であるシクロスポリン A, タクロリムスはカルシニューリンを抑制して，T 細胞の活性化を阻害する．

③ NO 合成酵素

ガス分子である **一酸化窒素（NO）** の産生酵素である **NO 合成酵素 NO synthase（NOS）** も Ca²⁺/カルモジュリン依存性の酵素である．NOS はアルギニンを酸化して NO を産生し，細胞外に拡散し近隣の細胞に作用する．NO は容易に細胞膜を透過し，グアニル酸シクラーゼを活性化して **サイクリック GMP（cGMP）** の産生を誘導する．cGMP は **cGMP 依存性キナーゼ cyclic GMP dependent protein kinase（protein kinase G ; PKG）** を活性化し，血管平滑筋を弛緩させる働きがある．心臓病治療に用いられるニトログリセリンは体内で NO を放出し，冠状動脈の拡張，血量の増加を促している．cGMP は **ホスホジエステラーゼ** により GMP に分解されるが，勃起不全治療薬のバイアグラはホスホジエステラーゼ阻害剤として働いている．

5.4.2　イオンチャネル共役型受容体

イオンチャネル共役型受容体 は，受容体自身がイオンチャネルの働きをしている．一般的にイ

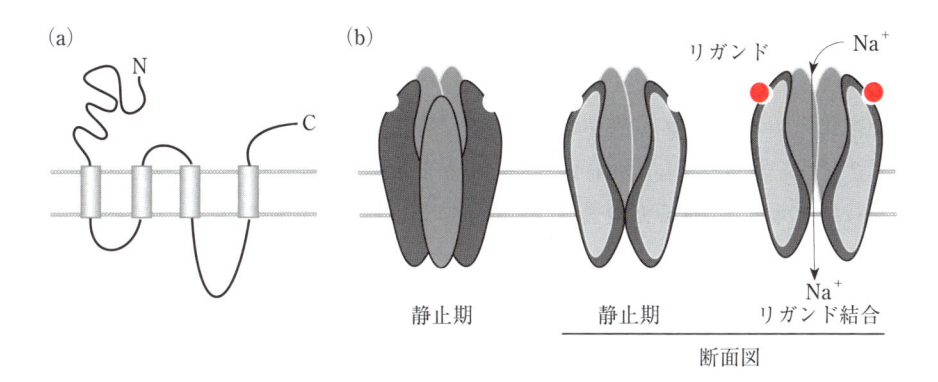

図 5.16　イオンチャネル型受容体

(a) ニコチン型受容体の１つのサブユニットは，４回膜貫通型である．(b) ニコチン型受容体は五量体である．静止期では孔は閉じているが，アセチルコリンが結合すると立体構造変化が起こり，孔が開き細胞外から Na⁺ が流入する．

表 5.3　代表的なイオンチャネル共役型受容体

イオンチャネル	イオン	機　能
アセチルコリン受容体	Na^+, Ca^{2+}	興奮性シグナル伝達
グルタミン酸受容体	Na^+, Ca^{2+}	興奮性シグナル伝達
$GABA_A$ 受容体	Cl^-	抑制性シグナル伝達
グリシン受容体	Cl^-	抑制性シグナル伝達

オンチャネル型受容体は多量体構造をとり，中心に孔を形成する（図 5.16）．各サブユニットは4回から5回の膜貫通領域をもつ．シグナル分子が受容体に結合すると，受容体の構造が変化してチャネルが開き，特定のイオンを透過させ，膜電位の変化をもたらす．特に神経系の細胞で発達しており，化学シグナルを電気シグナルに変換する（表 5.3）．アセチルコリンのニコチン型受容体は五量体からなり，アセチルコリンが受容体と結合すると構造変化が起こり，細胞外の Na^+ が細胞内に流入し，活動電位が発生する．その後，電位依存型のイオンチャネルが活性化され，神経情報の伝達が行われる．

5.4.3　酵素共役型受容体

　酵素共役型受容体は，細胞外領域にリガンドとの結合部位をもち，細胞内領域に酵素活性部位をもつか，あるいは別の酵素タンパク質を膜に移行させて複合体を形成し，シグナルを細胞内部に伝える．酵素活性の違いにより，チロシンキナーゼ型，セリン-トレオニンキナーゼ型，チロシンホスファターゼ型，グアニル酸シクラーゼ型などに分類される．

　酵素共役型受容体の中で最も多く存在しているのが，受容体型チロシンキナーゼである．タンパク質中のリン酸化アミノ酸残基は，セリン，トレオニン，チロシンの3種類であり，それぞれの存在比は86.4％，11.8％，1.8％であり，リン酸化チロシン残基は非常に少ない．わずかな量しかないリン酸化チロシン残基が受容体からの刺激に特異的に応答できる理由として，細胞増殖のシグナルはチロシン残基のリン酸化状態の変化のみを識別していると考えられる．

　ここでは特にキナーゼ活性をもつ受容体が関与するシグナル伝達経路について概説する．

[a]　チロシンキナーゼ型

1）受容体型チロシンキナーゼ

　すべての**受容体型チロシンキナーゼ Receptor Tyrosine Kinase（RTK）**に共通している構造は，1か所の膜貫通領域と，細胞内キナーゼ触媒領域である（図 5.17（a））．このタイプの受容体のリガンドには，上皮増殖因子（EGF），血小板由来増殖因子（PDGF），神経成長因子（NGF），インスリンなどがある．

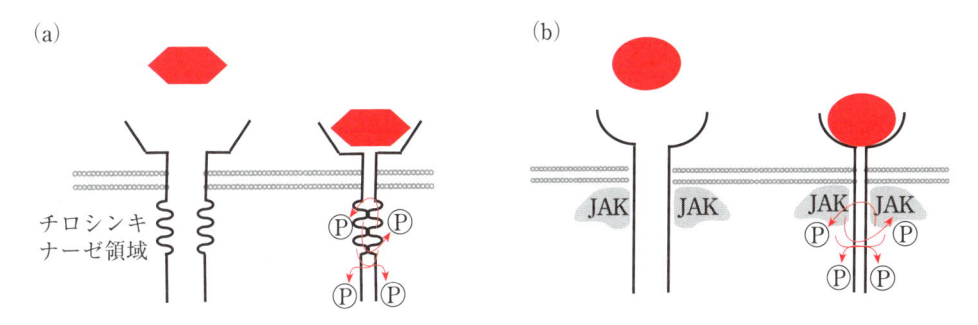

図 5.17 受容体型チロシンキナーゼならびにチロシンキナーゼ会合型受容体

(a) 受容体型チロシンキナーゼ．インスリン，EGF，PDGF などの受容体は，細胞内領域にチロシンキナーゼ活性をもつ．リガンドの結合により，キナーゼ領域が互いにリン酸化，ならびに受容体のチロシン残基がリン酸化される．(b) チロシンキナーゼ会合型受容体．サイトカイン，成長ホルモン等の受容体はチロシンキナーゼ活性はない．リガンドが結合すると，受容体が二量体となり受容体に結合していた JAK が互いにリン酸化，ならびに受容体自身のチロシン残基がリン酸化を受ける．

2) チロシンキナーゼ会合型

多くのサイトカインやコロニー刺激因子，プロラクチン，成長ホルモンの受容体は，受容体自身にチロシンキナーゼ活性はないが，リン酸化チロシンを介してシグナルを伝達するものがある．このタイプの受容体は，リガンドが受容体に結合すると，受容体が二量体あるいは三量体化し，受容体に結合した非受容体チロシンキナーゼである **JAK（Janus kinase ヤヌスキナーゼ）** が相互にリン酸化をして活性化される（図 5.17 (b))．JAK の他にも，Src キナーゼファミリーの Fyn，Lyn なども関与する．このような受容体を，**チロシンキナーゼ会合型受容体**と呼ぶ．

3) チロシンリン酸化によって誘導される細胞内シグナル伝達経路

受容体型チロシンキナーゼとチロシンキナーゼ会合型受容体のシグナル伝達には共通点がある．リガンドが受容体に結合すると，キナーゼ領域のリン酸化とともに，受容体の細胞質内にある C 末端領域のチロシン残基，そしてシグナルに関与する基質タンパク質のチロシン残基がリン酸化される．さらに，受容体のリン酸化チロシン残基を特異的に認識する 10〜20 種類のタンパク質が結合する．これらのタンパク質は，リン酸化チロシン残基に結合する **SH2**（src homology region 2）もしくは **PTB**（phospho–tyrosine binding）と呼ばれる領域をもっている．インスリン刺激の場合，IRS（insulin receptor substrate インスリン受容体基質）が PTB を介してリン酸化受容体に結合し，リン酸化される．リン酸化 IRS に種々のタンパク質が結合し，シグナルを下流に伝える．

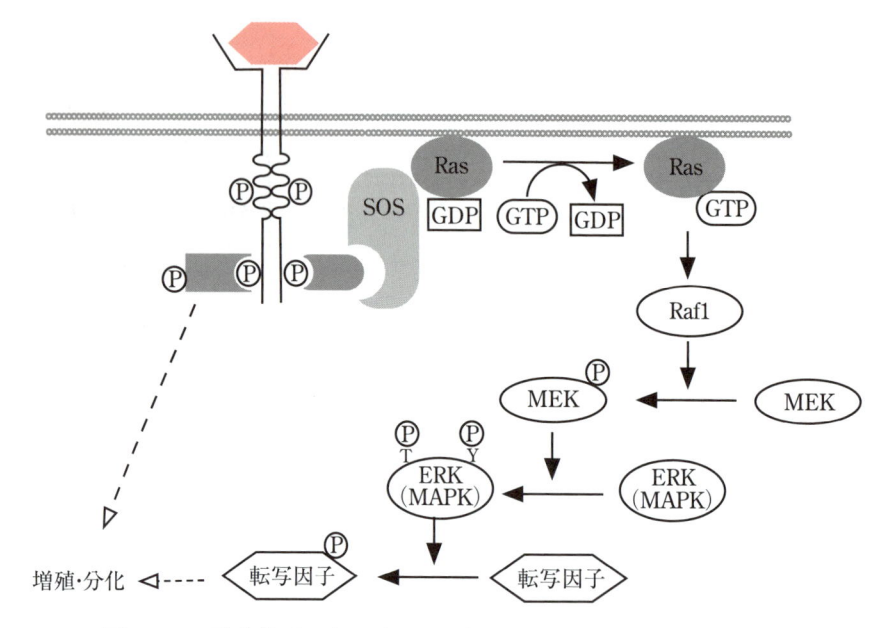

図5.18　受容体チロシンキナーゼ・Ras・MAPキナーゼ活性化

EGF受容体にEGFが結合すると，レセプターが二量体化し，レセプターのチロシン残基がリン酸化される．リン酸化チロシン残基にRasのGTP交換因子（GEF）であるSOSが結合し，GTP-Rasに変換される．GTP-RasはRaf1を活性化し，MEKをリン酸化する．活性化MEKは唯一の基質であるMAPKのT, Y残基をリン酸化する．活性化MAPKは転写因子をリン酸化し，増殖・分化に必要な遺伝子の転写を誘導する．

① **Ras シグナル伝達経路**

　増殖因子のシグナル伝達の中心となるのが，Ras，Rho，Rab，Arfなどの**低分子量GTP結合タンパク質**である．**Ras**は細胞増殖や細胞分化，Rhoは細胞の形態変化，Rab，Arfは細胞内の物質輸送にそれぞれ関与する．分子量は20〜25 kDaであり，三量体Gタンパク質とは異なり単量体で働く．しかし，GDP結合型は不活性化型，GTP結合型は活性化型であることは共通している．

② **MAPキナーゼカスケード**

　前述したように，受容体型チロシンキナーゼが活性化すると，リン酸化チロシン残基に多くのシグナルタンパク質が集合する．中でも，Ras活性化因子のSOSはRas-GDPとし，活性化型であるRas-GTPに変換する（図5.18）．活性化Rasは，**ERK**（extracellular signal-regulated kinase）に至る一連のキナーゼを活性化する．ERKはEGF刺激した細胞から発見された**MAPキナーゼ**（mitogen activated protein kinase）と同一である．活性化RasはプロテインキナーゼであるRaf-1を活性化する．活性化Raf-1は，MEK（MAP kinase/ERK kinase）をリン酸化して活性化する．活性化MEKは唯一の基質であるERKのトレオニン残基およびチロシン残基のリン酸化を介してERKを活性化する．さらに，ERKは転写因子をリン酸化し，細胞増殖のシグナルを核へと伝え

る．このように，ERK はキナーゼカスケードで活性化されることから，MEK を MAP kinase kinase（MAPKK），Raf-1 を MAP kinase kinase kinase（MAPKKK）と総称する．

MAP キナーゼカスケードは，酵母から幅広く保存されている基本的なシグナル伝達経路である．増殖因子由来の刺激以外にも，炎症性サイトカインや種々のストレスによっても活性化されるものがあり，現在 4 種の MAP キナーゼの系列が明らかになっている（図 5.19）．

③ **RTK とリン脂質シグナル**

RTK を介したシグナルの多くは，増殖，分化に関与している．生存シグナルに関わるものの 1 つが，細胞膜の成分であるホスファチジルイノシトール-4,5-二リン酸をリン酸化して，ホスファチジルイノシトール-3,4,5-三リン酸 phosphatidylinositol-3,4,5-trisphosphate（**PIP$_3$**）に変換する **PI3 キナーゼ PI3 kinase** である．PI3 キナーゼの特徴は，受容体あるいはチロシンキナーゼの基質のリン酸化チロシン残基と結合して活性化されることである．PIP$_3$ は細胞膜に留まっており，**Akt**（別名プロテインキナーゼ B；PKB）を活性化し，アポトーシスに関与するタンパク質を不活化し，アポトーシスを抑制する（図 5.20）．

ホスホリパーゼ C のサブタイプである PLCγ も，受容体のリン酸化チロシン残基に結合して活性化される．生成した DAG，IP$_3$ は PKCα を活性化する．

④ **JAK-STAT 活性化シグナル**

先述したようにサイトカインが受容体に結合すると JAK が活性化される．サイトカインシグナルの特徴は，**STAT**（signal transducers and activators of transcription）という転写因子が関与することである．受容体のリン酸化チロシン残基に STAT の SH2 領域を介して結合すると，

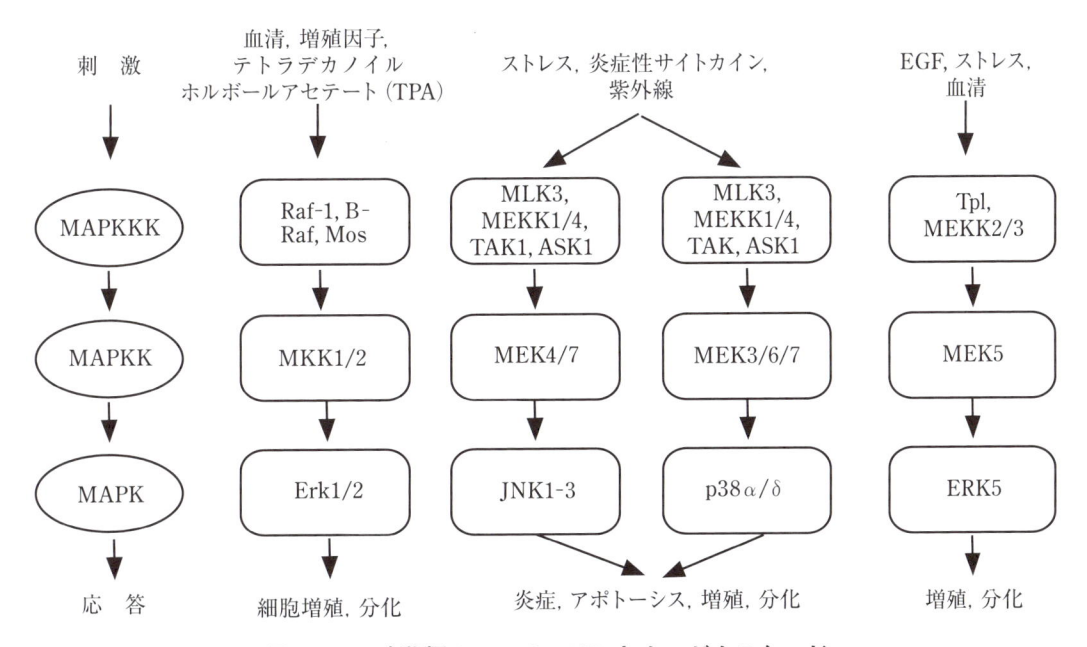

図 5.19 哺乳類の 4 つの MAP キナーゼカスケード

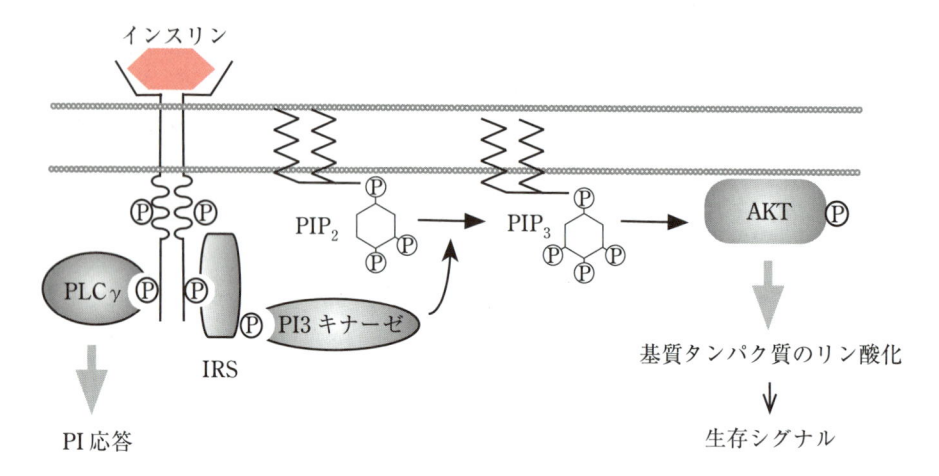

図 5.20　RTK を介したリン脂質シグナル

インスリン刺激により，インスリン受容体と共に IRS（インスリン受容体基質）もチロシンリン酸化を受ける．IRS のリン酸化チロシン残基により PI3 キナーゼが結合し活性化される．

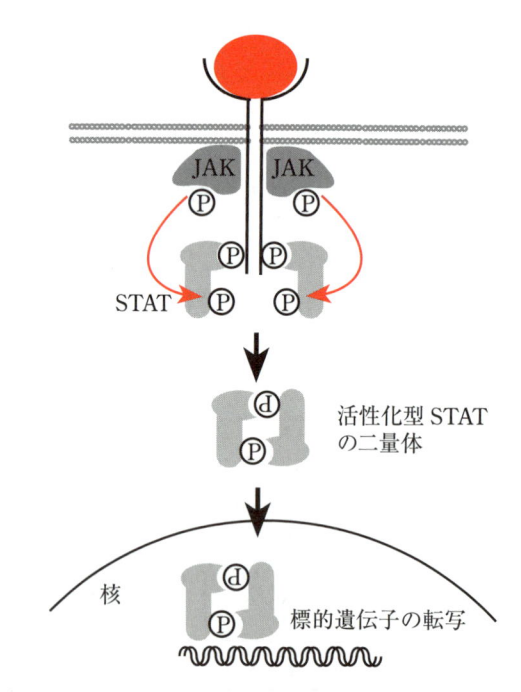

図 5.21　JAK-STAT 活性化

サイトカイン受容体にサイトカインが結合すると，JAK が活性化し受容体の細胞質領域をリン酸化する．STAT は SH2 領域を介して受容体のリン酸化チロシン残基に結合すると，JAK により STAT もリン酸化される．リン酸化 STAT は受容体から離れ二量体となり，核に移行し標的遺伝子の転写を行う．

STAT のチロシン残基がリン酸化され，受容体から離れて二量体を形成して核に移行して標的遺伝子の転写を誘導する（図 5.21）．

4）受容体型セリン/トレオニンキナーゼ

すべての受容体型セリン/トレオニンキナーゼは，**TGF–β**（**transforming growth factor–β**）ファミリーに属する増殖因子をリガンドとする．TGF–β ファミリーは，TGF–β の他に BMP（bone morphogenetic protein），アクチビン activin，ノーダル nodal などのいくつかのサブファミリーに分類できる．このファミリーが受容体に結合すると，受容体のセリン/トレオニンキナーゼ活性により Smad と呼ばれる転写因子群のセリン残基がリン酸化され，二量体を形成し核に移行する．Smad 複合体は Smad 結合配列に結合し，特定の遺伝子の転写を調節する．特にアクチビンは発生時における形態形成に重要な役割を果たしている．

5.4.4 核内受容体による情報伝達

ステロイドホルモン，**甲状腺ホルモン**，**レチノイン酸**，**活性型ビタミン D₃** などの脂溶性のシグナル分子は細胞膜を自由に透過することが可能である．したがって，これらの分子を認識するための**核内受容体**は細胞内に存在する．核内受容体はホモ二量体として細胞質に存在するものと，ヘテロ二量体として核内にのみ存在するものがある．ステロイドホルモン受容体はホモ二量体で，リガンドが存在しない時は熱ショックタンパク質（HSP90）を含むタンパク質と複合体を

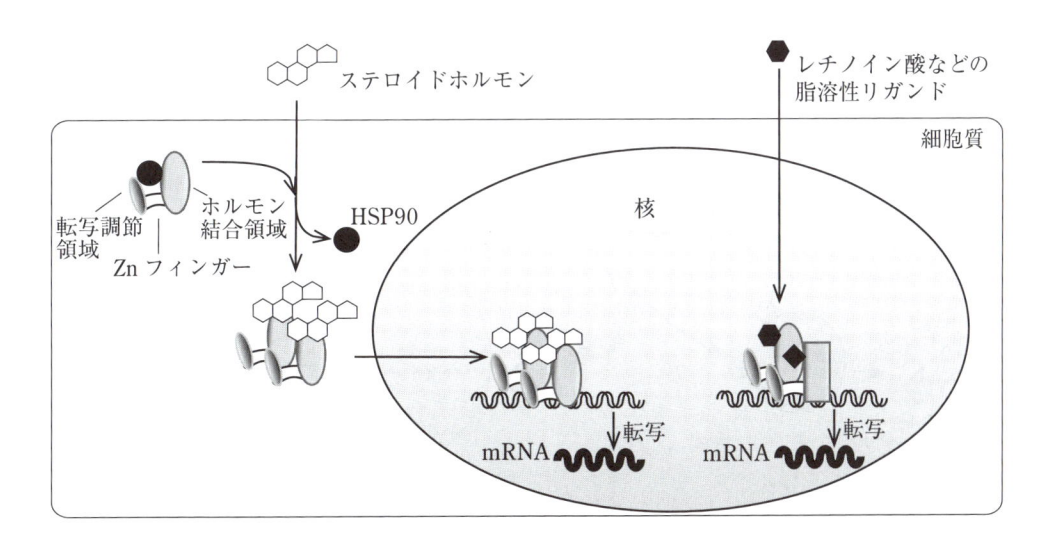

図 5.22 ステロイドホルモンの核内受容体シグナル伝達

ステロイドホルモンを代表とするホモダイマーの受容体は細胞質に存在するが，ヘテロダイマー受容体は核内に存在する．

形成して，細胞質に留まっている（図 5.22）．重要なことはリガンドが結合して核に移行した核内受容体は，転写因子として働くことである．

核内受容体分子の基本構造は保存されている．N 末端側から活性化機能部位としての可変領域，ジンクフィンガーモチーフをもつ DNA 結合領域（DBD），ヒンジ領域，リガンド結合領域（LBD）がある．リガンドが LBD に結合すると，構造変化が誘導され，受容体が二量体となり核に移行する．活性化した核内受容体は，標的遺伝子の調節領域内の特異的な部位を認識し結合する．その結果，遺伝子の発現を調節し，リガンドの作用を発揮する．

猛毒を示すダイオキシンは，核内受容体の1つである AhR に結合する．つまり，ダイオキシンによる毒性発揮は，ステロイドホルモンと同様に遺伝子の転写活性の変化によると考えられている．

5.4.5 タンパク質の分解によるシグナル伝達

シグナル伝達に関与するタンパク質に，制御タンパク質の分解という不可逆的な方法で制御されるものもある．炎症に関与する転写因子である NF-κB は制御因子である IκB と結合しており，不活性型として存在している．TNFα などのサイトカイン刺激により，IκB の分解が誘導される（図 5.23）．遊離型となった NF-κB は核に移行し，炎症に関与する遺伝子の転写に影響を与える．すでに紹介した Notch のシグナルや，アポトーシスもタンパク質の分解によりシグナルが伝わる．

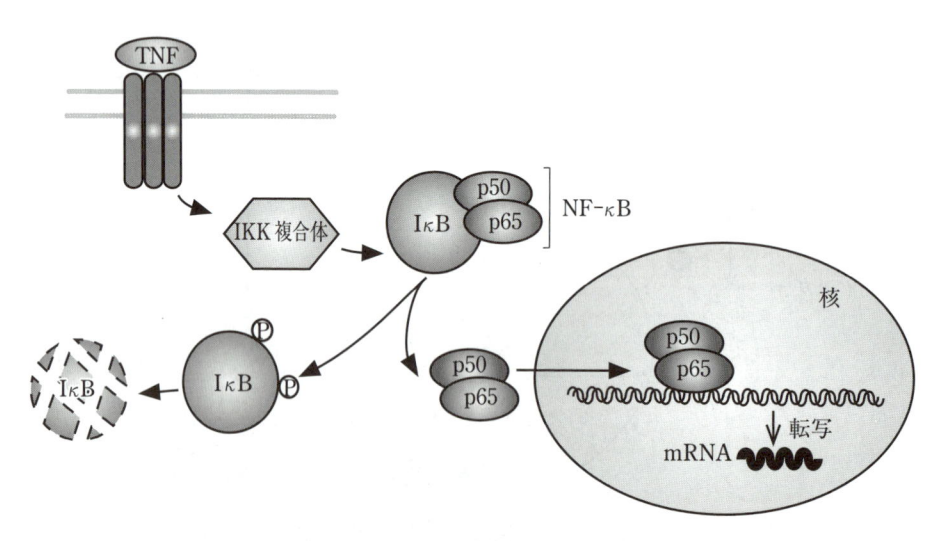

図 5.23　TNF 受容体-NF-κB 経路

NF-κB は IκB と結合しており不活性化状態である．TNF が受容体に結合すると，プロテインキナーゼ活性を有する IKK 複合体が活性化され，基質である IκB はリン酸化され，ユビキチン化が誘導され分解される．IκB から遊離した NF-κB は核に移行し，標的遺伝子の転写を促進する．

5.5 細胞-細胞外マトリックス間の接着

　細胞には隣接する細胞との接着構造以外に，細胞外基質（細胞外マトリックス）との接着，相互作用を通じて，組織の構造の安定化，情報交換を図る接着装置が存在する．正常な組織細胞の多くは細胞外マトリックスに付着しなければ生存，成長，そして増殖することはできない．このことを**足場依存性増殖**という．これは細胞外マトリックスから細胞内へ情報が伝わっていることを示す重要な根拠となる．ここでは基底側細胞膜と細胞外マトリックス間に存在する2種の接着装置について解説する．

5.5.1 ヘミデスモソーム

　上皮細胞膜の基底側に存在する膜貫通タンパク質が細胞外マトリックスと連結して，上皮層に構造的安定性を与えている．この装置は**ヘミデスモソーム hemidesmosome** と呼ばれ，細胞間の接着に関与するデスモソームと同様に細胞内では中間径線維のネットワークに連結している．名前の由来はその構造がデスモソームの半分の形に見えることに起因するが，構成するタンパク質は全く異なる（図 5.24）．ヘミデスモソームの機能は基底層に細胞をつなぎ止めることであるが，中間径線維を介して連結されたデスモソームと協調的に働くことにより，細胞全体に強靭なネットワークを形成して物理的強度の支えとなっている．しかし，細胞が移動する際にはヘミデスモソームによる細胞-細胞外マトリックス結合は解体されることとなる．ヘミデスモソーム遺伝子の変異は，デスモソームのそれと類似の疾患をもたらす．

　ヘミデスモソームの膜貫通タンパク質はインテグリンとコラーゲンファミリーの BP180 であるが，細胞外マトリックスとの連結にはインテグリンが関与する．

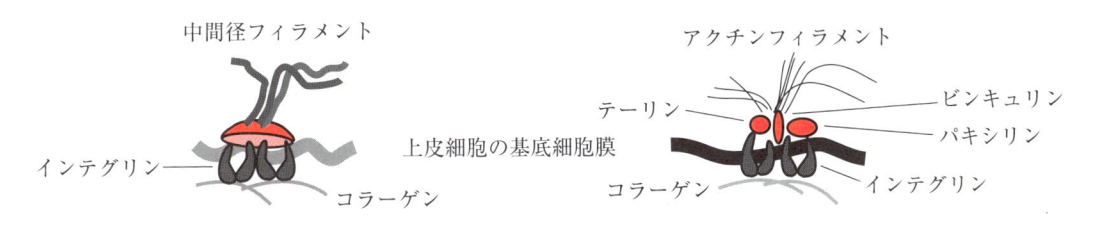

図 5.24　ヘミデスモソーム構造

図 5.25　フォーカルアドヒージョンの構造

5.5.2 フォーカルアドヒージョン

　上皮細胞の基底側面に細胞外マトリックスと連結するもう1つの接着装置が存在し，これを**フォーカルアドヒージョン focal adhesion** と呼ぶ．膜貫通タンパク質はインテグリンで，細胞内ではテーリン，ビンキュリン，パキシリンなどで形成された複合体を介してアクチンフィラメントと連結し，強固な細胞−細胞外マトリックス間の接着を形成している（図5.25）．このように，基底側細胞膜でインテグリンが細胞外マトリックスと結合することにより，細胞骨格に様々な影響を及ぼす．また，フォーカルアドヒージョンを介したシグナルは，フォーカルアドヒージョンキナーゼ focal adhesion kinase（FAK）というチロシンキナーゼを介して細胞の増殖，生存シグナルを伝えている（図5.26）．

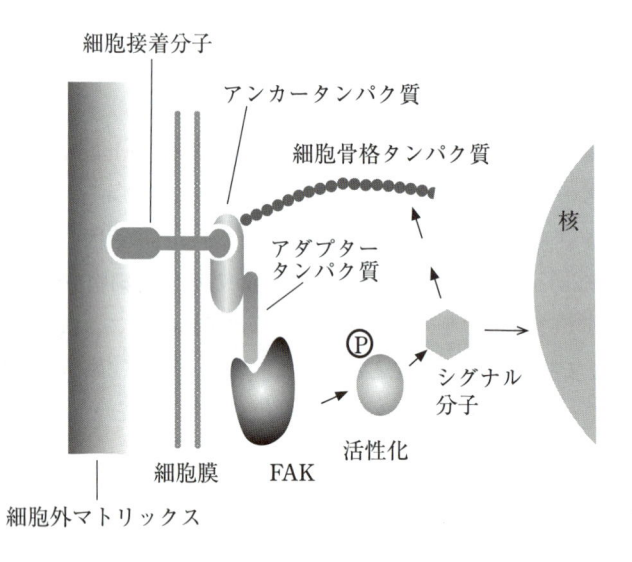

図 5.26　細胞接着とシグナル伝達

細胞外マトリックスと細胞接着分子との結合は，細胞質でアンカータンパク質，アダプタータンパク質などを介して，非受容体チロシンキナーゼ（例：FAK）などの酵素タンパク質を介して細胞増殖，生存シグナルを伝え，そして細胞骨格の変化を誘導する．

5.6 細胞外マトリックス

　細胞が集合して組織を形成し，さらに臓器を形作っていくためには，先に述べたように細胞と細胞が連結し一定の構造を維持しなければ統合的機能は果たせない．組織の構築および維持には細胞の集団だけではなく，足場となるタンパク質，プロテオグリカンおよびグリコサミノグリカン等の細胞外マトリックスとの相互作用が必要となる．細胞と細胞外マトリックスの結合には細胞膜受容体としてインテグリンが重要な働きをすることはすでに述べた．ここでは，細胞外マトリックスの種類とその構造について解説する．

5.6.1 コラーゲン線維

　コラーゲン collagen は動物に最も豊富に存在し全タンパク質の 30% を占め，組織の構造維持などに重要な役割を果たしている．現在までに，20 種類を超えるコラーゲン分子が見出されている．これらコラーゲンタンパク質ファミリーに共通の構造的特徴は，3 本のコラーゲンサブユニットが三重らせんのコイルドコイルを形成していることである．また，コラーゲンは特徴的なアミノ酸配列としてグリシン–X–Yの 3 個のアミノ酸の反復配列を含んでいる．XとYはいずれのアミノ酸でもよいが，通常Xはプロリンで Yのプロリンは水酸化されたヒドロキシプロリンであることが多い．コラーゲンの形状としては，腱で見られるような線維状コラーゲンや皮膚で見られる網目状に構成されたシート状コラーゲンがある．コラーゲン分子はいくつかの型に分類され，それらは組織により種類と分布が異なる．I 型コラーゲンは線維型コラーゲンの代表で，結合組織，真皮，腱，骨などに多く見られ，II 型コラーゲンは軟骨，III 型コラーゲンは血管壁やリ

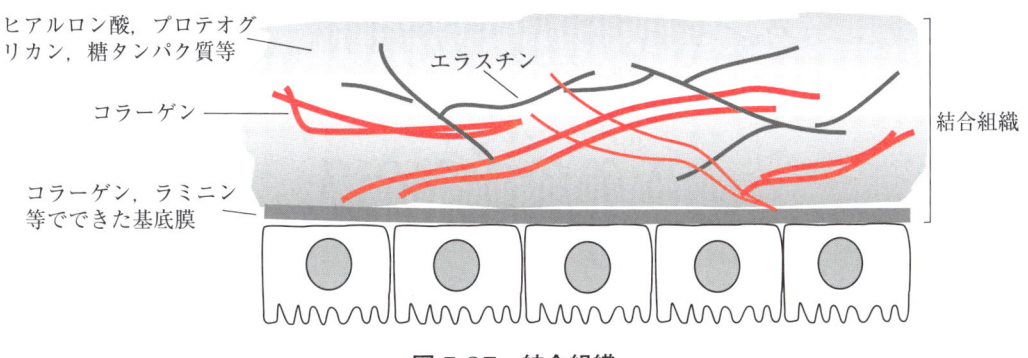

図 5.27　結合組織
上皮細胞は細胞外マトリックスからなる基底膜，結合組織により支えられている．

ンパ系組織，Ⅳ型コラーゲンは基底膜を構成している．コラーゲン原線維同士や，他の細胞外マトリックス成分とが結合し，結合組織を形成する（図5.27）．

　コラーゲンサブユニットはプロコラーゲンと呼ばれる長いポリペプチドとして合成される（図5.28）．小胞体でプロコラーゲンのプロリンとリシンが水酸化（ヒドロキシル化）を受け，三重らせんのコイルドコイル構造が形成された後，ゴルジ体を経由して細胞外にエキソサイトーシスで分泌される．細胞外に分泌されたプロコラーゲンは，プロコラーゲンペプチダーゼによってN末端およびC末端のプロペプチドと呼ばれる部分が切り離され，コラーゲン分子となる．3本のサブユニットの架橋形成にはヒドロキシプロリン，ヒドロキシリシンが重要な役割を担っている．この水酸化反応には補助因子としてビタミンCが必要である．したがって，ビタミンC欠乏

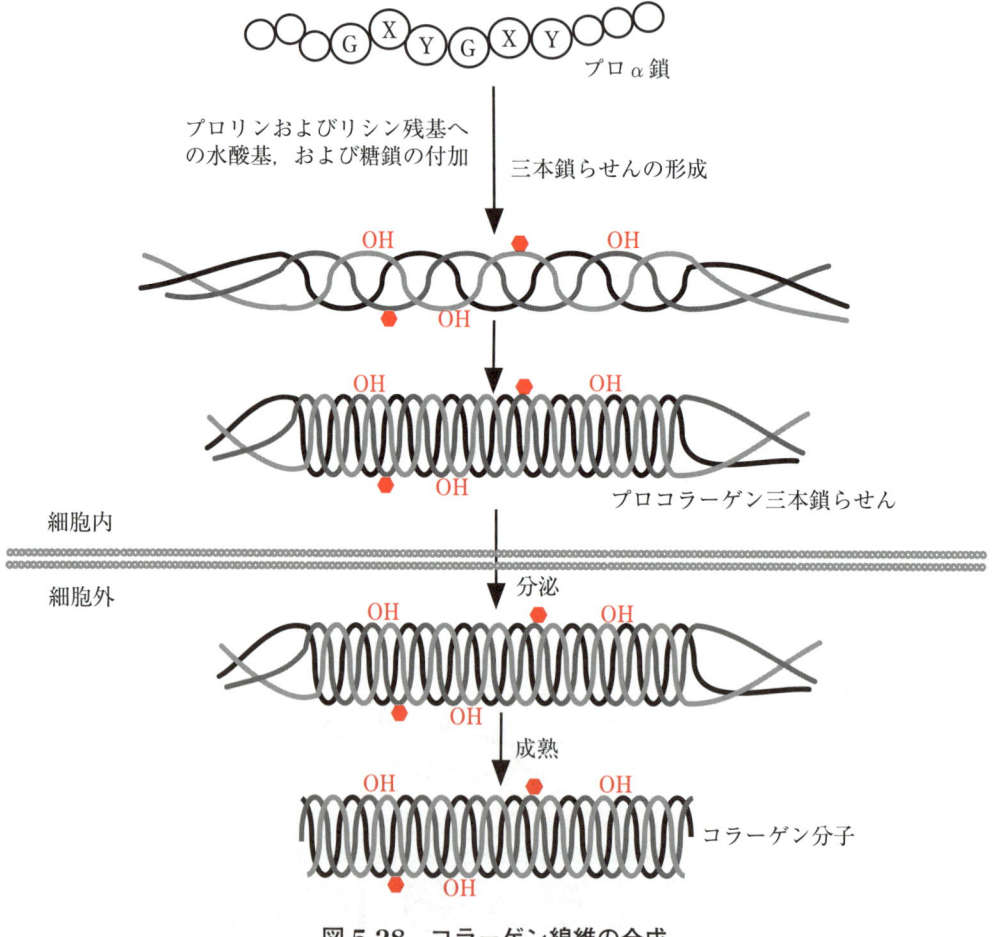

図5.28　コラーゲン線維の合成

生成したコラーゲンは，さらにコラーゲン分子同士で重合し，コラーゲン繊維を形成する．G：グリシン，X，Y：任意のアミノ酸（一般的にはプロリン，ヒドロキシプロリン，ヒドロキシリシンが多い）．

症により血管壁の形成不全に起因する壊血病が誘発される．

5.6.2 エラスチン

　組織に弾性を与える細胞外マトリックスとして**エラスチン elastin** が知られている．エラスチンは疎水性のタンパク質で，コラーゲンと同様に細胞外に分泌される．エラスチン分子同士はリジン残基を介して互いに共有結合により連結し，網目状の構造を作る（図5.29）．このように形成された**弾性線維**は，動脈や腱，皮膚などの伸展性に富んだ組織に柔軟性を与える．

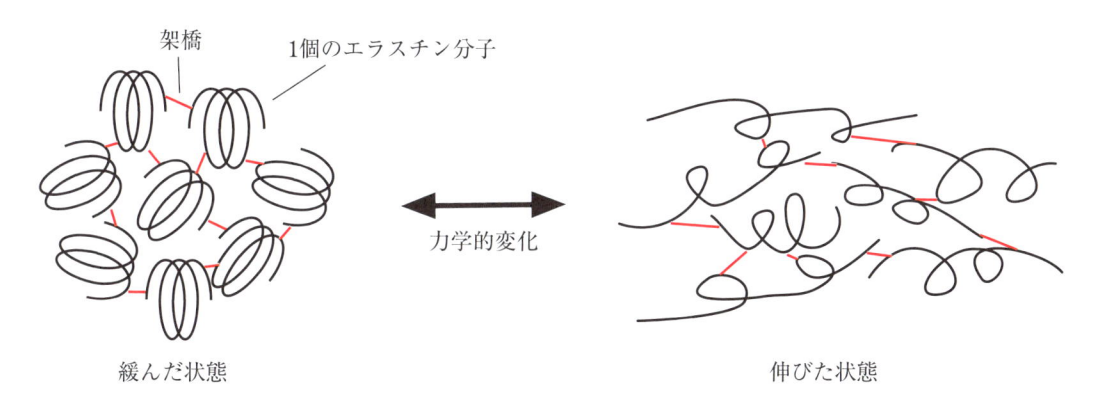

図5.29　エラスチン

ランダムコイル状のエラスチン分子は，互いに架橋を作って弾性線維を形成している．張力がかかると分子は伸び，張力が緩むともとに戻る．

5.6.3 フィブロネクチン

　フィブロネクチン fibronectin は動物のすべての結合組織で発現しており，その主な役割は細胞とコラーゲン線維などの細胞外マトリックスを連結する架け橋として働くことである．フィブロネクチンのサブユニットの一端がジスルフィド結合でつながってホモ二量体を形成し，その二量体が架橋によりポリマー化しフィブロネクチンの線維が形成される（図5.30）．フィブロネクチンはインテグリンと結合するドメインと，コラーゲン，グリコサミノグリカン，フィブリンなどの細胞外マトリックスと結合するドメインを併せもっている．フィブロネクチン分子内に存在するアルギニン-グリシン-アスパラギン酸の配列（RGD配列）が，インテグリンとの結合に関与することが明らかになっている．フィブロネクチンは細胞の形態変化，細胞の移動，血液凝固，創傷治癒などにも関与することが知られている．

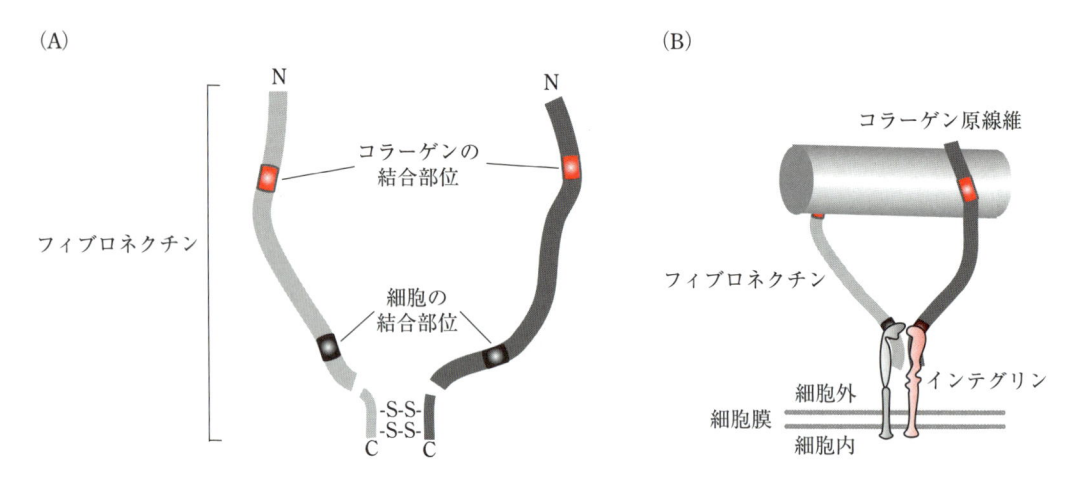

図 5.30　細胞のフィブロネクチンを介した細胞外マトリックスとの結合
(A) フィブロネクチンは二量体を形成しており，分子内にコラーゲンの結合部位，ならびに細胞結合部位をもつ．(B) インテグリン分子を介して，細胞とコラーゲン原線維が結合する．

5.6.4　ラミニン

ラミニン laminin は，ほぼすべての組織に存在する細胞外マトリックスタンパク質のファミリーである．その構造はコラーゲンのように3つのサブユニットがらせん構造をしたヘテロ三量体の巨大なタンパク質（＞100 kDa）で十字架型の構造をしている．ラミニンはIV型コラーゲンと重合してシート状の構造に組み立てられ，このシートをつなぐ役割を後述するプロテオグリカンが果たしている．このようにして形成された層状の構造体を基底層あるいは**基底膜 basal lamina** といい，インテグリンを介して細胞に接着し，組織全体に張力を与えている（図 5.27）．基底膜は細胞外マトリックスからなる薄い膜であって，細胞膜を形成している脂質二重膜とは異なる．

5.6.5　ビトロネクチン

ビトロネクチン vitronectin は可溶性の比較的小さな糖タンパク質で，血漿中を循環する細胞外マトリックスである．主に肝臓で合成され直接血液中に分泌される．ビトロネクチンはコラーゲン，インテグリン，血液凝固因子，および細胞外プロテアーゼなど多種類のタンパク質に結合できる．ビトロネクチンは血小板のインテグリンを介して結合し，組織損傷部位に血小板を動員するために重要な働きをする．

5.6.6 プロテオグリカン

プロテオグリカン proteoglycan はコアになるタンパク質に**グリコサミノグリカン glycosaminoglycan（GAG）**と呼ばれる直鎖状の多糖類が共有結合した複合体の総称である（図 5.31）．プロテオグリカンのコアタンパク質は 40 種類以上の存在が知られており，一般的な糖タンパク質とは付加する糖の種類，配置が大きく異なっている．コアタンパク質とグリコサミノグリカンとの結合は，図 5.32 にあるようにコアタンパク質のセリン残基に連結部四糖を介して連結されている．

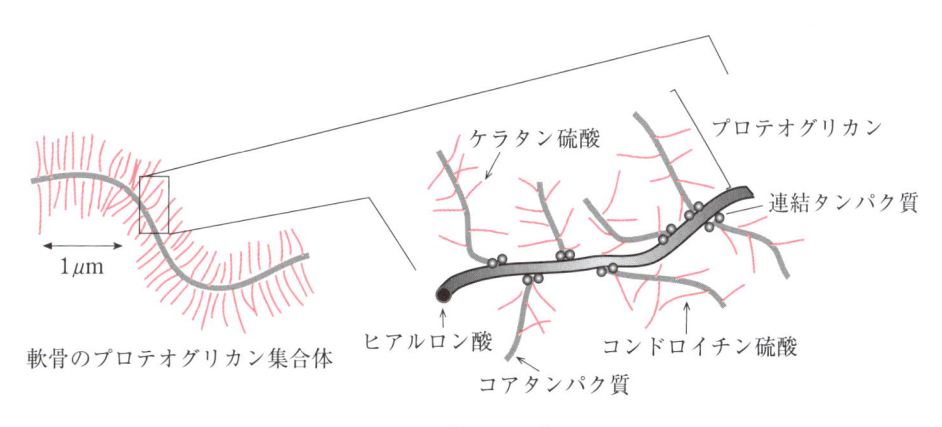

図 5.31 プロテオグリカン

軟骨には，ヒアルロン酸にプロテオグリカン分子が連結タンパク質を介して結合した巨大分子が存在する．

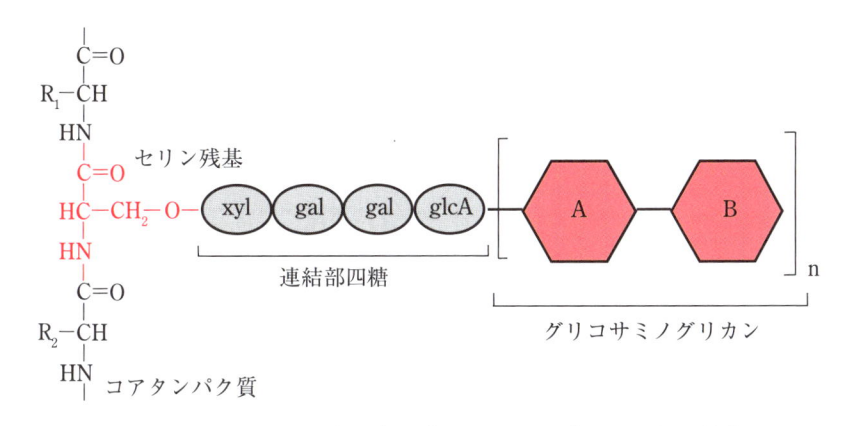

図 5.32 コアタンパク質とグリコサミノグリカンとの結合

グリコサミノグリカンは 100 前後の 2 糖の繰り返し構造をもつ．xyl；キシロース，gal；ガラクトース，glcA；グルクロン酸．

表 5.4　グリコサミノグリカン

グリコサミノグリカン	繰り返し二糖類 (A-B)$_n$ A	B	タンパク質への結合	分布する組織
ヒアルロン酸	D-グルクロン酸	N-アセチル-D-グルコサミン	−	各種の結合組織，皮膚，ガラス体，軟骨，滑液
コンドロイチン 4-硫酸	D-グルクロン酸	N-アセチル-D-ガラクトサミン	+	軟骨，角膜，骨，皮膚，動脈
コンドロイチン 6-硫酸	D-グルクロン酸	N-アセチル-D-ガラクトサミン	+	角膜，骨，皮膚，動脈
デルマタン硫酸	D-グルクロン酸またはL-イズロン酸	N-アセチル-D-ガラクトサミン	+	皮膚，血管，心臓，心臓弁膜
ヘパラン硫酸	D-グルクロン酸またはL-イズロン酸	N-アセチル-D-グルコサミン	+	肺，動脈，細胞表面
ヘパリン	D-グルクロン酸またはL-イズロン酸	N-アセチル-D-グルコサミン	+	肺，肝臓，皮膚，マスト細胞
ケラタン硫酸	D-ガラクトース	N-アセチル-D-グルコサミン	+	軟骨，角膜，椎間板

　主なプロテオグリカンとしては，シンデカン，グリピカン，デコリン，アグリカンなどが知られている．プロテオグリカンを構成するGAGは，表5.4に示すようなアミノ糖とウロン酸からなる二糖が10～100個繰り返し結合した多糖類である．GAGはコンドロイチン硫酸，ヘパラン硫酸，デルマタン硫酸，ケラタン硫酸のような硫酸化糖のみならず酸性糖も含むので，高度に負に荷電している．そのため，Na$^+$を代表とする陽イオンを引き寄せ，結果的に水分子を周囲に配置することとなるためゲル状になる．この構造が細胞の水和状態を維持し，組織にかかる圧力を軽減するクッションの役割をしている．

　ヒアルロン酸は，コアタンパク質とは直接結合せず，連結タンパク質を介して他のプロテオグリカンと巨大な複合体を形成する点で他のGAGとは大きく異なる．また，ヒアルロン酸は硫酸化糖をもたないが，酸性糖を含むので負に帯電し，陽イオンと水分子を周囲に配置するため，クッションとして働き物理的な力を吸収できるので支持組織に豊富に存在する．

　プロテオグリカンやヒアルロン酸は，栄養分子や老廃物の拡散を促進するだけでなく，分泌タンパク質の活性に関与する．線維芽細胞増殖因子やTGF-β などはプロテオグリカンに結合することによって，細胞間シグナル伝達を制御している．

第6章

細胞分裂と増殖

到達目標

- 細胞の増殖，分裂，染色体，遺伝子複製の機構を説明できる．

序　細胞分裂と増殖

　細胞分裂とは，1つの細胞が2個以上の細胞に増える生命現象である．単細胞原核生物の大腸菌から多細胞真核生物のヒトまで，すべての生物の細胞は分裂により増殖する．単細胞原核生物では細胞分裂は個体の増殖である．一方，多細胞生物は細胞分裂によって細胞数を増加させ組織や個体を形成する．ヒトでは，たった1つの受精卵が細胞分裂による増殖と成長を繰り返し，約60兆個の細胞にまで増え成人の体を形成する．

　細胞分裂は，生殖細胞が配偶子を形成するための減数分裂と，生殖細胞以外の細胞（体細胞）が2つの細胞に分裂するために行う体細胞分裂に大別でき（図6.1），いずれも紡錘体の紡錘糸（動原体微小管）を利用する有糸分裂である．真核生物の体細胞分裂の過程は，核分裂と細胞質分裂の2つの過程からなる．一般に真核細胞では，細胞分裂に先立って細胞の構成成分が倍加したのち，核の分裂が起こり次に細胞質分裂が進む．体細胞分裂では，1個の母細胞から母細胞と同じ染色体をもつ2個の娘細胞ができる．つまり，体細胞分裂では分裂後の細胞の染色体数は変わらない．一方，生殖細胞が減数分裂により卵子や精子などの配偶子へと分化すると，その染色体数は半減する．

　増殖する細胞は細胞分裂の前に，DNAを複製する期間（S期）や，細胞分裂のための装置などをつくる準備期間（G_2期）がある．また，細胞分裂後は，細胞内で多くのタンパク質や核酸の合成が行われ，細胞内の代謝が活発になる成長期間（G_1期）がある．このように，細胞はDNA複

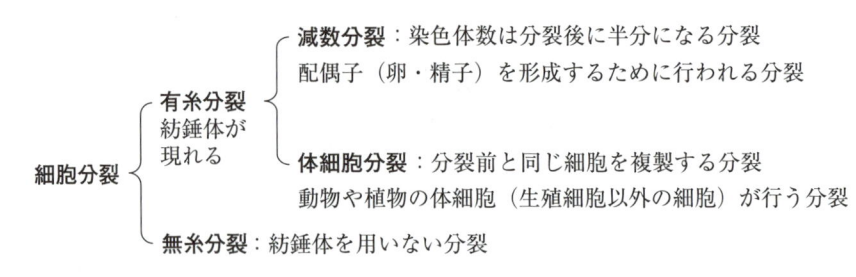

```
                    ┌ 減数分裂：染色体数は分裂後に半分になる分裂
           ┌ 有糸分裂 │      配偶子（卵・精子）を形成するために行われる分裂
           │ 紡錘体が │
細胞分裂 ──┤ 現れる  │ 体細胞分裂：分裂前と同じ細胞を複製する分裂
           │        └      動物や植物の体細胞（生殖細胞以外の細胞）が行う分裂
           │
           └ 無糸分裂：紡錘体を用いない分裂
```

図 6.1　生物が行う細胞分裂

製期，分裂準備期，細胞分裂期，成長期と，それぞれ特徴的なステージを経過しながら増殖し，この過程を細胞周期という．細胞分裂を行うステージは M 期といい，前述の核分裂と細胞質分裂に分けられる．細胞分裂の後，新しく誕生した娘細胞は新たな周期の G_1 期へと移行し，成長と次の細胞分裂の準備を行う．DNA の複製ステージである S 期は遺伝情報の複製のための重要なイベントである．DNA の複製は，DNA ポリメラーゼにより一本鎖 DNA を鋳型として，新しい DNA 鎖を合成する．DNA 複製により新しく複製された DNA と元の DNA は細胞分裂において 2 つの娘細胞に分配され，細胞は遺伝情報を受け継いでいく．このように細胞は，細胞周期を M 期→ G_1 期→ S 期→ G_2 期→ M 期と移行しながら，細胞分裂と成長を繰り返す．本章では，これらの遺伝子複製，細胞分裂，細胞周期，染色体など，細胞増殖に必要な仕組みについて学んでいく．

6.1　遺伝子の複製

遺伝情報をもつ DNA はどのような仕組みで複製され，新しく生まれる細胞へと受け継がれるのだろうか．また，タンパク質合成において DNA の遺伝情報はどのように伝わるのか．A, G, C, T のたった 4 種類の核酸塩基で 20 種類のアミノ酸をいかに指定するのか．このような遺伝情報の流れは，セントラルドグマ（第 1 章 p.11 を参照）とも呼ばれる．セントラルドグマにおい

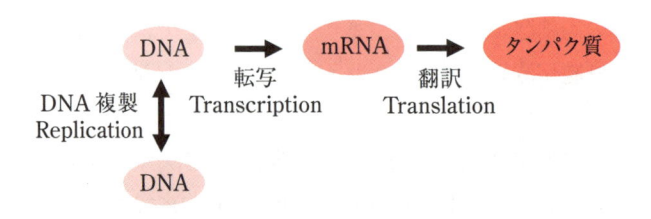

```
       DNA  ──転写──→  mRNA  ──翻訳──→  タンパク質
        ↕ DNA複製      Transcription      Translation
          Replication
       DNA
```

図 6.2　生物における遺伝情報の流れ

て，生物の遺伝子発現は遺伝情報が DNA から RNA に伝達され（転写），さらにタンパク質への変換（翻訳）と遺伝情報は流れる（図 6.2）．一方で，細胞分裂により細胞から細胞へ受け継がれる遺伝情報の伝達は DNA 複製により行われる．

6.1.1 DNA 複製

　染色体の DNA は 4 種類の核酸塩基が直線状に並んだ構造をしており，これら 4 種類の核酸塩基の並び順（塩基配列）が遺伝情報の本体となる．細胞分裂の際の母細胞から娘細胞への遺伝情報の受け渡しは，DNA の複製によって行われる．DNA の複製反応では，DNA ポリメラーゼにより一本鎖 DNA を鋳型として，鋳型 DNA に相補的な 4 種類のデオキシリボヌクレオチド三リン酸（デオキシアデノシン三リン酸：dATP，デオキシグアノシン三リン酸：dGTP，デオキシシチジン三リン酸：dCTP，デオキシチミジン三リン酸：dTTP）を原料として新生 DNA（娘鎖 DNA）を合成する．また，DNA の塩基対はアデニン（A）にはチミン（T）が，グアニン（G）にはシトシン（C）が必ず対をなす．細胞分裂に先立って DNA 複製により細胞内の DNA 量は倍加し，新しく複製された DNA と元の DNA は細胞分裂において 2 つの娘細胞に分配され，遺伝情報が受け継がれていく．そして DNA 複製の過程であるが，次の順序で進行する．まず始めに，複製される親鎖の二本鎖 DNA はその二重らせん構造をほどき 2 本の一本鎖 DNA となる．この 2 本の親鎖 DNA は鋳型となり，それぞれの鋳型 DNA 鎖に対応する新たな一本鎖 DNA が合成される．最後に，新旧の DNA 分子が対になって再び二重らせんを形成して娘鎖 DNA が完成する．このように，2 本ある親鎖 DNA の 1 本は，必ず娘鎖 DNA に受け継がれる．つまり，娘鎖 DNA は親鎖の一本鎖 DNA と新しい一本鎖 DNA の両方をもつことから**半保存的複製 semiconservative replication** と呼ばれる．なお，DNA 複製過程は開始，伸長，成熟，終結に分けることができ（実際の複製において，これらの過程は同時に進行している），以下にその仕組みについて解説する．

a DNA 複製開始と複製フォーク

　DNA 複製が開始されるためには，二本鎖 DNA が巻き戻されなければならない．この二本鎖 DNA が巻き戻される最初の部位を**複製起点**という（図 6.3）．ゲノム DNA を 1 つの環状 DNA としてもつ細菌の場合，その長い DNA 鎖のなかに特徴的な DNA 領域（A–T 塩基に富む塩基配列）の複製起点（ori C）が 1 か所存在し，ここから DNA 複製が開始され，**複製フォーク replication fork** が形成される．複製フォークとは，DNA 二重らせんがほどけ二本鎖 DNA の水素結合が解離して DNA 複製が進行する部位を意味する．DNA の二本鎖は直線的な構造ではなくらせん構造をとり，さらに DNA の二本鎖間は水素結合で結ばれている．そこで，複製フォークを形成するためにトポイソメラーゼ（DNA ジャイレース）が DNA 鎖を切断し再結合させることで二本鎖 DNA のらせん構造（ねじれの構造）を解消する（図 6.4）．次に，ヘリカーゼが二本鎖 DNA 間の水素結合を切断することで，二本鎖 DNA は 2 本の一本鎖 DNA へとほどかれる．ほどかれた一本鎖 DNA

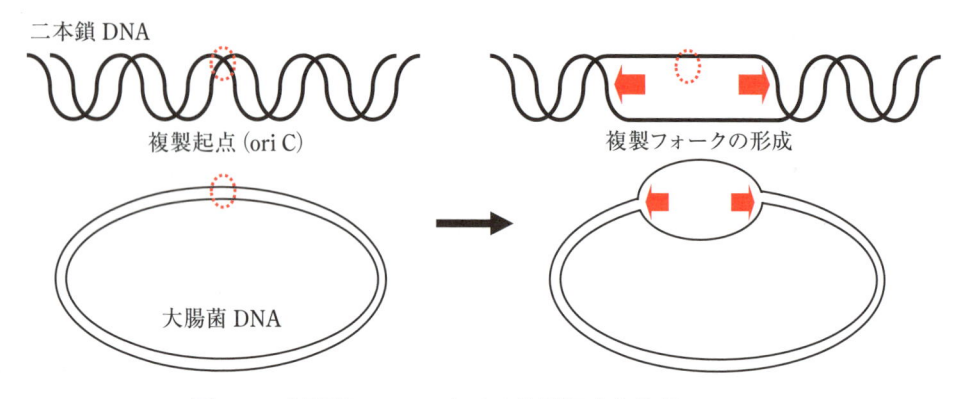

図 6.3　大腸菌 DNA における複製起点と複製フォーク

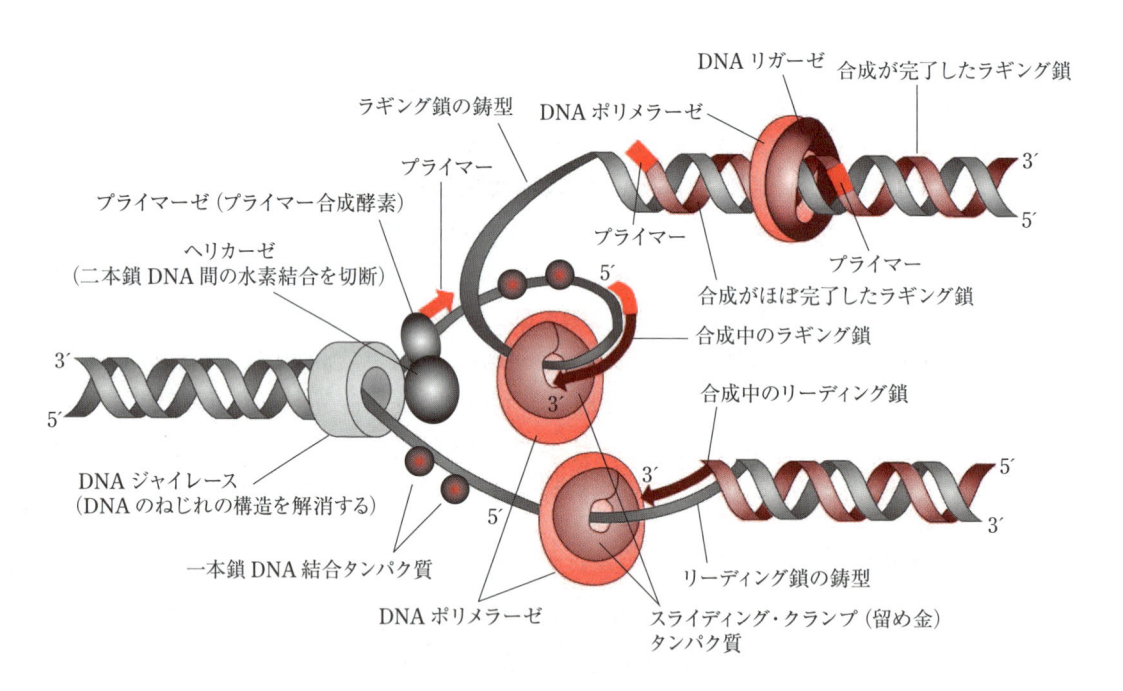

図 6.4　DNA の複製に関わる酵素

には一本鎖 DNA 結合タンパク質が結合し，DNA が二本鎖へ戻ることを防ぐ．
　なお，DNA 複製のための二本鎖 DNA 巻き戻しは複製起点から一方の方向にのみ進むのではなく，両方向へと進行する．1 つの複製起点によって巻き戻しが及ぶ範囲を複製の単位とし，これを**レプリコン replicon** と呼ぶ．レプリコンは大腸菌などの原核細胞の染色体には 1 つしかないが，真核細胞の場合は複数存在する．

b DNAの伸長

　DNA複製の中心となる酵素は，**DNAポリメラーゼ**（DNA依存性DNAポリメラーゼとも呼ばれる）である．DNAポリメラーゼはDNA（親鎖DNA）を鋳型として，相補的な4種類のデオキシリボヌクレオシド三リン酸（dNTP）を新生DNA（娘鎖DNA）の3′末端のOH基に結合させ，娘鎖DNAを伸長させる．つまり，DNAポリメラーゼは親鎖DNAを3′→5′の方向に読み取り，新しくつくられるDNAは5′→3′の方向でしか合成されない．なお，DNAポリメラーゼによる複製開始には複製開始部分の親鎖に相補的な短いRNA断片が前もって結合していることが必須となる．この短いRNA断片を**プライマー**といい，RNAポリメラーゼの一種であるプライマーゼによってつくられる．RNAポリメラーゼはDNAポリメラーゼと異なり，プライマーを必要とせずに鋳型DNAに対して相補的な10ヌクレオチド程度のオリゴヌクレオチド（RNAプライマー）を合成することができる．このRNAプライマーを起点としてDNAポリメラーゼが鋳型DNAに相補的なヌクレオチドを順次付加させDNA鎖の伸長が起こる．

c リーディング鎖とラギング鎖

　DNAの二本鎖は必ず互いが逆を向いて二本鎖構造をとる．これはDNAの複製途中でも変わらない．また，DNAポリメラーゼは鋳型DNAを3′→5′の方向に進みながら，相補鎖DNAを5′→3′の方向へと複製していく．ここで，図6.5で示した複製フォーク内に注目すると，新たに合成される2本の娘鎖DNAの伸長の様式と方向の違いを見つけることができる．DNAのらせん構造がほどけていく部位，つまり複製フォークの進行方向に向かってDNA合成が伸びていく娘鎖DNAを**リーディング鎖 leading strand** と呼び，もう一方のリーディング鎖の伸長方向と逆に伸びる娘鎖DNAを**ラギング鎖 lagging strand** と呼ぶ．DNAポリメラーゼは娘鎖DNAを5′→3′の方向にしか複製できないので，ラギング鎖は複製フォークとは逆に伸び，図に示されたとおり不連続に伸長する．このことから，ラギング鎖の複製様式を不連続複製 discontinuous replication という．

　ラギング鎖はリーディング鎖に比べて合成開始のタイミングと合成スピードは遅くなる．ラギング鎖の伸長は複製フォークの進行方向と逆なので，複製フォークがある程度進んだところでDNAポリメラーゼは複製起点側に引き返し5′末端側から娘鎖DNAの合成を行う．この結果，約100ヌクレオチドからなる短い複数のDNA断片が不連続に合成される．なお，このDNA断片は**岡崎フラグメント Okazaki fragment** と呼ばれる．そして，最後に，DNAポリメラーゼがもつ5′→3′エキソヌクレアーゼ活性によるRNAプライマーの除去とDNAポリメラーゼによる隙間の埋め合わせとDNAリガーゼにより，DNA断片間がつなぎ合わされる．

d DNAポリメラーゼ

　大腸菌のDNAポリメラーゼには3種類あり（ポリメラーゼⅠ，Ⅱ，Ⅲ），表6.1にそれぞれの働きを示す．なお，DNA複製の主役はDNAポリメラーゼⅢである．また，DNAポリメラーゼ

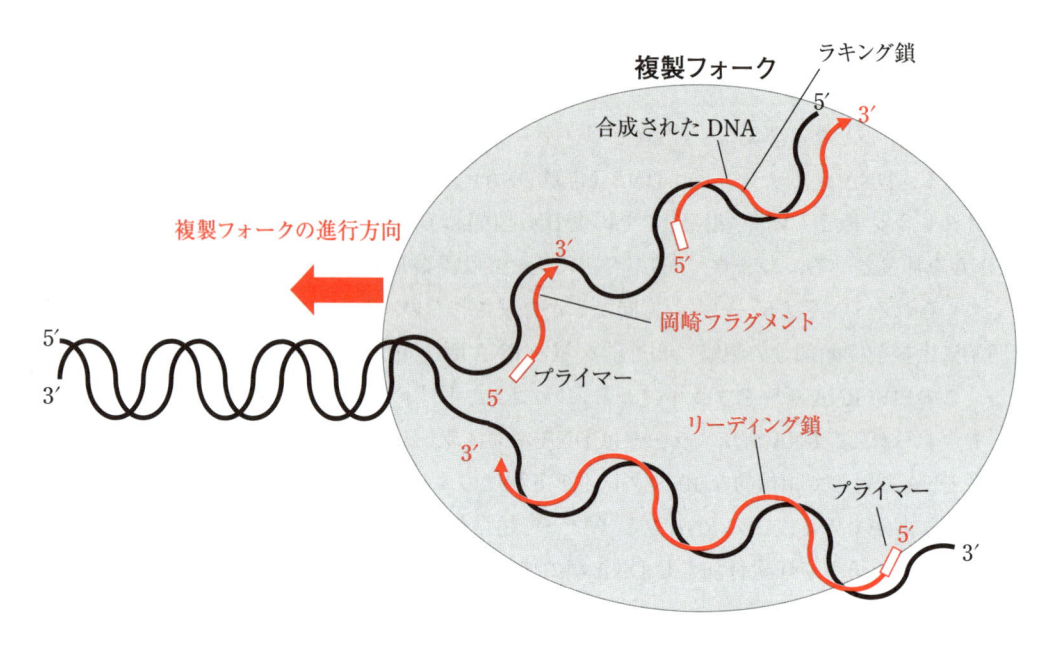

図 6.5　複製フォークと DNA の不連続複製

のなかにはDNAを 3′→5′ 方向に分解する活性（エキソヌクレアーゼ活性）を合わせもち，この活性はDNA複製の校正に活用される．DNAポリメラーゼは 3′→5′ エキソヌクレアーゼ活性により，5′→3′ の方向でDNAを合成途中であっても，間違った塩基を結合させると逆向き（3′→5′）の方向で間違えて合成した塩基をはずし，再び 5′→3′ の方向で正しいDNAを合成することができる．一方，DNAポリメラーゼⅠの 5′→3′ エキソヌクレアーゼ活性は，ラギング鎖のRNAプライマーを除去するのに利用される．

表 6.1　大腸菌の DNA ポリメラーゼ

性　質	Ⅰ	Ⅱ	Ⅲ
構造遺伝子	*polA*	*polB*	*polC*
分子量（kDa）	103	90	130
分子数/細胞	400	100	10〜20
合成速度（NTP/秒）	10〜20	1〜5	250〜1,000
合成活性（5′→3′）	+	+	+
分解活性（3′→5′）	+	+	+
分解活性（5′→3′）	+	−	−

表 6.2 真核細胞の DNA ポリメラーゼ

真核細胞の DNA ポリメラーゼ		α	β	γ	δ	ε
性質	局在	核	核	ミトコンドリア	核	核
	サブユニット	4	1	2	2	?
	合成活性：$5' \to 3'$	+	+	+	+	+
	分解活性：$3' \to 5'$	−	−	+	+	+
	分解活性：$5' \to 3'$	−	−	−	−	−
合成必要要素	RNA プライマー	+	−	−	+	?
	DNA プライマー	+	+	+	+	+
	プライマーゼの結合	+	−	−	−	−

　真核細胞では，DNA ポリメラーゼ α，δ，ε が DNA 複製に関与する酵素である（表6.2）．α は核 DNA の複製開始反応とプライマー合成に関与する．δ はラギング鎖とリーディング鎖の伸長を，ε はリーディング鎖の伸長を行う．β は DNA 修復に関与して γ はミトコンドリア DNA の複製と修復を行う．なお，真核生物の DNA ポリメラーゼは $5' \to 3'$ エキソヌクレアーゼ活性をもたないためプライマーの除去ができず，プライマーの除去にはリボヌクレアーゼなどの酵素を必要とする．

e 終結

　DNA 複製過程の終結の前に，ラギング鎖の合成が進行し，先に合成された岡崎フラグメントの RNA プライマーまで進むと，リボヌクレアーゼや大腸菌の DNA ポリメラーゼ I により RNA プライマーを除去しながら，できた間隙をポリメラーゼがデオキシリボヌクレオチドでふさいでいく．最後に不連続合成された DNA 断片を DNA リガーゼがつなぎ合わせて反応が終了する．このような上記の DNA 伸長過程はレプリコンの終わりまで続く．レプリコンの終わり，すなわち複製終結点に複製フォークがたどり着いたとき，DNA 複製に係わるタンパク質複合体が DNA から乖離することで DNA 複製は完了する．真核生物の染色体の端には，塩基配列のくり返し構造をもつテロメアと呼ばれる部分が存在し，細胞が分裂するたびに少しずつ短くなる．細胞分裂をくり返しテロメア部分がなくなると，細胞はそれ以上分裂できなくなる．テロメラーゼはテロメアを修復する酵素で，生殖細胞，がん細胞など限られた細胞で発現している．

コラム　DNA 合成阻害薬と抗がん薬

DNA 合成阻害活性をもつ化合物は抗がん薬（抗腫瘍薬）として用いられている．増殖していない正常細胞と異なり，がん細胞は無限に増殖するため頻繁な DNA 複製が必要となる．そのため，DNA 合成阻害化合物は正常細胞には影響を与えずに，がん細胞に毒性を示す．また，正常細胞と比較して，がん細胞は細胞内の代謝やタンパク質合成が盛んなので RNA 合成阻害薬やタンパク質合成阻害薬も抗がん薬になりうる．ただし，正常細胞であっても造血幹細胞や肝細胞は増殖するので（DNA 合成を行うので）抗がん薬に感受性をもつ．そのため，抗がん薬は多くの副作用も示す．代表的な抗がん薬を図 6.6 に示した．

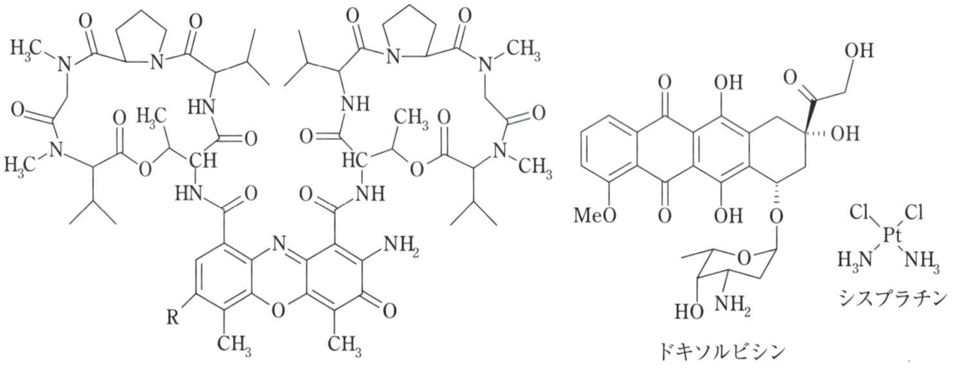

図 6.6　抗がん薬の構造

アクチノマイシン D actinomycin D：放線菌が産生するポリペプチド系の抗生物質である．ペプチド配列の違いにより 20 種以上の類似化合物があるが，特に，アクチノマイシン D は抗がん薬として利用されている．アクチノマイシンは，がん細胞の二本鎖 DNA に結合することで，DNA 依存性 RNA ポリメラーゼの阻害による転写抑制を行う．また，高濃度では DNA 依存性 DNA ポリメラーゼ阻害による DNA 複製の抑制により抗腫瘍活性を示す．

ドキソルビシン doxorubicin：アントラサイクリン系の抗腫瘍性抗生物質である．がん細胞の DNA の塩基対間に挿入し，DNA 依存性 DNA ポリメラーゼ，DNA 依存性 RNA ポリメラーゼ，トポイソメラーゼⅡを阻害することで DNA と RNA 合成を抑制する．また，DNA 鎖切断活性を有し，悪性リンパ腫の CHOP 療法（シクロホスファミド＋ドキソルビシン＋ビンクリスチン＋プレドニゾロン）をはじめとして，抗がん薬による化学療法の代表薬として広く利用されている．

シスプラチン cisplatin：白金（プラチナ）を含む錯体の抗がん薬である．錯体の中心金属は白金，配位子はアンミンと塩化物イオンであり，DNA の構成塩基であるグアニンやアデニン塩基の 7 位の N に結合する．シスプラチンがもつ 2 つの塩素原子で DNA と結合するため，DNA 鎖内には架橋が形成され，がん細胞の DNA 合成を阻害する．現在の抗がん薬治療で中心的な役割を果たすが，腎毒性や骨髄抑制などの強い副作用も示す．

6.1.2 DNAの損傷と修復機構

a　DNAの損傷

　DNAは様々な環境要因（紫外線，DNA塩基修飾化合物，DNA結合化合物など）やDNAポリメラーゼによるDNA複製ミスによるDNA分子の損傷を受けている．DNAの損傷は1日1細胞当たり数十万回も発生するといわれている．これら **DNA損傷** は，細胞のもつ遺伝情報の変化あるいは損失をもたらし，DNAにコード化されている遺伝情報を大きく変化させることで発現するタンパク質の構造や機能に重大な影響を与え，細胞だけでなく生物の個体の生存をも危うくする．このような，DNAの損傷や変異に対して，生物には **DNA修復** を行う機能が備わっており，これらをDNA修復機構と呼ぶ．また，DNA修復機能の加齢に伴う低下や，化学物質の大量暴露などDNA修復がDNA損傷の発生に追いつかなくなると，細胞は，下記の3つの運命を辿ることになる．① 老化（細胞老化）と呼ばれる，不可逆な休眠状態に移行し増殖を停止する．② アポトーシスによる細胞死が起こる（アポトーシスの項 p.236 を参照）．③ 正常な遺伝情報が失われ，細胞はがん化する．現実の生体内では，ほとんどの細胞が細胞老化の状態に達するが，修復できないDNAの損傷が蓄積した細胞ではアポトーシスが起こる．ここで，DNAの損傷を受けた細胞がアポトーシスにより生体から排除できなければ，DNA損傷を受けた細胞はがん化し，個体全体が生命の危険にさらされることになる．つまり，アポトーシスは真核細胞が有するDNAの損傷を娘細胞に引きつがないための最後の砦といえる．

　なお，DNA損傷の原因は，以下のように分類することができる．

1. 正常な代謝に伴うもの（DNAポリメラーゼの不正なヌクレオチド導入によるDNA複製ミス，活性酸素によるDNA傷害などの細胞性因子に起因するものなど）
2. 環境由来のもの（紫外線照射，X線やγ線といった電磁波，タバコの煙に含まれるベンゾピレンなどの変異原性物質，抗がん薬など）

　このようなDNA損傷の原因因子により，どのようなDNAの損傷が起こるのだろうか．DNAの損傷の種類についてはDNAの二重らせんといった立体構造よりもDNAの塩基配列に影響を与えるものが多い．DNAの複製において，DNAポリメラーゼがミスをすると娘DNA鎖上に不正な塩基が編み込まれ，塩基の不正対合が起こる．環境由来によるDNA損傷では，DNA分子の塩基は酸化やメチル化を起こし，紫外線ではDNA分子内でチミン二量体の形成が起こる．また，放射性物質や酸化的フリーラジカルによるDNAの鎖切断もDNA損傷に含まれる．このような損傷を受けたDNAの複製により，損傷を受けた側のDNAはこの不正となった塩基の対を"正式に"DNAの中に導入する．この正式に組み込まれた"不正"な塩基対は次の世代の細胞で固定され，変化したDNA配列として永久に保存される．この配列の変化が突然変異の原因である．

b DNAの修復機構

真核生物はDNA損傷において，様々なDNA修復の機構を有している．例えば，DNAの修復酵素による損傷DNAの直接的な修復である．修復酵素のメチルグアニンメチル基転移酵素はメチル化されたグアニンからメチル基を除去する．また，光回復酵素photolyaseは，紫外線照射などにより生じたピリミジン二量体の単量体への開裂と復元を行う．この他，DNA損傷部分を含む数塩基をまとめて除去・修復する機構（除去修復機構）も生物は備えている（図6.7）．例えば，紫外線照射によりピリミジン二量体が生成した場合，エンドヌクレアーゼが損傷塩基を含めた周囲のヌクレオチドを切断・除去してDNAポリメラーゼが正しいヌクレオチドで埋め戻し，最後にDNAリガーゼにより修復合成されたDNAは元の鎖と連結する．このようなDNA損傷の除去修復機構により，DNAの正常性は保たれる．

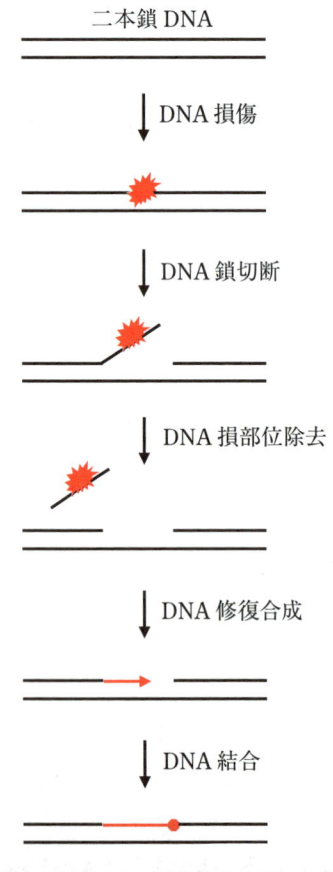

図6.7 DNA損傷部位の除去修復

6.1.3　DNAの組換え（相同組換え）

生物の進化の過程にDNAの再編成，すなわち，**DNAの組換え**は必須な仕組みといえる．

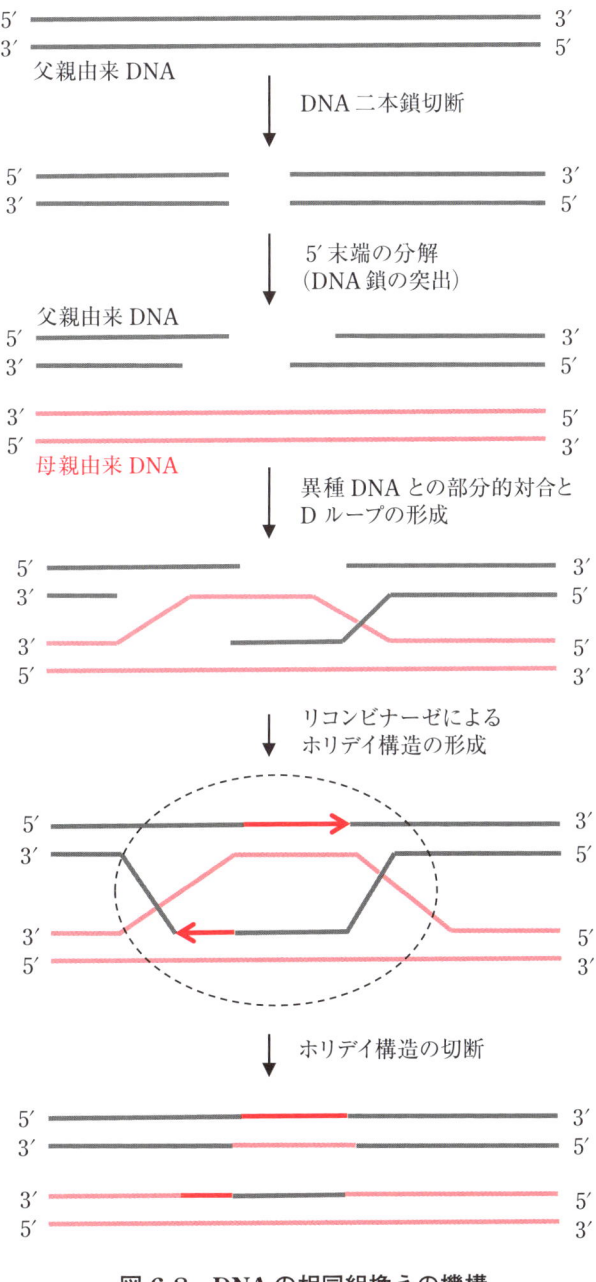

図6.8　DNAの相同組換えの機構

DNA の組換えとは，長い DNA 鎖のある領域が切断と再結合により，他の DNA 鎖の一部の領域が組み込まれること（部分的交換）を意味する．DNA の組換えには，**相同組換え**，部位特異的組換え，非相同組換えなどが知られている．特に，相同組換えは減数分裂の過程における染色体の乗換えに伴って行われ，母親と父親由来の 2 種類の DNA 二本鎖の相同性のある領域が互いに交差し，DNA の組換えを行う．つまり，相同組換えは次世代を引き継ぐ配偶子に遺伝的多様性を与える重要なシステムであるといえる．さらに，この相同組換えは，電離放射線による DNA 鎖切断やリーディング鎖の複製中に起こる DNA の二本鎖切断の修復にも深く関わっている．図 6.8 に相同組換えの機構を図示した．相同組換えの開始には，エンドヌクレアーゼや電離放射線による DNA 二本鎖切断の発生とエキソヌクレアーゼによる切断部二本鎖の片方の DNA 鎖の突出が必要となる．次に，この一本鎖突出末端が相同する別の DNA と対合して D ループと呼ばれる DNA 構造が形成される．この突出末端を相同する別の二本鎖 DNA に潜り込ませ対合させる組換え反応（相同組換え）を触媒するのは，組換え酵素（**リコンビナーゼ**）と呼ばれる酵素である．大腸菌では RecA が，酵母を含む真核生物では RecA 類似タンパク質の Rad51 と呼ばれるリコンビナーゼが働く．このリコンビナーゼにより，分岐点移動という反応が起こり，相同な DNA 同士が一本鎖 DNA を交換し，異種 DNA との部分的対合が起こる．異種 DNA を鋳型として DNA 合成が進行し，最後に DNA の切断と異種 DNA との結合が起こり DNA の**乗換え**が終了する．この DNA の乗換えによって 2 つの異なる染色体由来の DNA のヘテロ二重鎖が形成される．この分岐点をはさんで異なる染色体の一本鎖が交差している組換えの中間体構造をホリデイ構造と呼ぶ．

6.2 細胞周期と細胞分裂

6.2.1 体細胞分裂

細胞分裂とは，1 つの細胞が 2 個以上の細胞に増える現象である．単細胞生物にとって，細胞分裂は個体の増殖と同じ意味をもつ．多細胞生物では細胞分裂によって細胞数を増加させ組織や個体を形成し，また生殖や造血など様々な生物現象に伴って細胞分裂が起こる．また，細胞分裂は厳密な制御機構によりコントロールされており，その異常は細胞のがん化と密接に関連する．

細胞分裂には，生殖細胞が配偶子を形成するための**減数分裂 meiosis** と，生殖細胞以外の細胞（体細胞）が 2 つの細胞に分裂するために行う**体細胞分裂 somatic cell division** がある（図 6.9）．いずれも紡錘体を利用する有糸分裂だが，減数分裂は有糸分裂の亜形なので有糸分裂に減数分裂を含めないことも多い．真核生物の体細胞分裂の過程は，**核分裂**（有糸分裂）と**細胞質分裂**

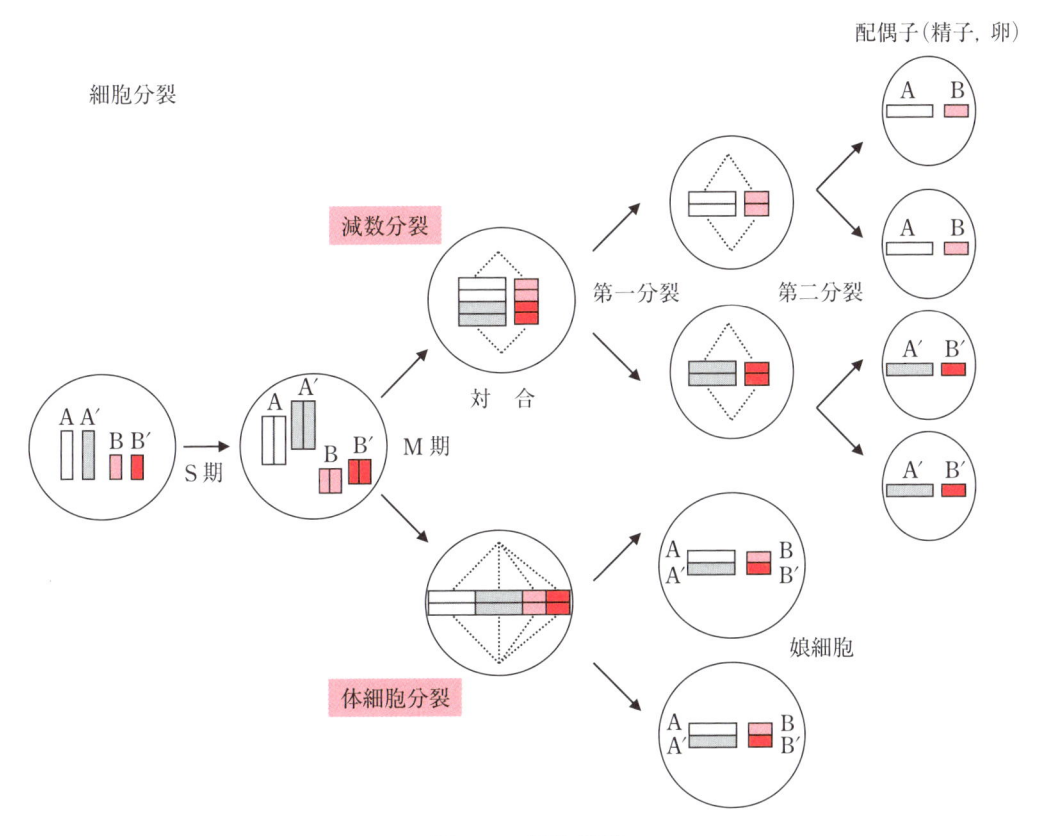

図 6.9　細胞分裂

仮想的な 2 つの染色体（A と B）は，DNA 複製と細胞分裂後にどのように分配されるのかを模式的に図示した．

cytokinesis の 2 つの過程からなる．一般に動物細胞や植物細胞の核分裂では，核膜が消失し細胞の赤道面上にクロマチンが凝集する（p. 60，図 3.3 参照）．この染色体が糸状の紡錘体（紡錘糸ともいう）によって 2 つに分配されることから，**有糸分裂 mitosis** という．真核細胞では，細胞分裂に先立って細胞の構成成分が倍加したのち核の分裂が起こり，次に細胞質分裂が進む．細胞分裂から次の細胞分裂までの過程を細胞周期（次項で解説する）と呼び，がん細胞や造血幹細胞などの増殖細胞では，細胞周期が進行し続け増殖を繰り返す．

　体細胞分裂では，分裂前の細胞と同じ染色体をもつ 2 個の細胞ができる．つまり，体細胞分裂では分裂後の細胞の染色体数は変わらない．一方，生殖細胞が減数分裂（第 8 章参照）により卵子や精子などの配偶子へと分化すると，その染色体数は半減する．このほか，受精卵が行う細胞分裂は卵割といわれ，区別されることもある．卵割は分裂後の細胞の染色体数は変わらない体細胞分裂ではあるが，細胞の成長を伴わない（分裂後も細胞は元の大きさにならない），また，分裂のスピードが速いなどの特徴がある．

6.2.2 細胞周期

細胞周期 cell cycle とは，これから分裂する細胞（親細胞）がDNAやオルガネラなどの細胞内構成因子を倍加させ，それを細胞分裂により2つの細胞（娘細胞）に分配するというプロセスである．細胞周期が一巡するのにかかる時間を世代時間といい，生物種によって大きく異なる．細胞周期は，**M期**（分裂期，M phase，mitotic phase ともいう）と**間期 interphase** に分けられる．M期は連続した2つの過程，核分裂（有糸分裂）と細胞質分裂で構成される（図6.10）．有糸分裂では細胞の染色体が2つの娘細胞に分かれ，細胞質分裂では細胞質が割れて2つの個別の細胞になる．一般的にヒトの細胞では細胞周期が一回りするのに，つまり1つの細胞が2つに倍加するのに21～24時間かかる．細胞分裂（M期）の後，それぞれの娘細胞は新たな周期の間期に入る．間期は G_1 期，S期，G_2 期と区分され，それぞれのステージにおいて細胞分裂を準備するための特有の生化学的プロセスが存在する．**G_1 期（Gap 1）** は分裂後の娘細胞が成長するための段階で，6～12時間費やされる．また，G_1 期では次のステージで必要となるDNA合成に必要な酵素が作られる．G_1 期を経た細胞は次の **S期（synthesis phase）** に移行し，DNAの複製（合成）を行う．なお，細胞分裂を停止する細胞はS期に移行せず，**G_0 期**と呼ばれる**静止期**に入る．6～8時間かけてS期を完了すると，細胞は G_2 期に移行する．**G_2 期**（3～4時間）は次の細胞分裂の準

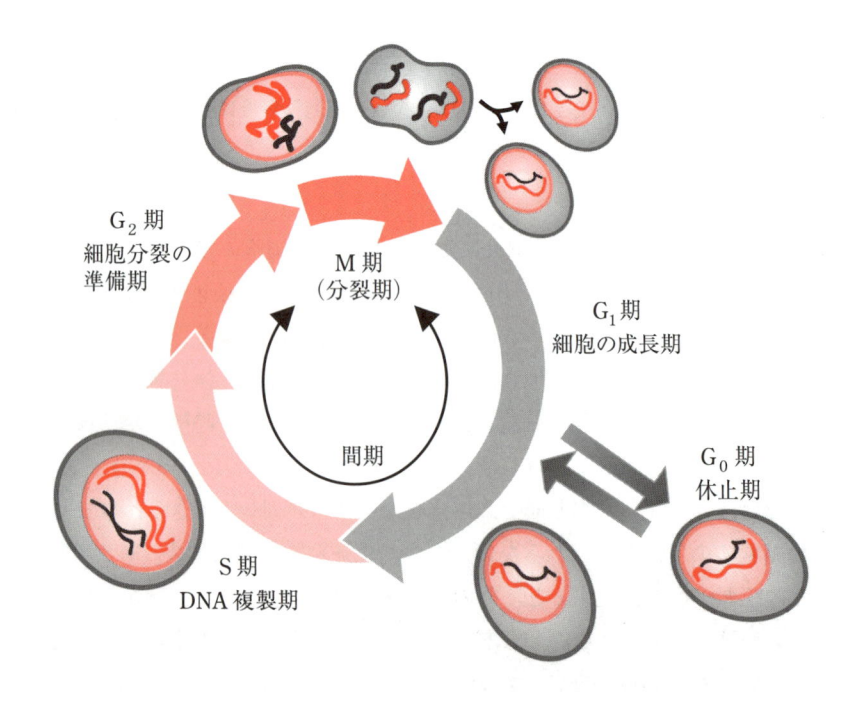

図 6.10 細胞周期

備期間であり，細胞内でのタンパク質の合成が増加する．次に，約1時間のM期の間に細胞は有糸分裂と細胞質分裂を行い2つの娘細胞に分裂する．このように増殖する細胞はG_1期→S期→G_2期→M期→G_1期というように細胞周期の各ステージを経て，細胞分裂を繰り返す．なお，細胞周期は常に一方向にしか進行しないので，S期からG_1期に逆に進むということは決してない．また，細胞周期の各ステージへの移行にはチェックポイントと呼ばれるゲートを通過しなければならない．増殖中の細胞の細胞周期は，このチェックポイント機構により次のステージに移行できるかどうかが検証され，不適なら細胞周期は停止し，修復を行うかアポトーシスを起こして消失する．

6.2.3　M　期

体細胞の細胞分裂期，つまりM期は有糸分裂mitosisと，それに続く細胞質分裂cytokinesisの2つのステップで進行する．有糸分裂中の細胞を光学顕微鏡で観察すると，凝集した染色体のドラスティックな変化を見ることができ，この染色体の動態に基づいて有糸分裂は前期，前中期，中期，後期，終期に分けることができる．

上述の細胞分裂の様式は動物細胞のものであるが，細胞分裂の様式は生物種によって大きく異なる．例えば，動物細胞ではM期に核膜は消失するが，出芽酵母などの菌類では細胞分裂で核膜は消失しない．また，細胞核をもたない原核生物の細胞は分裂により増殖する．さらに，有糸分裂の後に細胞質分裂が起こらず，1つの細胞に複数の核が存在する生物もいる．ショウジョウバエの胚発生段階の一部の細胞では有糸分裂と細胞質分裂が連続して起こらない．

次に動物細胞のM期（有系分裂の前期から細胞質分裂まで）の各過程を，染色体数が3本の仮想的な細胞のイラストにより説明する．

a　前期 prophase

有糸分裂の最初の段階である前期では，染色体の凝縮が始まり染色体は太く短いコイル状になる（図6.11）．これで染色体はからみつくことなく2つの細胞に分配される．それぞれの染色体はS期の間に複製されていて，姉妹染色分体と呼ばれる同じ遺伝情報をもつ2本の染色分体から成っている．核膜はまだ分解されていないが，ゴルジ体の構造は崩れ始める．間期につくられた2つの中心体は，モータータンパク質のキネシンの働きで離れていく．**中心体**は微小管形成中心microtubule organizing centre（MTOC）として機能し，中心体からチューブリンtubulinの重合体である微小管microtubuleの伸長が進み微小管が多方向に伸びていく．

b　前中期 prometaphase

前中期では核膜は崩壊し分解される（図6.12）．染色体の凝集が進行する．解離した2つの中心体は前中期で**紡錘体極**となり，そこから伸びた微小管（動原体微小管）が染色体の動原体に結合

1. 前期

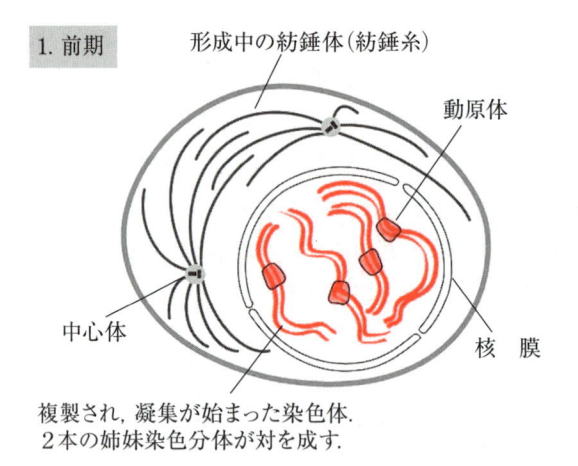

図 6.11　前期 prophase

することで**動原体微小管**となる．前中期の間に染色体は2つの極からの微小管と結合する．この動原体微小管は，重合，脱重合を繰り返し，結果として染色体は両極から等距離となる赤道面に移動する．また，前期から前中期にかけての染色体凝縮に伴い，姉妹染色分体間の接着は部分的に解除される（セントロメア付近の接着は解除を免れる）．この過程を，姉妹染色分体の分割といい，2本の姉妹染色分体の極性（染色体が2つの極のどちらかに移動する）が決まってくる．

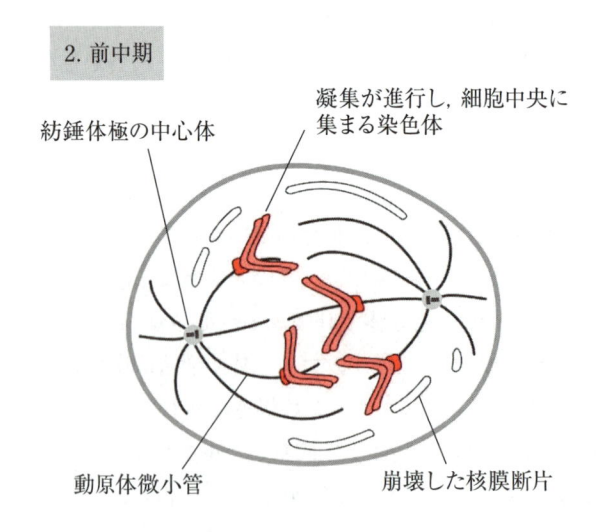

2. 前中期

図 6.12　前中期 prometaphase

c 中期 metaphase

中期では，すべての染色体は細胞の赤道面に沿って整列する（図 6.13）．この時期に紡錘体は完成する．ここで，姉妹染色体の各1セットが各々正しく紡錘体に結合しているかがチェックされる．これを紡錘体チェックポイント機構といい，不備がある場合には細胞周期は停止する．

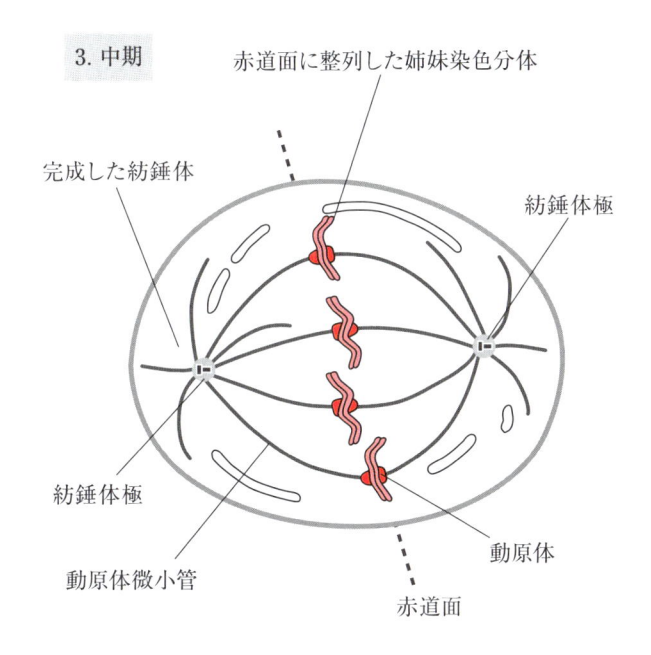

図 6.13 中期 metaphase

d 後期 anaphase

後期に入ると，姉妹染色分体をつなげていた動原体付近のタンパク質が切断され，姉妹染色分体間の接着は完全に解除される（図 6.14）．染色分体の分配は，動原体微小管が脱重合によって収縮することで行われる．対をなしていた姉妹染色分体は，それぞれの紡錘体極へと移動することで独立した娘染色体として分配される．また，2つの紡錘体極は外側に移動し離れていく．

e 終期 telophase

有糸分裂の最終段階である終期では，娘染色体が紡錘体極へと到達する（図 6.15）．また，分解されていたゴルジ体や核膜が再形成される．なお，新しい核膜形成には破壊されたゴルジ体や核膜成分も利用される．収縮していた娘染色体は分散を開始し，紡錘体の微小管は消失していく．また，次の細胞質分裂で細胞を2つに分けるための収縮環が形成され始める．

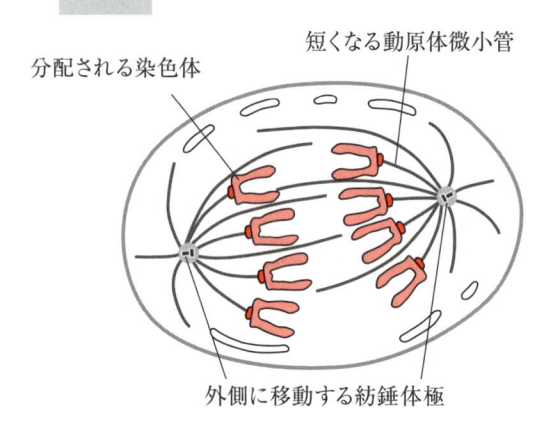

図 6.14　後期 anaphase

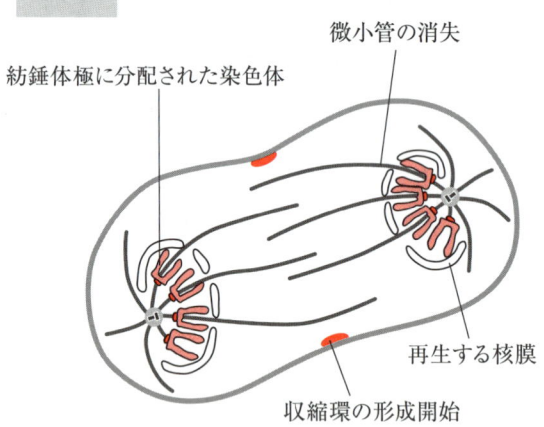

図 6.15　終期 telophase

f　細胞質分裂 cytokinesis

　細胞分裂の最後のステージとなる細胞質分裂は，有糸分裂の終期とオーバーラップし，終期の途中から開始される（図 6.16）．細胞質分裂は，細胞の赤道部がくびれることで始まる．アクチンとミオシンでできた収縮環が細胞質を絞り込み，分裂溝が形成され完全にくびれる．次に，収縮していた娘染色体は完全に脱凝縮し間期のクロマチン構造に戻る．また，紡錘体極を形成していた中心体を核として間期の微小管構造が再構築される．なお，植物細胞では赤道領域に細胞板（後に細胞壁となる）が形成されることにより細胞質分裂が起こる．

6.2 細胞周期と細胞分裂

6. 細胞質分裂

核膜の完成

脱凝縮する染色体

間期の微小管構造の復元

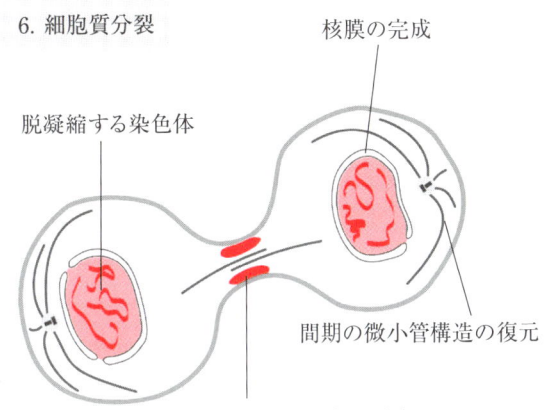

収縮環の収縮により分裂溝が形成される

図 6.16　細胞質分裂 cytokinesis

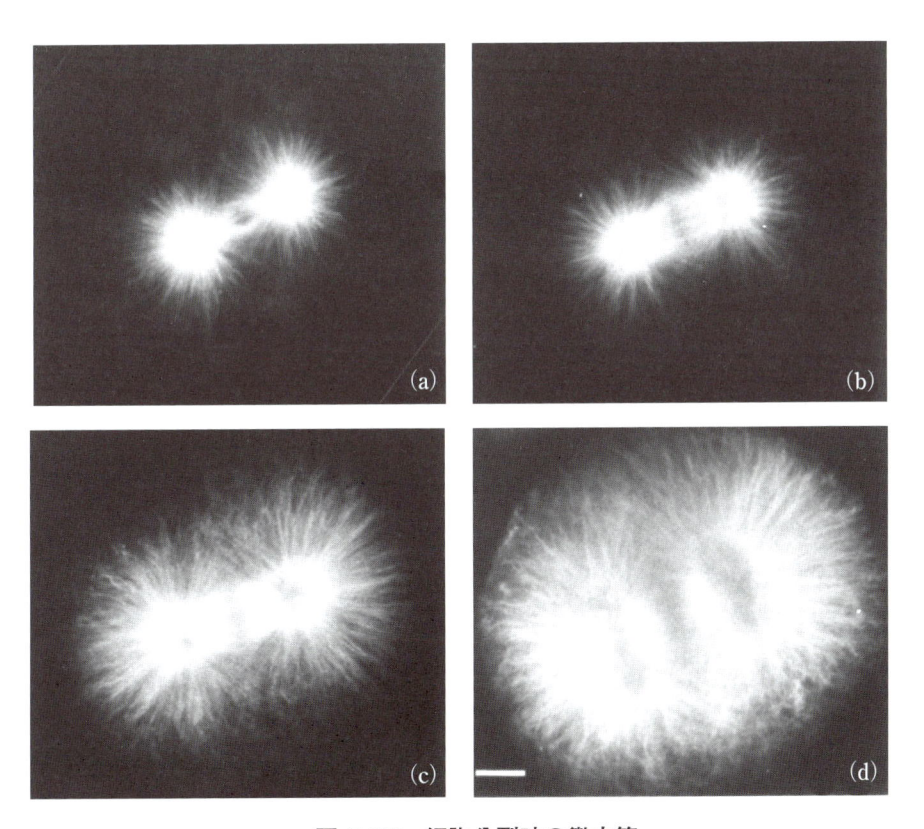

図 6.17　細胞分裂時の微小管

抗チューブリン抗体を用いた蛍光顕微鏡像．(a) 前中期，(b) 中期，(c) 後期，(d) 終期

6.2.4 間　期

　間期 interphase とは細胞周期の分裂期（M 期）以外の期間，つまり，細胞が分裂し誕生した娘細胞が再び有糸分裂を開始するまでの期間を指す．間期では細胞は，生合成，細胞外との物質の吸収と排出，遺伝子と細胞内小器官の複製，代謝などを行い成長する．間期は将来の細胞分裂のための準備期間ともいえる．間期では，核膜内にクロマチン（染色体）は凝集せず拡散した形で存在し，光学顕微鏡で核を観察すると核小体は少し暗いドット状に確認できる．間期は，G_1 期，S 期，G_2 期の 3 段階で進行する．各期間と間期全体にかかる時間は生物種や細胞の種類によって大きく異なる．一般に成体の哺乳動物の細胞では，間期は 20 時間ほどであり，細胞周期全体の約 9 割を占める．

a G_1 期

　G_1 期（G は gap を意味する）は，M 期が終了後の間期における最初の期間であり，細胞の成長と細胞の増殖制御の 2 つの点で重要な期間である．G_1 期では，M 期では顕著に低かった細胞内の生合成活性が上昇し，種々のタンパク質，オルガネラ，核酸の合成が行われ，また，細胞内の代謝が活発になる．特に，次の S 期で必要とされる DNA 複製関連酵素がつくられる．さらに，G_1 期では細胞が増殖サイクルに入るか否かを決定している．哺乳動物細胞では R 点（restriction point）と呼ばれる細胞周期のゲートを通過する時に，細胞内外の環境（栄養状態，温度，成長因子などのホルモンの有無）により，次の S 期に移行するかどうかを決定する．細胞が増殖サイクルに入らなければ，S 期に入る前に G_1 期を中断して休眠状態の休止期（G_0 期）に入ることになる．また，休止期だけでなく，細胞外からのシグナルや細胞内外の環境により G_1 期の細胞が分化，アポトーシス，老化，減数分裂に進むかどうかも決定される．

b S 期

　細胞周期の G_1 期の次のステージは S 期（synthesis phase）であり，S 期では DNA の複製が行われる．S 期に移行すると，DNA 合成が始まり S 期終了時には細胞内の DNA 量は倍加する（図 6.18）．これで，核内の染色体が 2 セットできることになる．この期間では，RNA の転写とタンパク質の合成活性は低くなる．また，S 期では紡錘体の構成因子となる中心体が複製され，細胞分裂に必要な細胞内の遺伝物質の複製も S 期で行われる．S 期の初期では，染色体はコイル状にコンパクトにまとめられた DNA 二重らせん分子で構成されている．DNA ヘリカーゼが二重らせんを切断して DNA を一本鎖にし，続いて DNA ポリメラーゼが相補的 DNA 鎖を合成する（6.1.1　DNA 複製を参照）．DNA 合成が完了し，すべての染色体が複製されると S 期は終了する．S 期終了とともに細胞内の DNA 量は実質 2 倍になるが，染色体数は変化しないので倍数性は変化しない．また，S 期で生じた DNA 複製のミスや DNA 損傷は，直ちに修復される．

6.2 細胞周期と細胞分裂

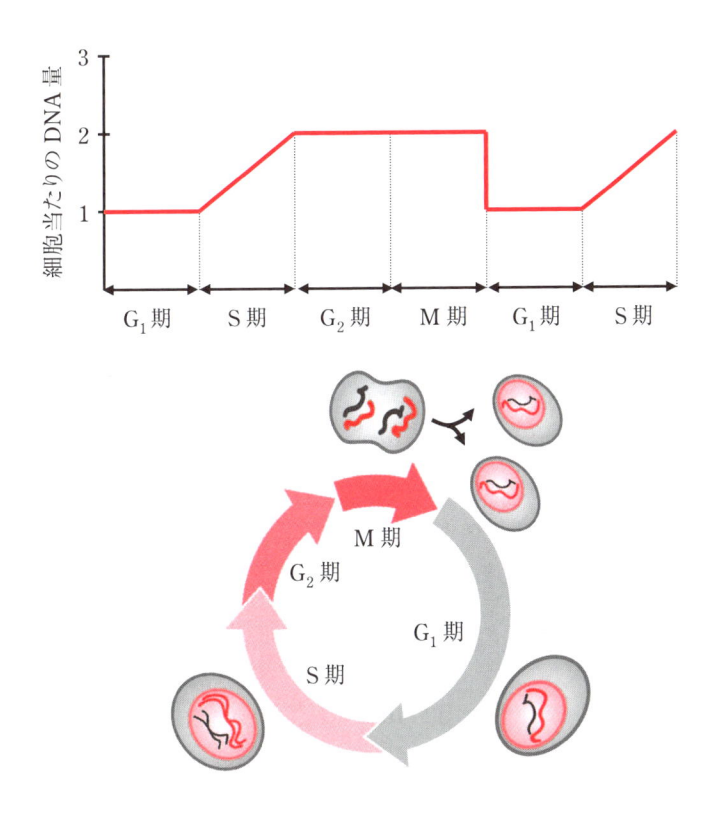

図 6.18 細胞周期における DNA 量の変化

c G₂ 期

　増殖する細胞はS期でDNAの複製を終えると最後の期間であるG₂期に入る．有糸分裂前のステージとなるG₂期では細胞内でG₁期同様にタンパク質の生合成が盛んに行われ，有糸分裂に必要な微小管がつくられる．動物細胞では間期の中でG₂期が最も短い．なお，G₁期，S期，G₂期の細胞の細胞表面や核を顕微鏡で観察しても，その違いを見つけることは難しい．しかし，細胞周期特異的なタンパク質を蛍光抗体で染色し蛍光顕微鏡で観察したり，放射性同位体（ラジオアイソトープ）や蛍光性DNAインターカレーター（DNAの塩基対に入り込む蛍光性化合物）を用いて細胞内のDNA量を経時的に追跡することで，G₁期，S期，G₂期を区別することができる．

6.3 細胞周期の制御

6.3.1 細胞周期エンジン

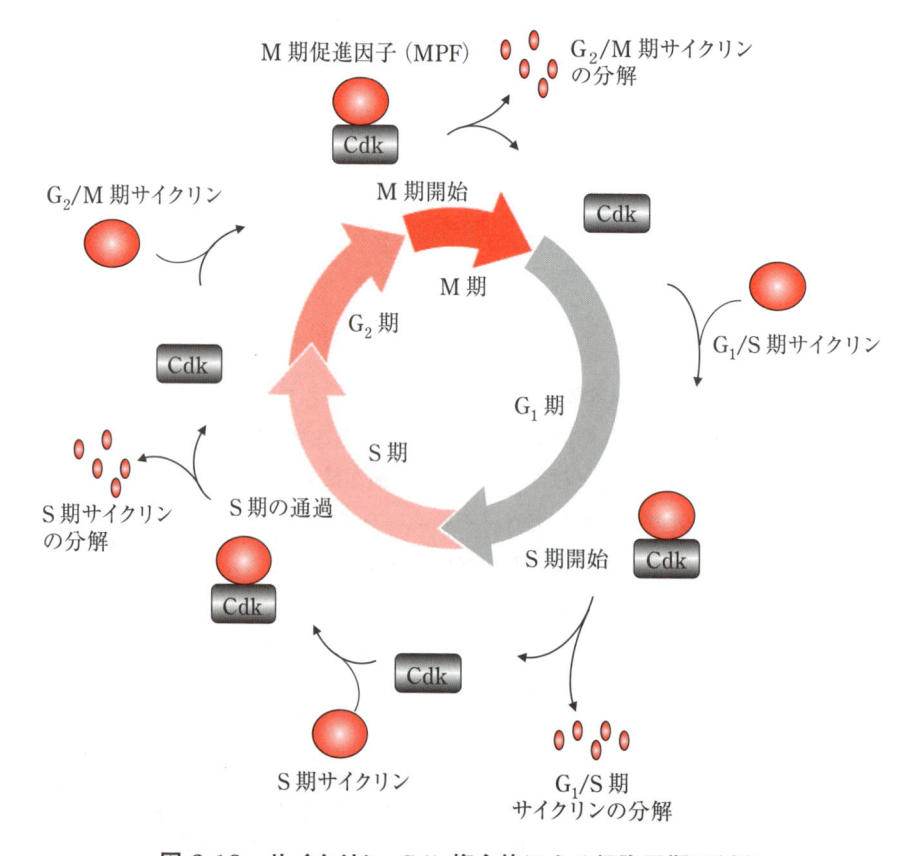

　増殖している細胞は，細胞周期を G_1 期→ S 期→ G_2 期→ M 期→ G_1 期という普遍的な流れを経て細胞増殖を繰り返す．増殖細胞は，決して細胞周期を逆行したり，同じ期 phase を繰り返したりしないための細胞周期の制御機構をもっている．この制御機構において，細胞周期の進行は，**Cdk**（cyclin–dependent kinase，サイクリン依存性キナーゼ）と**サイクリン cyclin** からなる 2 つのタンパク質複合体によって制御されている（図 6.19）．Cdk は，タンパク質リン酸化活性をもちサイクリンと複合体を形成し，セリンとスレオニンに対するリン酸化活性を発現する．サイク

図 6.19　サイクリン–Cdk 複合体による細胞周期の制御

6.3 細胞周期の制御

表 6.3　細胞周期のステージ通過に必要なサイクリン–Cdk

ステージ	必要なサイクリン–Cdk 複合体
G_1 期の通過	サイクリン D–Cdk4
S 期の開始	サイクリン E–Cdk2
S 期の通過	サイクリン A–Cdk2
G_2 期の通過	サイクリン B–Cdc2（Cdk1）
M 期の開始	サイクリン B–Cdc2（Cdk1）

リン–Cdk 複合体は細胞周期の各ステージで働くタンパク質をリン酸化することで細胞周期を前に進めることから，細胞周期エンジン cell cycle engine と呼ばれる．サイクリンは Cdk のリン酸化活性の発現に必要であり，Cdk の調節因子として機能する．細胞周期の各 phase への移行には，必要とされるサイクリン–Cdk 複合体が異なる（表 6.3）．つまり，細胞はサイクリンおよび Cdk の組合せを変えて，各 phase への移行のためのエンジンを使い分けているともいえる．例えば，G_1 期から S 期へ進むにはサイクリン E–Cdk2 複合体，S 期から G_2 期への進行にはサイクリン A–Cdc2 複合体，G_2 期から M 期への移行にはサイクリン B–Cdc2 複合体の活性が必要である．哺乳動物では複数の種類のサイクリンおよび Cdk が存在し，細胞周期の進行にはサイクリン A，B，D，E などが関与する．その他のサイクリンは転写制御などを行っていると考えられる．なお，ヒトの Cdk には，一番最初に発見された Cdc2（後に Cdk1 と名付けられた）の他に Cdk2, Cdk3，〜 Cdk14 などの存在が報告されている．一方，サイクリンはサイクリン A，B，C，D，E，F，G，H，I，K，L，T などが明らかにされ，各サイクリンにはサイクリン D1, D2, D3 のようにサブタイプが存在する．これらのサイクリンにはサイクリンボックスという共通配列や自身の分解に関わる KEN ボックスや D ボックス（destruction box）をもつ．このように細胞内には様々なサイクリン–Cdk 複合体が存在するが，細胞周期の各 phase への進行には，必要なサイクリン–Cdk 複合体のみ活性化する．つまり，細胞内では，各サイクリンの発現や分解，各 Cdk はリン酸化・脱リン酸化などの修飾による活性の制御が行われている．特に，細胞周期の特定の phase に移行後は，エンジンの役割を果たしたサイクリン–Cdk 複合体は，サイクリンがユビキチン依存的なプロテアソームによる分解を受けることで不活性化する（図 6.20）．例えば，サイクリン B–Cdc2 複合体は，G_2 期から M 期に移行するために必要であるが，M 期移行後は，サイクリン B はポリユビキチン化されプロテアソームにより迅速に分解される．また，サイクリン E–Cdk2 複合体は G_1 期から S 期移行時に必須であり，G_1 期になるとサイクリン E の発現量は増加し Cdk2 と複合体を形成する．しかし，S 期移行後はプロテアソームにより分解されてしまう．その後の細胞周期の各 phase への進行は他のサイクリン–Cdk 複合体が担うので問題はない．また，細胞周期に依存して細胞内のタンパク質量（発現量）が変化するのはサイクリンの方だけで，Cdk のタンパク質量は変化しない．

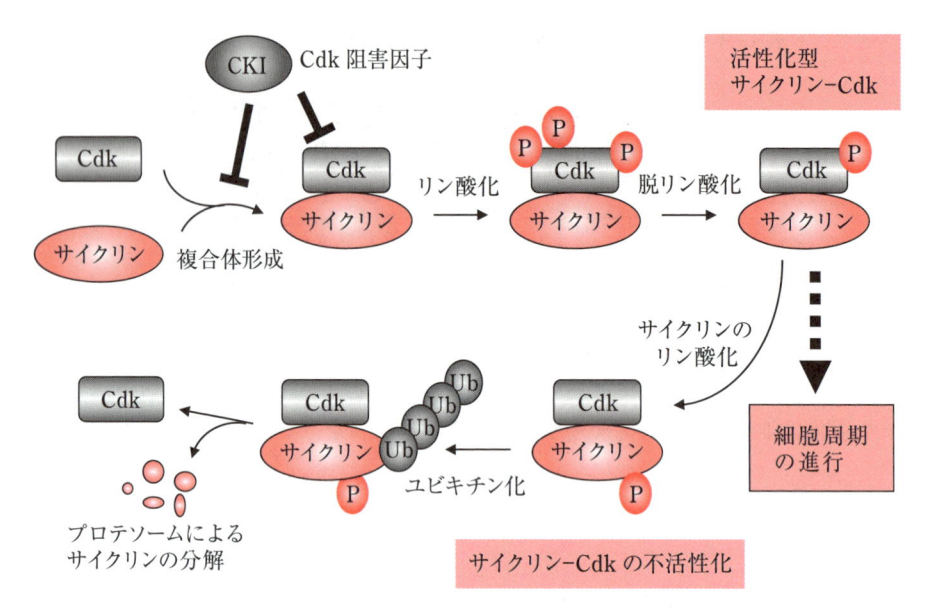

図 6.20　サイクリン-Cdk の活性化と不活性化の機構

6.3.2　Cdk の活性制御の仕組み

　細胞周期の制御において，細胞周期のアクセル（進行活性）はサイクリン-Cdk 複合体の Cdk がもつリン酸化活性によって行われている．一方で，細胞周期のブレーキ（停止）はどのような仕組みがあるのだろうか．真核生物は複数の細胞周期のブレーキ機構をもっている（図 6.21）．1 つ目はサイクリン量の増減によるサイクリン-Cdk 複合体の活性調節である（① サイクリン量の増減）．細胞内のサイクリンが転写と翻訳により十分量発現すれば Cdk と複合体形成が可能になるが，プロテアソームによる分解などでサイクリン量が減少すれば Cdk はサイクリンと複合体を形成できなくなり，Cdk のキナーゼ活性は低下する．これが細胞周期のブレーキを決定する主要因である．2 つ目は，Cdk に対するリン酸化による Cdk 活性の調節である．Cdk の ATP 結合部位領域がリン酸化されると Cdk の抑制が起こり，そこが脱リン酸化されると活性化する（② 脱リン酸化による活性化）．また，Cdk 活性化キナーゼ Cdk activating kinase（CAK）により Cdk がリン酸化されると Cdk の活性化が起こる（③ リン酸化による活性化）．さらに，細胞周期のブレーキ因子として機能する **Cdk 阻害因子（cyclin-dependent kinase inhibitor；CKI）** によるサイクリン-Cdk 複合体の阻害である（④ CKI によるサイクリン-Cdk 複合体の阻害）．特に CKI については 1990 年代の酵母 two-hybrid 法（酵母の遺伝学的手法により，研究対象のタンパク質 A と相互作用，または共有結合するタンパク質 B，C，D をコードする遺伝子を網羅的に同定する研究手法）を用いた研究から一気に解析が進んだ．発見された CKI は，サイクリン-CDK 複合体

6.3 細胞周期の制御

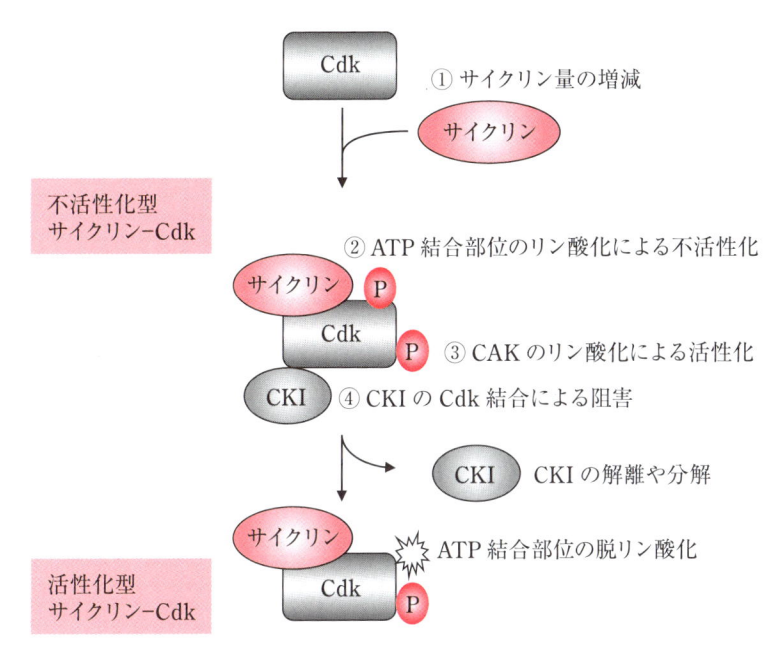

図 6.21　Cdk の活性制御

のCdkに結合し，そのキナーゼ活性を阻害する．哺乳動物のCKIは次の2つのファミリーに分類され，共にG_1期からS期移行に関与する．

① Cip/Kip ファミリー（p21^{Cip1}, p27^{Kip1}, p57^{Kip2}）：Cip/Kip ファミリーはサイクリン/Cdk結合ドメインをN末端側にもつ．また，Cip/Kipファミリーはサイクリン–Cdkに対して特異性が低く幅広い種類のサイクリン–Cdkと結合し，そのCdk活性を阻害する．p21^{Cip1}は増殖細胞核抗原 proliferating cell nuclear antigen（PCNA）とも結合し，DNA損傷，TGF–β刺激，TNF刺激，細胞分化，細胞老化により発現量が上昇し，Cdk活性を阻害することで細胞周期にブレーキをかける．p27^{Kip1}は，TGF–β刺激や細胞の接触阻害により発現量が上昇する．p57^{Kip2}は発生や分化に関与する．

② Ink4 ファミリー（p15^{INK4b}, p16^{INK4a}, p18^{INK4c}, p19^{INK4d}）：Ink4ファミリーは特異性が高くCdk4あるいはCdk6のみと結合しCdk活性を阻害する．Ink4ファミリーサイクリンと拮抗することでサイクリンD–Cdk4/6複合体のCdk4/6活性を抑制する．p15はTGF–β刺激で，p16は細胞老化で発現が上昇する．Ink4ファミリーはその分子内に4個のアンキリンリピート（タンパク質の相互作用に関わる反復配列）というドメイン構造をもつ．また，多数のがん細胞でp15とp16遺伝子の3番目のアンキリンリピートのコード領域で変異（この領域に変異が起こるとCdk4を阻害しない）が発見されている．

このようにCKIは直接的にサイクリン–Cdk複合体を阻害し，細胞周期の進行を抑制する．さらに，CKIの遺伝子変異による機能抑制は細胞がん化の原因となりうる．つまり，細胞の安全な

増殖，さらに細胞分化や DNA 損傷による細胞周期の停止に CKI は重要な働きをしているといえる．

ここまでを簡単にまとめると，サイクリンのタンパク質量に応じて Cdk のリン酸化活性が変動することから，Cdk を車のエンジンに，サイクリンをアクセルに，CKI をブレーキに例えることができる．

6.3.3　サイクリン B–Cdc2（Cdk1）複合体と MPF 活性

受精する前のヒトデ未成熟卵は，細胞周期を減数第一分裂前期で停止している．この停止は卵成熟誘起ホルモンである 1–メチルアデニン 1–methyladenine の刺激によって解除され，減数分裂周期が再開するが，これは体細胞周期における G_2/M 期移行に相当することが，現在では証明されている．1970 年代にヒトデの卵成熟を研究していた金谷晴夫と増井禎夫らは，成熟開始の指標となる卵核胞崩壊を手がかりに，ヒトデ未成熟卵の第一減数分裂を再開させる卵成熟誘起物質が 1–メチルアデニンであることを同定した．その後の研究により，卵成熟誘起物質である 1–メチルアデニンは卵内に注入しても卵核胞崩壊を引き起こさないが，1–メチルアデニンを卵外から表面に作用（海水中に添加）すると，卵細胞質中で卵成熟促進因子 maturation promoting

---

コラム　細胞周期の制御機構の発見者たち

　Cdk とサイクリンの複合体が細胞周期を前に進ませるエンジンであるという事実は，1970 年代に Leland H. Hartwell らによる酵母を用いた遺伝学的研究により明らかにされた．Hartwell らは細胞増殖に欠陥をもつ出芽酵母変異株（cell division cycle：cdc 変異株）の研究から細胞周期の G_1 期に増殖が停止する出芽酵母の CDC28 という遺伝子を，Paul M. Nurse らは分裂酵母から G_2 期に増殖が停止する cdc2 遺伝子を見つけた（これらの遺伝子はヒト Cdc2 遺伝子のホモログである）．また，米国のウッズホール海洋研究所で R. Timothy Hunt らはウニ卵の卵割の研究から，MPF のもつ M 期誘起活性の実態としてサイクリン B を同定し，サイクリン B が Cdc2 に結合することで Cdc2 のキナーゼ活性が活性化することを明らかにした．その後，Cdc2 と相同性の高い遺伝子がヒトで見つかり，Cdk2，3，4……とその数が増えていった．これらの遺伝子産物はサイクリンと結合してリン酸化酵素として働き，Cdk（cyclin dependent kinases）と総称される．余談であるが，初めに発見された Cdc2 は，後に Cdk1 と再命名されたが，Hunt 博士は彼自身が発見した Cdc2 の名前に愛着をもち，Cdk1 の名前を使おうとはしていない．また，いまだに多くの研究者が Cdc2 を用いている．なお，2001 年のノーベル医学・生理学賞は，細胞周期の制御機構発見の功績により，Hartwell, Nurse, Hunt の 3 人が受賞した．

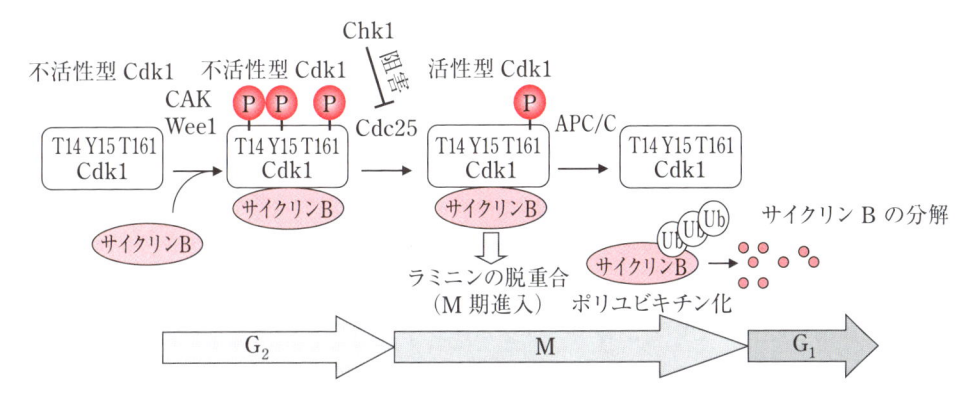

図 6.22 サイクリン B–Cdc2（Cdk1）複合体と MPF 活性
T：threonine（Thr），Y：tyrosine（Tyr），Ub：ubiquitin（ユビキチン）

factor（MPF）が活性化するために卵成熟が開始することが明らかにされた．さらに，この卵成熟促進因子は，すべての真核生物の細胞周期で G_2 期から M 期への移行に働いていることが明らかになり，**M 期促進因子 M-phase promoting factor（MPF）** と再命名された．その MPF 活性の本体は G_2/M 期移行の誘起因子であるサイクリン B–Cdc2（Cdk1）複合体であることが証明され，細胞周期を制御する機構がすべての真核生物に共通であることがわかった．ヒトではサイクリン B は G_2/M 期で発現量が最大となるが，Cdk1 が活性化するには Wee1 キナーゼが Cdk1 の Thr14/Tyr15 をリン酸化し，さらに CAK（サイクリン H–Cdk7 複合体）が Cdk1 の Thr161 をリン酸化することで Cdk1 は高リン酸化型（不活性型）で待機する（図 6.22）．M 期進入のためのシグナルが入ると脱リン酸化酵素の Cdc25（ヒトでは Cdc25C）が活性化する．そして Cdc25 は Cdk1 のリン酸化 Thr14/Tyr15 を脱リン酸化することで，Cdk1 は Thr161 のみがリン酸化された活性型となり，サイクリン B–Cdk1 複合体は MPF 活性を発揮して細胞周期を M 期に進める．Cdc25 により活性化した MPF は核膜の裏打ちタンパク質ラミンをリン酸化して脱重合させ，核膜の崩壊を導く．これにより，細胞周期は M 期へ進行する．M 期終了と次の G_1 期移行にはサイクリン B の分解が必要となる．M 期後期には，APC/C（anaphase-promoting complex/cyclosome）と呼ばれるユビキチンリガーゼ（ユビキチン連結酵素）がサイクリン B をポリユビキチン化し，このポリユビキチン化されたサイクリン B は 26S プロテアソームにより分解される．

6.3.4 細胞周期チェックポイント

細胞周期の正常進行において最も重要なことは，親細胞が遺伝情報（DNA の塩基配列）を正しく複製し，2 つの娘細胞に伝えることである．しかし，我々の細胞は日々，紫外線や DNA 修飾剤など様々な DNA 損傷誘起因子に曝されている．また，個体が死ぬまで延々と繰り返される

細胞分裂の過程で，DNAを複製するDNAポリメラーゼや染色体を分離する紡錘体が，まったくミスなしでその役割を果たすことはあり得ない．このような細胞周期の進行にともなって生じる遺伝情報の誤複製や誤分配は，細胞のがん化を引き起こす原因となる．そのため，我々の細胞には正常な細胞分裂を保障するために，細胞が正しく細胞周期を進行させているかどうかを監視し，異常がある場合には細胞周期進行を停止・減速させる**チェックポイント**という仕組みがある．1回の細胞周期の中に，複数のチェックポイントが存在する．DNA損傷チェックポイント，DNA未複製チェックポイント，紡錘体集合（M期）チェックポイント，染色体分離チェックポイントが細胞周期を監視している．各チェックポイントにおいて細胞周期の異常が検知されると，チェックポイント制御因子と呼ばれる複数の分子群が活性化されて，細胞周期の進行を遅らせ，停止させる．チェックポイント機構が活性化されると，その異常の原因が取り除かれるまで，細胞周期が停止した状態になる．例えば，DNA損傷の場合には，DNA修復機構が働きDNA損傷が修復された時点で，チェックポイントの働きが解除され，再び細胞周期が進行する．また，重度のDNA損傷の場合などDNA修復が不可能な場合，チェックポイント機構の活性化に続いて，細胞はアポトーシスを起こして死滅する．このように細胞周期のチェックポイントは，細胞分裂の過程で異常が生じた場合に，細胞周期を一旦停止させて異常の原因を取り除く，または，遺伝子に変異をもった細胞をアポトーシスにより排除することで，遺伝子的に異常な細胞を後世に残さないようにしている．

a DNA損傷チェックポイント

DNA損傷チェックポイントは，DNAに損傷や変異がない正常なDNAであることを保障するための機構で，G_1期，G_1/S期，S期，G_2/M期で働く（図6.23）．X線，γ線によるDNA鎖切断，紫外線や核酸塩基のアルキル化薬などによるDNAの修飾塩基による変異，また，アフィディコリンやヒドロキシウレアなどの薬物によるDNA複製阻害などが生じたとき，この機構は活性化される．G_1期やS期の間にDNA損傷が起こればDNA損傷のセンサー分子であるタンパク質リン酸化酵素のATMが活性化し，ATMはChk2をリン酸化してChk2の活性化を誘導する．このように活性化したChk2やATMは転写因子であるp53をリン酸化することにより安定化と活性化を誘導する．通常の状態では，p53はMdm2と呼ばれるユビキチンリガーゼと会合するとポリユビキチン化され分解されるので，p53は非常に不安定な状態にある．しかし，Chk2やATMにより活性化し安定化したp53は細胞周期のブレーキ因子CKI（p21^{Cip1}，p27^{Kip1}）の発現を誘導して細胞周期を停止させる．また，DNA修復が不可能な場合，p53は細胞にアポトーシスを起こさせる．一方で，G_2期の間にDNA損傷やDNA複製阻害が起これば，リン酸化酵素のATRがリン酸化酵素Chk1を活性化する．これらが脱リン酸化酵素Cdc25（ヒトではCdc25CのSer216）をリン酸化して，Cdc25の脱リン酸化活性を阻害する．Cdc25は高リン酸化状態（不活性型の）Cdc2を脱リン酸化して活性化Cdc2するので，Cdc25が阻害されればMPF（サイクリンB–Cdc2複合体）のCdc2が不活性化され細胞周期はG_2期で停止する（6.3.3　サイクリンB–Cdc2（Cdk1）複合体の

図 6.23　DNA 損傷チェックポイント

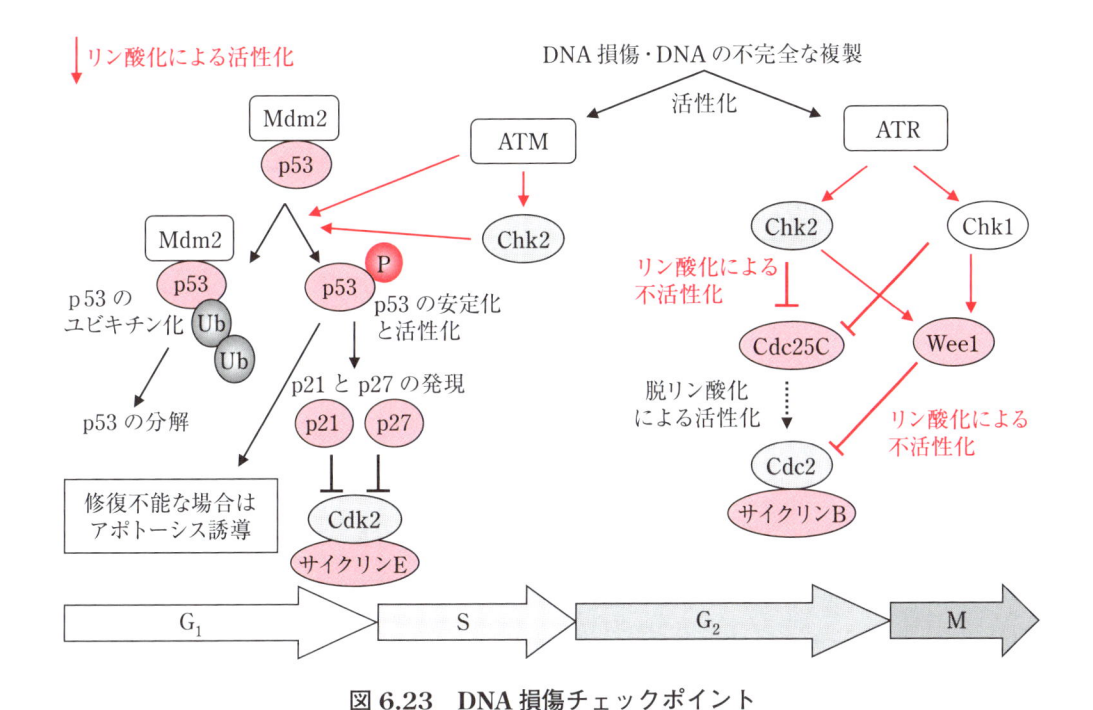

MPF 活性を参照)．なお，この DNA 複製阻害で起こる M 期進入前の細胞周期停止の仕組みは**DNA 未複製（G_2/M）チェックポイント**とも呼ばれる．つまり，DNA 複製チェックポイントは DNA 複製が完全に完了しているかどうかを M 期に入る前に監視し，DNA の未複製があれば MPF 活性を抑制して M 期進行を停止させる．

b 紡錘体集合チェックポイント

　紡錘体集合チェックポイント（M 期チェックポイント）は，M 期後期での紡錘体の形成が正常な状態で分裂後期に移行できるかどうかを監視している．細胞分裂中期において，細胞の 2 つの紡錘体極の両極から伸びる動原体微小管が，それぞれの染色分体のセントロメアの動原体に結合する（図 6.24）．一対の染色分体が対称になるよう，正しくかつ同時に，動原体微小管を介して細胞の両極に結合しているかどうかがチェックされる．すなわち，姉妹染色分体が紡錘体赤道面に並列していないなどの異常があるとチェックポイント機構が染色体の分裂を停止させる．M 期の中期の細胞では，S 期に複製され対を成す染色分体が，互いにセントロメアの動原体付近で係留タンパク質（コヒーシン複合体）によって繋ぎとめられている．M 期の後期では，この係留タンパク質がタンパク分解酵素（セパラーゼ）に分解させることで，各染色体は動原体微小管により紡錘体極に向かって引き寄せられる．しかし，M 期の後期に入るまでは，セパラーゼはセキュリンと結合することで不活性化された状態で存在する．そこで，染色体の分離には最初にセ

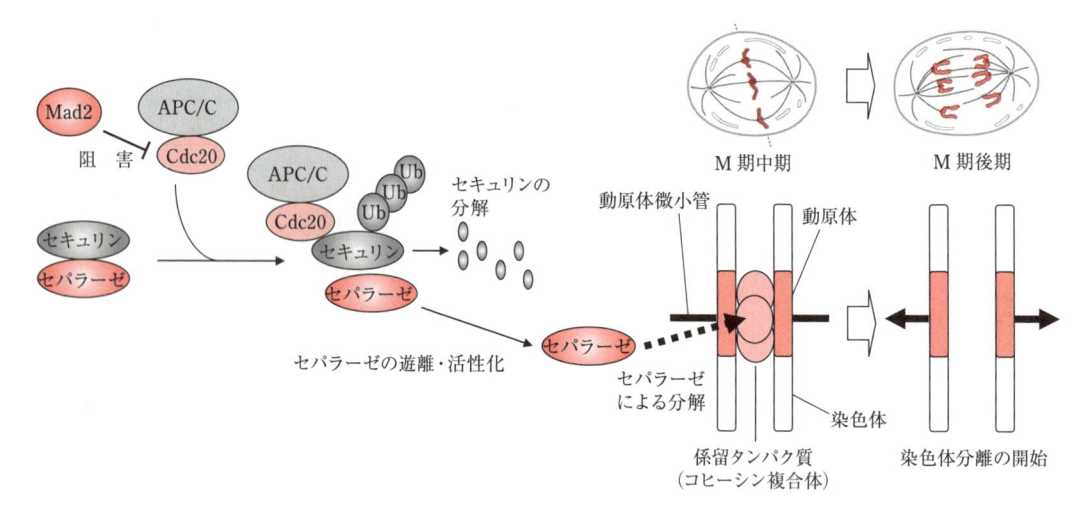

図 6.24　紡錘体集合チェックポイント

キュリンが APC/C（この APC/C は Cdc20 を基質結合サブユニットとして保有する）を介してユビキチン化され，プロテアソームで分解されることで染色体分離が開始される．しかし，紡錘体の形成に失敗すると，Mad2 と呼ばれる Cdc20 の阻害タンパク質が微小管と結合していない動原体依存的に活性化され，染色体の架橋タンパク質分解に必要な Cdc20 を阻害し，染色体の分裂を停止する．一方，紡錘体が正しく形成されると，Mad2 は Cdc20 から解離するので Cdc20 を含む APC/C は活性化され染色体分離が開始される．

c 染色体分離チェックポイント

　M 期終期において，染色体が適切に分離すると分裂期脱出のためのシグナルが活性化し脱リン酸化酵素 Cdc14 が G_2/M 期サイクリン–Cdk 複合体（サイクリン B–Cdc2 複合体）の Cdc2 を脱リン酸化により不活性化して，細胞質分裂に移る．染色体分離チェックポイントは，M 期終期において正常な位置に染色体が分配されているかどうかを監視している．染色体分配に失敗すると，Cdc14 が抑制されサイクリン B–Cdc2 複合体が活性を失わない．その結果，細胞は細胞質分裂に移れなくなり M 期を終了できなくなる．

6.3.5　増殖因子による細胞増殖開始

　細胞の増殖は細胞の外部環境によって大きく左右される．大腸菌や酵母などの単細胞生物なら，外部環境の栄養状態，温度，pH などが細胞増殖に影響を与える因子となるが，ヒトの細胞ではこのほかに，増殖因子の有無や細胞間接着なども細胞の増殖に大きな影響を与える．また，真核多細胞生物の細胞増殖は，細胞増殖を亢進させる正の増殖シグナルと細胞増殖を抑制させる

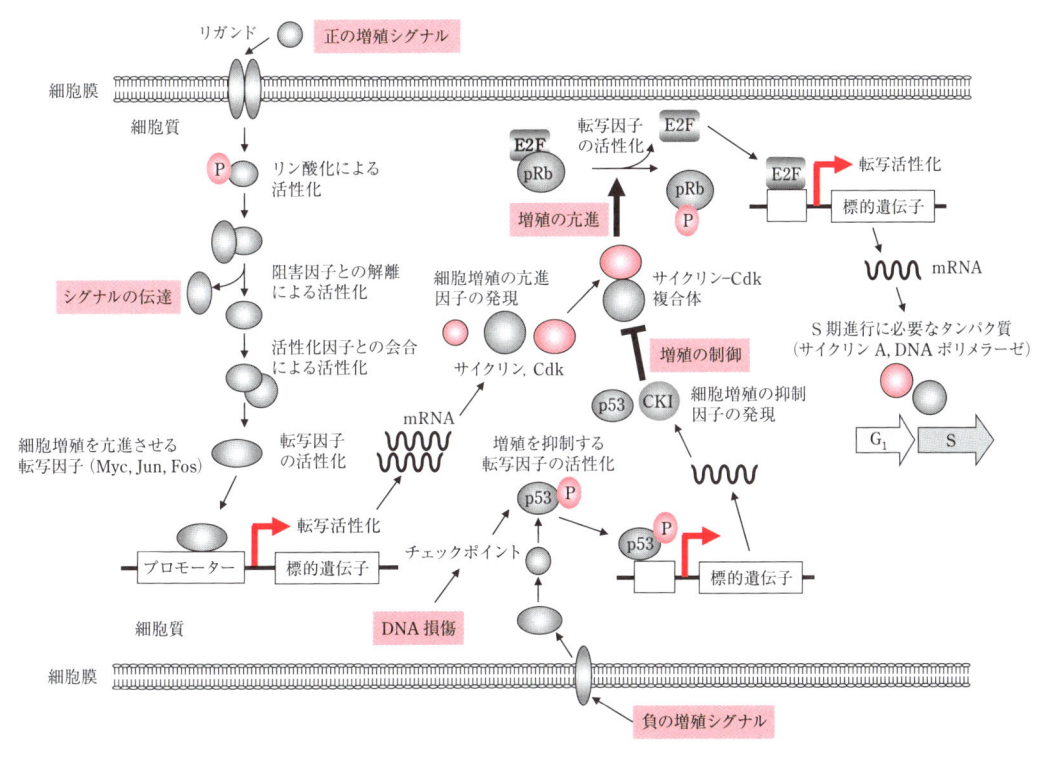

図 6.25　増殖シグナルは細胞内シグナル伝達によって伝わる

負の増殖シグナルという2つの制御機構のバランスによって決定される（図6.25）．正と負の増殖シグナルは，細胞内の**シグナル伝達 signal transduction** によって伝達される．シグナル伝達とは，細胞膜上の受容体に増殖因子や他の細胞の膜タンパク質などのシグナル分子（リガンド）が結合すると，そのリガンドと受容体結合の刺激が他の因子を活性化し，活性化した因子が他の因子を次々と活性化することで，刺激（シグナル）の受け渡しを行う．この一連の刺激の伝達は，最終的には核内の転写調節因子を活性化し，その標的遺伝子の発現（転写によるmRNAの合成と翻訳によるタンパク質合成）を誘導する．図6.25に，細胞増殖を開始させるための正の増殖シグナルの概略を図示した．正の増殖シグナルを誘導するシグナル伝達は，タンパク質のリン酸化・脱リン酸化，会合と解離などによりシグナルが伝達され転写調節因子（転写因子）を活性化する．活性化した転写因子はサイクリン，Cdk，サイクリン-Cdk活性化因子の発現を誘導する．サイクリン，Cdk，Cdk活性化因子がつくられると，サイクリン-Cdk複合体は担当する細胞周期のステージを次に進行させる働きをする．例えば，G_1/S期への進行なら，サイクリン-Cdk複合体はpRbをリン酸化して転写因子E2Fを活性化してS期進行に必要なタンパク質の発現を誘導する．一方で，負の増殖シグナルを誘導するシグナル伝達が活性化すると，タンパク質のリン酸化や会合などにより伝達され，最終的には増殖を抑制するp53などの転写因子を活性化させる．

その結果，p21 や p16 などの CKI，p53，pRb など細胞周期のブレーキ因子の発現を誘導する．増殖因子の同義語として成長因子が使われるが，成長因子は細胞に増殖や分化を促進する因子の総称である．一般的に，細胞は分化を開始すると増殖を停止するので，細胞の分化を促進する成長因子は，その細胞に対して細胞増殖は抑制することになる．例えば，神経成長因子（NGF）は神経細胞の増殖ではなく，神経細胞としての成長と成熟を促進する．また，多くの増殖因子は増殖と分化の2つの活性を合わせもつことが多い．例えば，ある増殖因子は特定の細胞に対して細胞増殖を促しても，他の種類の細胞には増殖を抑制したり，分化を誘導することもある．なお，上皮成長因子（EGF），トランスフォーミング成長因子（TGF），血管内皮細胞増殖因子（VEGF），肝細胞増殖因子（HGF）など多数の増殖因子が存在する．

6.4 DNA から染色体

　染色体は，1本の線状の二本鎖DNA分子とタンパク質（ヒストンと非ヒストンタンパク質）で形成される複合体により構成される．染色体は，生物の遺伝情報の本体であり，真核生物では染色体は核内に保持されている．ヒトの細胞には染色体が1対で存在する．この対は母方と父方の染色体が由来となり，相同染色体と呼ぶ．細胞の核に存在するDNAをつなぎ合わせた全長は約2メートルといわれている．これを直径 10 μm の核に収納するため，染色体を構成する DNA 分子はコンパクトに圧縮された凝縮体構造をしている（p. 60，図 3.3 参照）．染色体の最も分散した（脱凝縮した）状態は，ビーズ状の粒子が数珠状に2本鎖DNAで長く連なったクロマチン chromatin 繊維構造である．このクロマチン繊維を構成する最小基本単位，すなわち，ビーズ状の粒子をヌクレオソームと呼ぶ．ヌクレオソームは，ヒストンタンパク質8個が集合したコアヒストンに二本鎖DNAが巻きついたクロマチンの基本単位で，各ヌクレオソームはリンカーDNAで連結して直径 10 nm のクロマチン繊維を形成する．クロマチン繊維にはコアヒストンとほぼ同じ径の 10 nm クロマチン繊維と，さらに圧縮された 30 nm クロマチン繊維がある．細胞周期のM期には 30 nm クロマチン繊維が非常に凝縮した形をとり，光学顕微鏡でも観察できるようになる．なお，このM期に見られる凝縮した構造物を昔は染色体と呼んでいた．つまり，染色体の原義は分裂期の細胞において顕微鏡で観察される X 状の凝集形態（図 3.3 参照）をした構造物である．クロマチン（染色質）は細胞周期の間期における染色体が脱凝縮した状態を意味し，分裂期に見られる凝縮した染色体と区別していた．しかし，近年，分裂期の染色体と間期のクロマチン，また，染色体の脱凝縮と凝縮を問わず，DNAが高次構造をとったものすべてを染色体と呼ぶことが一般的になった．本書でも染色体を前述の意味（クロマチンと同義）で説明する．

6.4.1 染色体の構造

a ヌクレオソーム（**DNA**とヒストン）

すべての真核生物の染色体の単位基本構造を**ヌクレオソーム nucleosome** という（図 3.3 参照）．1つのヌクレオソームには，**ヒストン H2A，H2B，H3，H4** が各 2 分子（計 8 つのヒストン）と 1 分子のヒストン H1 および約 200 塩基対の二本鎖 DNA が含まれる．ヌクレオソームの核となる計 8 つのヒストン複合体を**コアヒストン core histone** といい，コアヒストンには 146 塩基対の二本鎖 DNA が 1.75 周巻きついてヌクレオソームコア nucleosome core を形成する．各ヌクレオソームコア同士は**リンカー DNA** を介して数珠状に連結し直径が約 10 nm のクロマチン繊維（**10 nm クロマチン繊維**，10 nm クロマチンフィラメント）を形成する．また，リンカー DNA には単量体の**ヒストン H1** がヌクレオソームコアにも接するように結合する．このヒストン H1 とリンカー DNA の結合はヌクレオソームコアの複合体構造を補強するとともに，ヌクレオソーム同士の連結を安定させ 10 nm のクロマチン繊維がさらに圧縮した高次構造の形成にも関わっている．もともと，ヌクレオソームとは，細胞の核を単離してミクロコッカスヌクレアーゼで短時間処理すると，染色体のリンカー DNA のみが切断されてヌクレオソームを最小単位として，その単量体，2量体，3量体，……が検出される実験結果から定義された．この染色体のヌクレアーゼ処理をさらに進めると，リンカー DNA 部分が完全にヌクレアーゼで分解され，ヒストン H1 が解離し，146 塩基対の DNA とコアヒストンで形成されるヌクレオソームコアのみとなる．また，種々の構造解析により，ヌクレオソームコアは直径 11 nm，高さ 5.5 nm の円筒形をし，DNA が左巻きに 1.75 回転巻きついた形をしている．このおかげで DNA は約 1/6 に凝縮される．

b クロマチン繊維（**30 nm フィラメント**）

染色体の最も分散した状態は，ヌクレオソーム粒子が数珠状に DNA で連なった 10 nm クロマチン繊維である．このクロマチン繊維を構成する個々のヌクレオソームはつぎつぎに折り重なり，さらに圧縮した凝集体構造をとる．この 10 nm クロマチン繊維がさらに圧縮した超らせん構造体をソレノイド，または，**30 nm クロマチン繊維**という．電子顕微鏡による観察結果では，分裂期以外の間期において，染色体はこの 30 nm クロマチン繊維の構造をとるものが大部分を占めている．この 30 nm クロマチン繊維の形成にはリンカーヒストンのヒストン H1 が必要と考えられている（図 3.3 参照）．各ヌクレオソームに結合しているヒストン H1 同士がお互いに結合しあうことで各ヌクレオソームを固定し引き寄せることで 10 nm クロマチン繊維を凝縮させると考えられている．なお，間期染色体の構造を形成するには，30 nm クロマチン繊維構造でも DNA の凝縮の程度は不十分で，さらに高次構造をとることが必要とされているが，その仕組みはほとんど明らかにされていない．有糸分裂時の中期に染色体は最も凝縮し，各染色体は 1.4 μm の凝

集染色体として光学顕微鏡下でも観察することが可能になる．30 nm クロマチン繊維がM期中期の凝縮染色体の構造を形成するには，30 nm クロマチン繊維はループを形成し，さらに，このループ構造をらせん状に凝縮させて2次ループ構造を形成していると考えられているが，そのメカニズムは不明である．

c ユークロマチンとヘテロクロマチン

真核生物の間期における核内の染色体の密度は一定ではなく，染色体には密度が高い部分と密度が低い部分があり，2つに大別される．染色体の密度が低いと，その分だけ DNA に書かれている情報を読み取りやすくなる．つまり，この部分では転写活性が高い．この密度が低い部分を**ユークロマチン euchromatin**（真正クロマチン）という．一方で，DNA の密度が低いユークロマチンに対し，密度が高い部分では遺伝子発現が不活性化され転写活動があまり行われていない．この部分を**ヘテロクロマチン heterochromatin**（異質クロマチン）という．ただし，ヘテロクロマチンには，常に凝縮して不活化されている領域（構成的ヘテロクロマチン）と，条件によっては凝縮がほどけて密度が低くなりユークロマチンとして活発に転写を行う領域（可逆的ヘテロクロマチン）がある．この領域には繰り返し配列が多く，セントロメアの動原体付近に観察される．女性がもつ2本の性染色体（XX）のうちの1本は構成的ヘテロクロマチンで形成されている．

第7章 がん

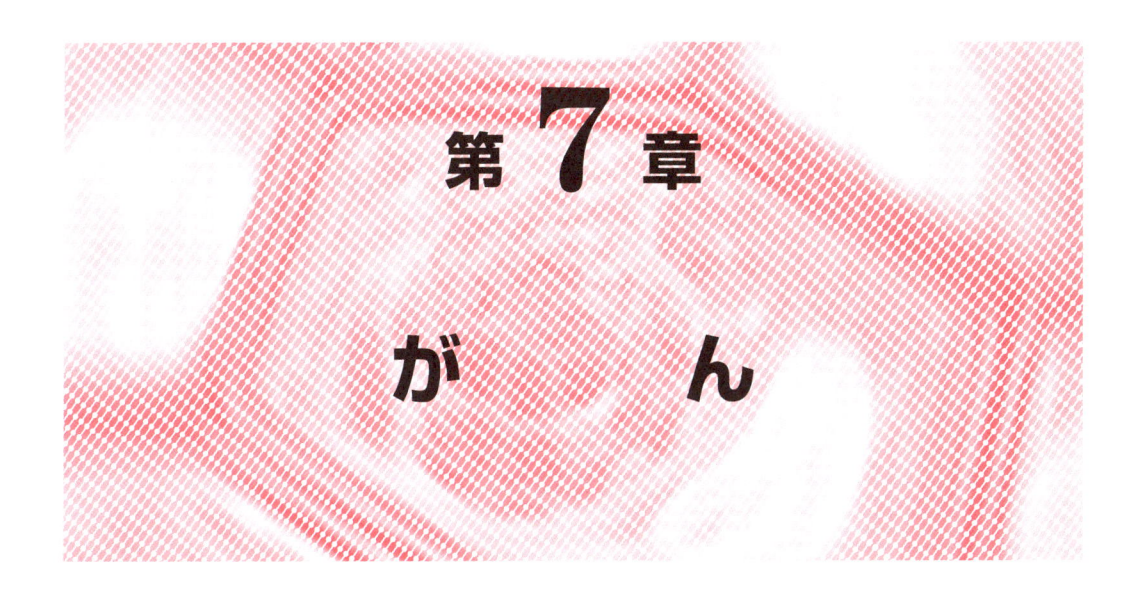

到達目標

- 正常細胞とがん細胞の違いを説明できる．
- がん遺伝子とがん抑制遺伝子をあげ，その異常とがん化との関連を説明できる．
- おもな分子標的薬をあげ，その作用機序を説明できる．

序　がんとは何か

　がんは，医療の進んだ今日でさえ確実な治療法がほとんどなく，極めて死亡率の高い疾患であり，近年ずっと死因のトップを占めている（図7.1）．がんとは，悪性の腫瘍の総称である．腫瘍とは異常に増殖した細胞の塊を指す言葉であり，良性腫瘍は限局した部位で増殖するもの，悪性腫瘍は浸潤・転移を伴うものを指す．白血病やリンパ腫などの血液細胞のがんは，腫瘍とは異なる概念であるが，総称してがんと呼ばれる．

　がんは，遺伝子の変異が蓄積して生じる疾患であり，その変異は数か所以上であることから，一般的に中高年に発症する．遺伝子変異が疾患の原因であることから，紫外線，放射線，大気中や食物中の変異原などが遺伝子に変異を生じさせ，その結果がんを発症する．がん細胞で変異が認められる遺伝子は，細胞増殖の制御系の遺伝子であり，その結果細胞の増殖が亢進している．近年では，がん細胞で変異により活性化している細胞増殖制御因子を標的とした分子標的薬が，臨床の現場で広く用いられるようになってきている．

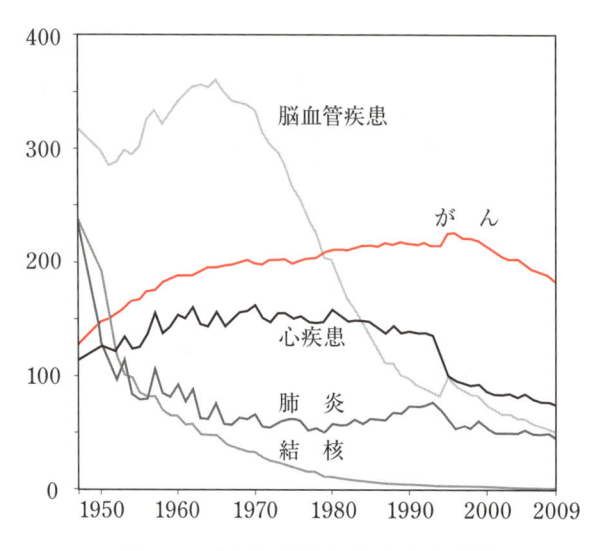

図 7.1　主要死因別死亡率年次推移

男性の主要死因別死亡率（年齢調整）の年次推移（1947 年〜 2009 年）を示す．
（データは，「がんの統計 '10」（http://ganjoho.jp/public/statistics/backnumber/2010_jp.html）より引用し，作成した）

7.1　がん研究の歴史

　モデル動物に人工的にがんを発症させることができれば，がんの発症要因を探ることができる．そこで，化学物質の塗布や，腫瘍抽出液の投与などさまざまな試みがなされ，がんの発症原因が研究されてきた．1915 年に山際勝三郎と市川厚一は，ウサギの耳にタールを長期間塗布することで皮膚がんを誘発できることを示した．これは化学物質ががんの原因となることを証明した画期的な研究である．また 1910 年代に，アメリカのラウス（Peyton P. Rous）は，ニワトリに生じた肉腫（上皮組織以外の組織に生じる腫瘍）から得た抽出液を，別のニワトリに接種するとまた肉腫を生じることを明らかにした．肉腫をつくる活性は，細菌を通さない濾過器を透過したことから，細菌より微小なものが肉腫の原因であるとした．ラウス肉腫ウイルスの発見である．当時は電子顕微鏡がなく，この活性を担うものがウイルスであることは後の研究から判明した．同時代に藤浪鑑（あきら）は，同様な活性をもつ藤浪肉腫ウイルスを報告している（図 7.2）．

　疫学的な研究からは，喫煙者に肺がんが多いこと，化学工場などで特定の化学物質に曝露された人に有意にがんのリスクが高いことがわかった．また，原子爆弾や原子炉事故によって放射線

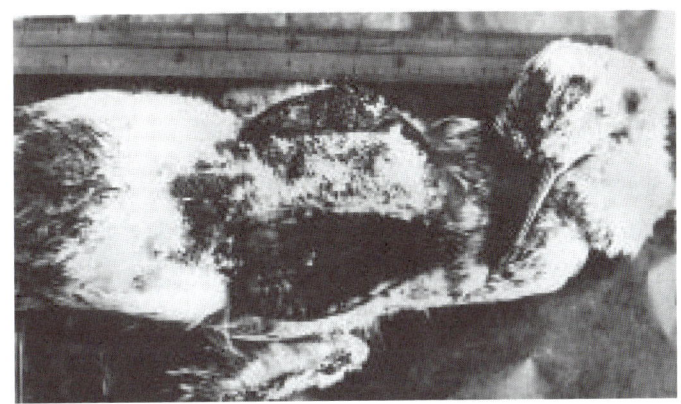

図 7.2　藤浪肉腫ウイルス

ラウス肉腫ウイルスの発見と同時期に京都大学の藤浪鑑は，藤浪肉腫ウイルスを発見している．
(資料：京都大学医学部病理学教室)

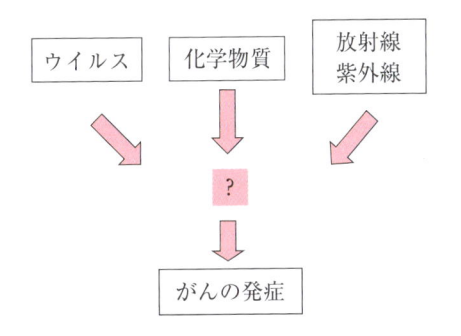

図 7.3　がんは，遺伝子変異によって発症する

さまざまながんの研究から，接種するとがんを発症する腫瘍レトロウイルス，化学物質の投与，放射線・紫外線への曝露によって，がんが発症することが明らかとなった．これらの発がんメカニズムは，いずれもがん化という共通の結果を生み出すが，そのメカニズムは長年の間不明であった．後年の研究により，いずれも遺伝子変異ががん化の共通のメカニズムであることが明らかにされた．

に被曝した人にがんの発症が有意に高いことが示された．紫外線への過度な曝露も皮膚がんの発症要因と考えられた．これらの研究結果は，化学物質，ウイルス，放射線・紫外線による発がんに共通の発症メカニズムが存在することを示唆したが，その要因が遺伝子の変異として理解されるまでには，長い時間を必要とした（図 7.3）．

7.2 正常細胞とがん細胞の違い

　正常組織に由来する細胞とがんに由来する細胞を培養すると，両者は明らかに異なる性質を示す（表7.1）．多くの上皮系の細胞は，シャーレの底に接着することが増殖に必須であるが，**がん細胞**は接着が必須ではなく，寒天培地中（浮遊状態に近い状態である）でも増殖する．また，細胞は血清中の成長因子によって増殖が促進されるが，多くのがん細胞で**血清要求性**が低下している．**正常細胞**は，シャーレ一面を覆うまで増殖すると互いの細胞が接触することにより，その運動性や増殖性が低下するが（**接触阻害**という），がん細胞ではこの性質が失われている．がん細胞は，細胞同士や基質への接着性も低下しており，運動能は逆に高まっている．これらの性質は，個体内におけるがん細胞の異常な増殖能や，浸潤・転移の能力をよく反映したものであると考えられる．後述するように，がん細胞は個体の中で，特定の遺伝子に変異が蓄積することによって生じる．このような変異の蓄積が生じる確率は極めて低いことから，がんは特定の1個の細胞ががん化し増殖を繰り返すことにより発症する．

表7.1　正常細胞とがん細胞の違い

	正常細胞	がん細胞
基質への接着	必要	不必要
血清要求性	高い	低い
接触阻害	接触阻害で増殖停止	接触阻害を受けない
細胞接着	強い	弱い
運動能	低い	高い

正常組織およびがん由来の細胞をシャーレで培養するとさまざまな性質の違いを示す．詳細は，本文を参照のこと．

7.3 がん遺伝子の発見

7.3.1 ラウス肉腫ウイルスのがん遺伝子 *src* *の発見

ラウス肉腫ウイルスは，逆転写酵素をウイルス粒子中にもつレトロウイルスに属するウイルスである．**レトロウイルス**は，9,000 塩基程度の一本鎖 RNA をゲノムとするウイルスであり，逆転写酵素はゲノム RNA と相補的な DNA complementary DNA（cDNA）をつくり，宿主細胞の染色体に挿入する．その結果，宿主細胞は，ずっとウイルス遺伝子を発現し続ける．ラウス肉腫ウイルスは，自己増殖に必要な遺伝子（*gag*, *pol*, *env*）の他に，肉腫を誘発する遺伝子 *src*（肉腫 sarcoma に由来する）をもっている（図 7.4）．***src*** 遺伝子を正常細胞に導入すると，その性質ががん細胞の性質に類似したものとなる．したがって *src* 遺伝子こそが，肉腫をつくる原因であると考えられた．

ラウス肉腫ウイルスに続いて，ニワトリ，マウス，ラット，ネコなどにがんを誘発する多くのレトロウイルスが単離された．これらのレトロウイルスは，**腫瘍レトロウイルス**と呼ばれ，いずれも腫瘍を発症する遺伝子をもっていた．これらの遺伝子を「**がん遺伝子**」*oncogene* と呼ぶ．驚くべきことに，腫瘍をつくるレトロウイルスがもつがん遺伝子はすべて，その遺伝子配列が酷似した遺伝子が宿主細胞ゲノム中にも存在することが明らかにされた．その後の研究から，腫瘍レトロウイルスのがん遺伝子は，レトロウイルスが宿主細胞への感染と増殖の過程を繰り返すうちに，細胞の遺伝子配列を偶発的にそのゲノム中に取り込んだものであることが明らかにされている．

| LTR | *gag* | *pol* | *env* | src | LTR |

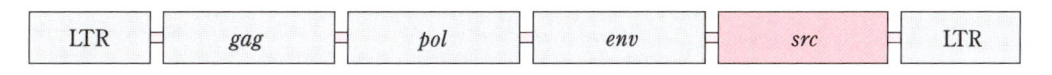

図 7.4　ラウス肉腫ウイルスのゲノム構造

ラウス肉腫ウイルスゲノムが宿主染色体に挿入された構造を示す．*gag*, *pol*, *env* 遺伝子は，ウイルス増殖に必要な遺伝子であるが，*src* 遺伝子は増殖には不要である．後の研究から，*src* 遺伝子には，肉腫を誘発する活性があることがわかった．LTR（long terminal repeat）はゲノム両端の繰り返し構造であり，転写プロモーターとして機能する．

---

*がん研究の分野では，がん遺伝子は通常 3 文字の小文字イタリック体で，その産物タンパク質は最初が大文字の正体で表すことが多い．ヒトから単離されたがん遺伝子にはこの規則に当てはまらないものも多い．

がん遺伝子を発現させた細胞が，がん細胞に類似した性質を示し，増殖能が亢進することから，がん遺伝子産物の機能が詳細に研究された．その結果，がん遺伝子産物は5.4節で述べた細胞増殖を制御するシグナル伝達系を構成する因子であることが明らかにされた．正常な細胞中にもこうしたがん遺伝子に相当する遺伝子が存在するにもかかわらず，異常な増殖を示さない理由は，ウイルスがもつがん遺伝子には，遺伝子を取り込む過程で変異が生じ，その遺伝子から産生されるタンパク質が，恒常的に活性化されているからである．これに対して，変異が生じていない正常な遺伝子によって産生されるタンパク質は，細胞増殖が必要な際にだけ活性化し，すぐに不活性な状態に戻る．また，レトロウイルスの転写プロモーターは非常に強力であるため，遺伝子発現のレベルが極めて高い．この点も，発がんの一因を担っている．

7.3.2　ヒトのがん遺伝子の発見

多くの腫瘍レトロウイルスが単離されたにもかかわらず，ヒトからは腫瘍レトロウイルスは単離されていない．しかし，多くの人ががんを発症するのは事実である．そこで，ヒトのがんからその原因となる遺伝子を単離する試みがなされた．

正常細胞とがん細胞は，培養するとさまざまな異なる性質を示すことをすでに述べた．この現象を利用して，がん細胞から抽出したDNAを正常細胞に導入し，その効果を検証する実験がなされた（形質転換実験という）．すると，ごく一部ではあるが，正常細胞ががん細胞に類似した性質を示すようになった．正常細胞は，一層のシート状に増殖し，シャーレ一面に拡がると増殖を停止する．しかし，がん細胞由来のDNAを取り込んだ細胞の一部は，シートの上にさらに塊状に増殖した（図7.5）．増殖した細胞は，がん細胞に似た性質を示した．この変化は，がん細胞から抽出したDNAのみで観察され，正常組織から抽出したDNAでは認められなかった．したがって，がん細胞のDNAは，正常細胞のDNAとは何か質的に異なっていることがわかる．正常な細胞に存在する遺伝子に何らかの変異が生じ，その遺伝子を受け取った細胞が異常な増殖を示すようになったと推定された．

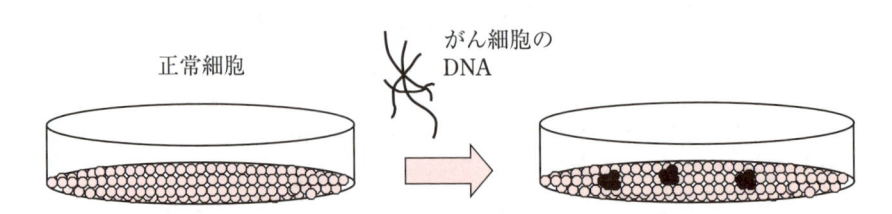

図7.5　形質転換実験によるヒトがんからのがん遺伝子の単離
正常細胞は培養すると接触阻害により増殖が停止する．しかし，ヒトがん細胞由来のDNAを取り込んだ細胞の一部は，さらに盛り上がるように増殖を続ける（右の図の黒の細胞）．

そこで異常な増殖を示すようになった細胞から，取り込んだ遺伝子が単離された．通常受け手の細胞にはマウスの細胞が用いられ，導入するDNAはヒト由来であるため，ヒトゲノムにのみ存在する反復配列DNAが，遺伝子単離の手がかりとされた．このような形質転換実験から最初に単離された遺伝子は，腫瘍レトロウイルスの1つであるHarvey肉腫ウイルス（ラットに肉腫を生じるウイルス）がもつがん遺伝子と同じ **Ha-ras 遺伝子**であった（*ras* の遺伝子名は，rat の sarcoma に由来する）．しかも，正常な遺伝子とその配列を比較した結果，変異によって産生されるタンパク質のわずか1アミノ酸が変わっていたのである．したがって，ヒトのがんにおいてもがん遺伝子の変異によってがんが発症するという重要な概念が確立された．

さまざまながんから抽出したDNAを用いて，形質転換実験が行われた結果，ヒトのがんから多くのがん遺伝子が単離された．しかも，ヒトのがんから単離されたすべてのがん遺伝子には，変異が生じており，その変異は産生するタンパク質を常に活性化状態に保つものであった．これらのがん遺伝子の一部は，腫瘍レトロウイルスのがん遺伝子として同定されていた遺伝子と共通なものである．ヒトのがん遺伝子としてのみ，あるいは腫瘍レトロウイルスのがん遺伝子としてのみ，同定されたがん遺伝子も存在する．がん遺伝子の配列が変異によって変わらなくとも，そのコピー数が**遺伝子増幅**の結果増加し，がんの発症要因となる例も知られている．

7.3.3　共通のがんの発症メカニズム：遺伝子変異

特定の化学物質や紫外線/放射線は，遺伝子に損傷を生じ，**遺伝子変異**を誘発することが知られている．実際に化学物質の投与や，紫外線や放射線照射によってモデル動物に誘導したがんからも，変異したがん遺伝子が単離された．したがって，当初はその関連性さえ不明であった化学物質による発がん，ウイルス発がん，放射線/紫外線による発がんは，すべて遺伝子の変異によって生じるという共通のメカニズムに基づくことが明らかとなった（図7.6）．すなわち細胞に

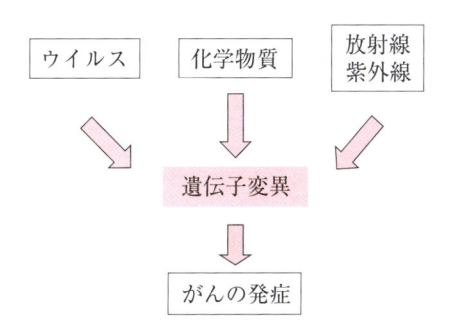

図7.6　発がんの共通なメカニズム

化学物質による発がん，ウイルス発がん，放射線・紫外線による発がんは，すべて遺伝子の変異によって生じるという共通のメカニズムに基づくことが明らかとなった．

第7章　がん

表7.2　ウイルスと細胞のがん遺伝子

ウイルスがん遺伝子 viral *oncogene*（v–*onc*）		変異遺伝子
細胞がん遺伝子 cellular *oncogene*（c–*onc*）	がん原遺伝子 *proto–oncogene*	正常遺伝子
	がん遺伝子 *oncogene*	変異遺伝子

ウイルスのがん遺伝子，正常細胞のがん遺伝子，さらにそれが変異したがん細胞のがん遺伝子を区別するため，ウイルスのがん遺伝子はウイルスがん遺伝子 viral *oncogene*（v–*onc*），細胞のがん遺伝子は細胞がん遺伝子 cellular *oncogene*（c–*onc*）とし，さらに細胞がん遺伝子は変異が生じる前のがん原遺伝子 *proto–oncogene* と変異が生じた結果であるがん遺伝子 *oncogene* として記述される．

は，細胞の増殖を制御するシステムがあり，がん遺伝子から生み出されるタンパク質は，そのシステムを構成するものである．これらの遺伝子に変異が生じると，細胞の増殖は常に促進された状態となり，異常な増殖を示すようになる．

　ウイルスのがん遺伝子，正常細胞のがん遺伝子，さらにそれが変異したがん細胞のがん遺伝子を区別するため，ウイルスのがん遺伝子は**ウイルスがん遺伝子 viral oncogene（v–onc）**，細胞のがん遺伝子は**細胞がん遺伝子 cellular oncogene（c–onc）**とし，さらに細胞がん遺伝子は変異が生じる前の**がん原遺伝子 proto–oncogene** と変異が生じた結果である**がん遺伝子 oncogene** として記述されるようになった（表7.2）．がん原遺伝子に変異が生じ，がん遺伝子となる過程には，ミスセンス変異，一部の遺伝子領域の欠失，他の遺伝子との融合などさまざまなものが知ら

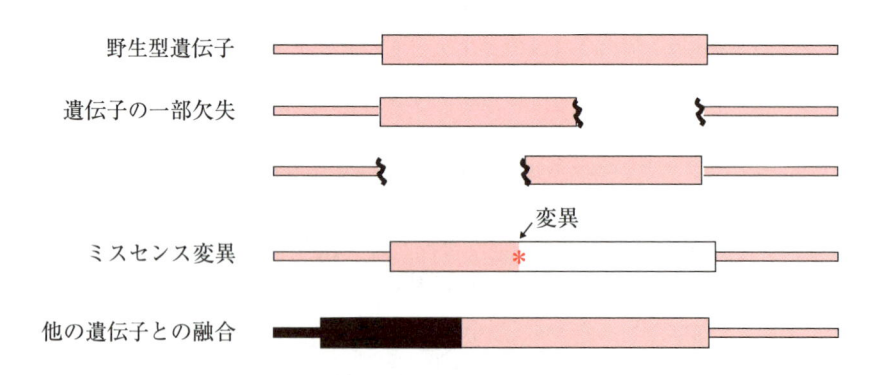

図7.7　がん原遺伝子の変異によるがん遺伝子への変化

がん原遺伝子は，変異によりがん遺伝子となる．遺伝子の一部の欠失は，抑制的な領域が除かれることにより，恒常的活性化をもたらす．また，ミスセンス変異も恒常的活性化をもたらす．他の遺伝子プロモーターの支配下におかれて発現が増加したり，他のタンパク質との融合タンパク質ができ，恒常的活性化をもたらすこともある．

れている（図7.7）．また，遺伝子コピー数が増加することによる遺伝子発現の上昇もがん化に寄与することが知られている．

7.4 がん遺伝子産物の機能と変異

ウイルスからもヒトのがんからもがん遺伝子が多数単離された結果，研究の焦点はその細胞内機能の解明となった．表7.3に，代表的な**がん遺伝子**およびその産物の一覧を示す．これらがん遺伝子産物による細胞増殖亢進のメカニズムを考えるため，第5章で学んだチロシンキナーゼ型

表7.3 おもながん遺伝子

コードされる因子	がん遺伝子	おもなヒトがん種	ウイルス
チロシンキナーゼ	abl	慢性骨髄性白血病，急性リンパ性白血病	○
	erbB	肺がん，グリオーマなど多数のがん	○
	erbB-2	乳がん，卵巣がん	○
	kit	消化管間質腫瘍	○
	ret	甲状腺がん，多発性内分泌腫瘍	○
	PDGF受容体	慢性骨髄単核性白血病	―
	fps, fgr, fms, ros, src, yes	―	○
Rasタンパク質	Ha-ras	甲状腺がん	○
	Ki-ras	肺がん，大腸がん，膵臓がんなど	○
	N-ras	急性骨髄性白血病，甲状腺がんなど	○
PI3キナーゼ	PI3キナーゼ	乳がん，卵巣がん，胃がんなど	○
Akt	akt	乳がん，卵巣がんなど	○
Bcl-2	bcl-2	濾胞性リンパ腫	―
c-Myc	c-myc	バーキットリンパ腫，肺がんなど	○
L-Myc	L-myc	肺がん	
N-Myc	N-myc	神経芽細胞腫	
B-Raf	B-raf	メラノーマ	―
c-Raf-1	c-raf-1	胃がん	○
血小板由来増殖因子	sis	―	○

ヒトがんおよび腫瘍レトロウイルスのがん遺伝子のおもなものを示す．腫瘍レトロウイルスからがん遺伝子が単離されたものは○で示した．

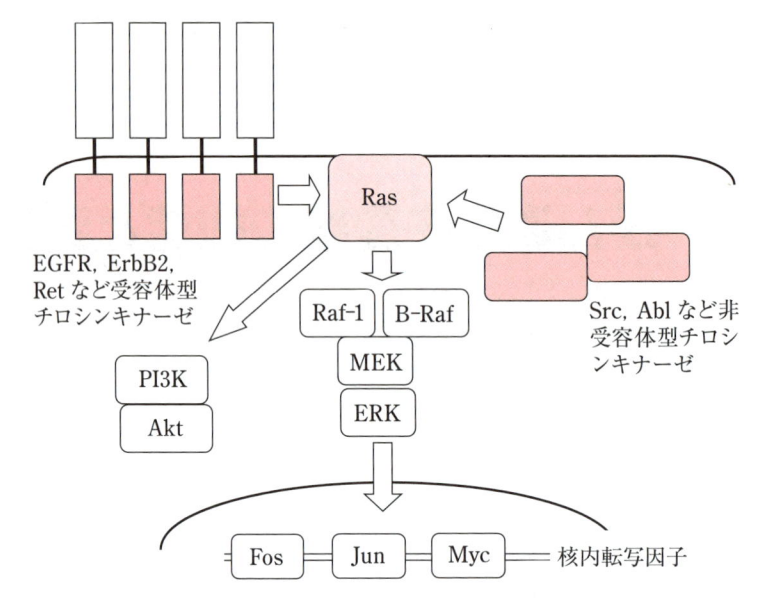

図 7.8　細胞増殖およびアポトーシス抑制のシグナル伝達系

細胞形質膜上の成長因子受容体は，一回膜貫通型受容体であり，細胞内にチロシンキナーゼをもつ．受容体からのシグナルにより Ras が活性化され，B–Raf および Raf–1 からキナーゼカスケードを経て，核内転写因子が活性化され，細胞増殖に必要な遺伝子の転写が起こる．Ras はまた，PI3 キナーゼ/Akt 経路を活性化し，細胞のアポトーシスを抑制し，細胞の生存を維持する．非受容体型チロシンキナーゼも Ras を活性化する．

　受容体からの細胞増殖シグナルの伝達に関与する因子群を簡単に復習する（図 7.8）．
　細胞の形質膜上には，成長因子の受容体が存在する．これらの受容体は形質膜を一回貫通する受容体であり，細胞外にリガンドである成長因子の結合部位，細胞内にタンパク質のチロシン残基をリン酸化する**チロシンキナーゼ**をもつ．リガンドが受容体に結合すると，受容体の二量体化が生じ，受容体が互いに隣接する結果，細胞内のチロシンキナーゼは互いをリン酸化する．ついで，チロシンリン酸化に応じて結合する因子が結合し，さらにシグナルを中継因子である Ras に伝達する．**Ras** は活性化され，B–Raf および Raf–1 から MAP キナーゼカスケード（Raf，MEK，ERK により構成される）へ至る経路と，PI3 キナーゼ（PI3K）/Akt 経路を活性化する．成長因子受容体からのシグナルは，MAP キナーゼカスケードを経て核に伝達され，核内の転写因子，Fos，Jun，Myc などを活性化することにより，細胞増殖に必要な遺伝子群の転写が誘導される．また，**PI3K/Akt** 経路は，細胞のアポトーシスを抑制し，細胞の生存を維持する．Src や Abl などの非受容体型チロシンキナーゼも Ras を活性化する．
　ウイルスのがん遺伝子として同定された遺伝子の産物や，ヒトのがんで変異して活性化している遺伝子から産生されるタンパク質は，いずれもこれらの経路上に存在している．正常な宿主細胞の遺伝子から産生されるタンパク質が可逆的な活性化/不活性化のサイクルをとるのに対し，

7.4.1　チロシンキナーゼ遺伝子の変異

src がん遺伝子の産物 Src は，タンパク質のチロシン残基をリン酸化するチロシンキナーゼである．ヒトゲノムには約 23,000 の遺伝子が存在するが，その中でタンパク質をリン酸化する酵素（プロテインキナーゼ）の遺伝子は 518 個存在する．このうち 90 種類はチロシンキナーゼであり，残りはセリン/スレオニンをリン酸化するキナーゼである．**チロシンキナーゼ**は，細胞の増殖に関与するものが多く，その遺伝子の一部が変異してがん遺伝子となる．チロシンキナーゼは大別して，細胞膜貫通領域を有し，細胞膜上に発現する受容体型チロシンキナーゼと，Src のような非受容体型チロシンキナーゼとに分けられる．ヒトのがんから単離されるものでは，受容体型チロシンキナーゼをコードする遺伝子が変異してがん遺伝子となる例が多い．受容体型チロシンキナーゼは，成長因子の受容体であり，正常な受容体はリガンドである成長因子を結合してはじめて活性化され，細胞内に増殖のシグナルを送り出す．ところが，がん遺伝子から産生される変異型の受容体は，リガンドがない状態でも常に活性化しており，その結果細胞は常に増殖シグナルを受け取る．したがって正常な増殖制御が不能となる．また，チロシンキナーゼ遺伝子と他の遺伝子とが融合することによって，がん遺伝子となることがヒトのがんで知られている．以下にチロシンキナーゼ遺伝子の変異の具体例を示す．

7.4.2　Bcr–Abl 遺伝子融合と白血病

慢性骨髄性白血病（CML）の 90％ 以上，急性リンパ性白血病（ALL）の約 20％ の症例で，**フィラデルフィア染色体**（Ph 染色体）と呼ばれる異常な染色体が認められる．フィラデルフィア染色体は，9 番染色体と 22 番染色体との間で組換えが生じてできたものである（図 7.9）．染色体間組換えの結果，9 番染色体長腕（9q34）に存在する *abl* **遺伝子**と，22 番染色体長腕（22q11）に存在する *bcr* 遺伝子が融合し，融合タンパク質 Bcr–Abl ができる．Abl はチロシンキナーゼであるが，Bcr タンパク質が二量体を形成する性質があるために，Bcr–Abl のチロシンキナーゼは常に活性化されている．その結果，異常細胞の増殖が認められる．これらの白血病には，Abl チロシンキナーゼを阻害する薬剤が治療に用いられる．遺伝子融合によって活性化される遺伝子の例としてこの他に，PDGF 受容体遺伝子，*c-ret* **遺伝子**，*alk* 遺伝子などが知られている．

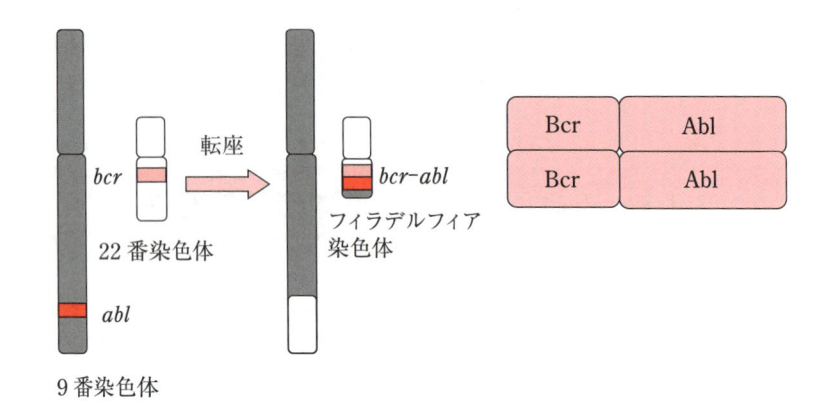

図 7.9　慢性骨髄性白血病における Abl チロシンキナーゼの活性化

慢性骨髄性白血病では，染色体転座の結果，フィラデルフィア染色体という異常な染色体が生じている．その結果，*abl* 遺伝子が *bcr* 遺伝子と融合し，融合タンパク質 Bcr-Abl ができる．Bcr は二量体化する性質があり，その結果 Abl チロシンキナーゼ活性が恒常的に活性化される．

7.4.3　甲状腺がんと *c-ret* 遺伝子変異

c-ret 遺伝子から産生される受容体型チロシンキナーゼ Ret は，1 アミノ酸が変化し，その結果リガンドを必要とせずに活性化する（図 7.10）．この変異は，細胞外領域の数か所やキナーゼ領

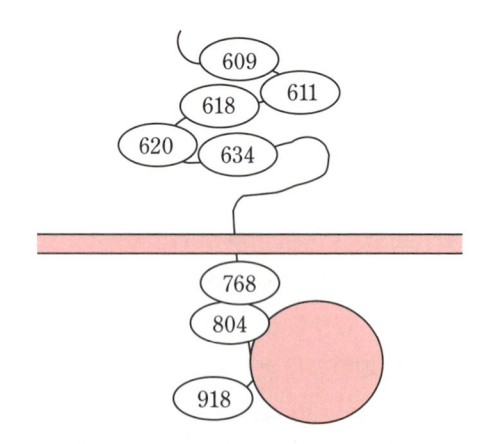

図 7.10　Ret 受容体の変異による恒常的活性化

受容体型チロシンキナーゼ Ret は，細胞外領域やキナーゼ領域の一アミノ酸が変化し，その結果リガンドを必要とせずに活性化する．図のどのアミノ酸が変化しても，リガンドなしの活性化をもたらす．

域に認められ，どの変異が生じてもリガンドなしの活性化を導く．甲状腺がんでは，このような変異や，c-*ret* 遺伝子と他の遺伝子との融合，遺伝子の重複が認められる．

7.4.4　EGF 受容体遺伝子ファミリーおよびその他の遺伝子

　受容体型チロシンキナーゼは，過剰に発現することによっても細胞がん化をもたらす．その理由は，過剰に存在する受容体型チロシンキナーゼの一部が活性化するからである．肺がん，膵がん，大腸がんなど多くのヒトがんで，EGF（epidermal growth factor, 上皮成長因子）受容体およびそのファミリーの遺伝子が重複している結果，これらの受容体の発現が増加し，がん発症に関与することが示されている．肺がんでは，EGF 受容体遺伝子が変異している症例も見つかる．こうした結果から，EGF 受容体のチロシンキナーゼ活性を阻害する薬剤が臨床に用いられている．EGF 受容体ファミリーに属する HER2 は，乳がん，卵巣がんで遺伝子が増幅している．その他の受容体として，PDGF（platelet-derived growth factor, 血小板由来増殖因子）受容体は，他の遺伝子との融合や（慢性骨髄単球性白血病），一アミノ酸変異（消化管間質腫瘍）によって活性化する．消化管間質腫瘍では，*c-kit* 受容体遺伝子の変異も認められる．

7.4.5　*ras* 遺伝子産物 Ras

　Ras は細胞膜の内側に局在し，チロシンキナーゼ受容体からのシグナルを受けて活性化し，そのシグナルをさらに下流の因子に伝達する機能をもっている（図 7.8）．Ras は GTP 結合タンパク質であり，GTP または GDP のいずれかと結合している（図 7.11）．GTP 結合型と GDP 結合型では，その立体構造が大きく異なり，GTP を結合した時のみ下流の標的因子（Raf キナーゼ，PI3 キナーゼなど）を活性化することができる．Ras は自身がもつ GTPase 活性により結合した GTP を加水分解し，不活性な GDP 結合型に戻る．この反応速度を 1000 倍程度に促進する複数の GTPase 活性促進因子 GTPase-activating protein（GAP）が存在し，Ras を不活性な状態にとどめておく（図 7.11）．

　チロシンキナーゼ受容体からのシグナルによって，Ras に結合している GDP が解離し，細胞内で豊富に存在する GTP と結合することで Ras が活性化される．ウイルスのがん遺伝子，あるいはがん細胞で見つかる変異した *ras* 遺伝子によって産生される Ras タンパク質は，12, 13, 59, 61 番目のアミノ酸のいずれかが他のアミノ酸で置換されている．これらの変異 Ras タンパク質の GTPase 活性は低下し，さらに GAP による GTPase 活性促進を全く受けなくなることから，その GTP 加水分解速度は，正常な Ras に比べて著しく低下することになる．その結果，細胞内で Ras は常に活性型である GTP 結合型となり，下流の標的因子を活性化し続ける（図 7.12）．その結果，異常な細胞増殖が誘導される．*ras* 遺伝子の変異は，がん遺伝子変異の中で最も頻度が高く，がん全体では約 20%，大腸がんでは 50%，膵がんで 90% もの割合で変異が認められる．

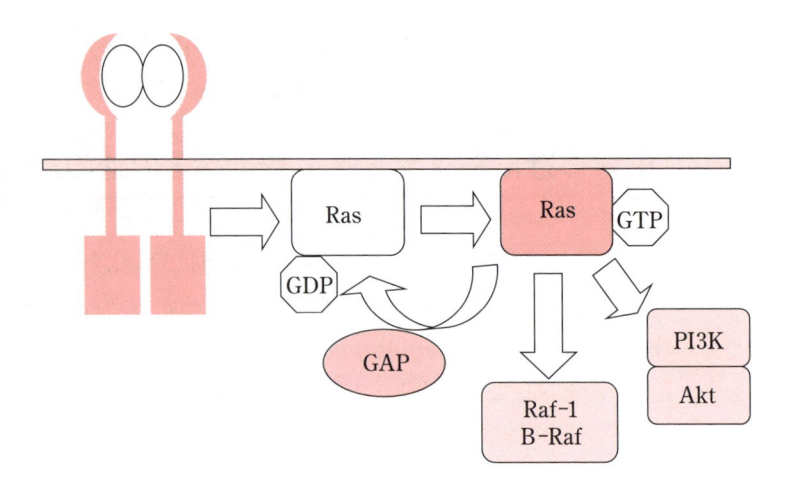

図 7.11　Ras の作業サイクル

Ras は，チロシンキナーゼ受容体からのシグナルを受け，結合している GDP を解離し，GTP 結合型となることで活性化する．GTP 結合型と GDP 結合型ではその構造が異なり，GTP を結合した時のみ下流の標的因子（Raf キナーゼ，PI3 キナーゼなど）を活性化する．Ras は GTPase 活性により，不活性な GDP 結合型に戻る．この反応速度を著しく促進する複数の GAP が存在し，Ras を不活性状態にとどめる．

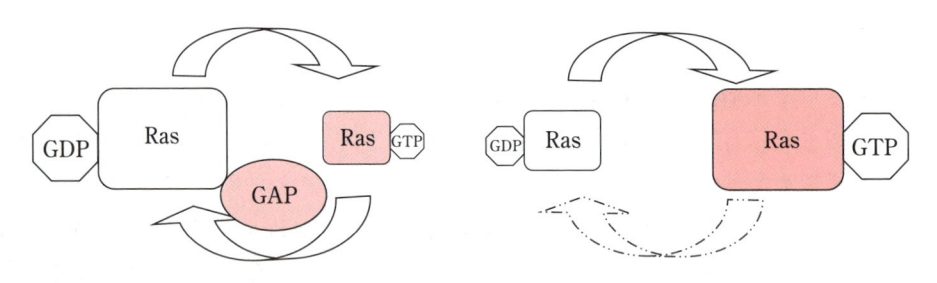

図 7.12　正常と変異 Ras タンパク質の違い

正常な Ras（左）は，細胞内で強い GAP 活性のため，GTP を結合した活性型のレベルは低く保たれている．受容体からのシグナルによって，一過性に活性型が増加する．一方，変異 Ras タンパク質は，GTPase 活性が低下し，さらに GAP による促進を全く受けないので，常に活性型となっている．

7.4.6　Ras の下流因子

Ras はおもに，Raf/MAP キナーゼ系および PI3 キナーゼ（PI3K）/Akt 系の 2 つの経路を活性化することにより細胞のがん化を導く（図 7.8 および図 7.11）．これらの経路を構成する因子も，ヒトのがんで変異により活性化されている．Raf ファミリーの一員である c–Raf–1 は N 末端領域の

欠失により，B-Rafは一アミノ酸変異により，ともに恒常的に活性化されている．前者は胃がんなどで，後者は黒色細胞腫（皮膚の色素細胞のがん）などで認められる．PI3K/Akt経路は，細胞のアポトーシスを抑制し，がん細胞の生存に寄与している．がん細胞は，栄養・酸素ともに欠乏した状態で増殖することから，アポトーシスに陥りやすいが，PI3K/Akt経路が活性化していると，がん細胞は生き延びる．PI3キナーゼ遺伝子の変異/増幅やakt遺伝子の増幅が，乳がん，卵巣がんなどで見られる．

7.4.7　核内転写因子，その他

Mycは細胞増殖を制御する主要な転写因子であるが，その遺伝子ファミリーの1つであるc-mycは，バーキットリンパ腫で転座により発現が増加し（後述），乳がんや肺がんでは，遺伝子増幅が生じている．c-mycはまた，初期のiPS細胞（induced pluripotent stem cell）の作製に用いられていたが，作製したiPS細胞に造腫瘍性が見つかったため，その後のiPS細胞作製には用いられていない．またmycファミリーの遺伝子として，L-myc（肺がん），N-myc（神経芽細胞腫）の遺伝子増幅が知られている．その他には，細胞接着に関与するカテニン遺伝子の変異による活性化や，サイクリンD1遺伝子の恒常的発現などが見つかっている．

7.5　がん抑制遺伝子

多細胞生物の個体の中で，種々の組織の細胞数を厳密に維持することは，個体の構築に必須である．したがって，細胞増殖は多重のシステムによって制御されており，増殖促進に働く因子もあれば，増殖抑制に機能する因子もある．前項で見たがん遺伝子の産物は，いずれも細胞増殖促進に働くが，細胞増殖を負に制御する一群の因子も知られている．これらの因子を産生する遺伝子は，がんにおいて高率にその欠失が認められる．細胞増殖のブレーキ役が不在となり，その結果，細胞増殖が亢進すると考えられる．こうした遺伝子は，がんの発症を抑制する機能があることから，がん抑制遺伝子と呼ばれる．

7.5.1　がん抑制遺伝子に生じる変異

がんが遺伝子変異の蓄積の結果生じる疾患であることから，染色体の安定性や，遺伝子変異の修復系に関与する遺伝子もがん抑制遺伝子である．がん抑制遺伝子の変異による機能喪失には，遺伝子自体が欠失により失われる場合や，タンパク質コード領域にナンセンス変異が生じて，機

野生型遺伝子

遺伝子の欠失

ナンセンス変異
ミスセンス変異　　　　　　↓変異
　　　　　　　　　　　　＊

　　　　　メチル化
プロモーターの
メチル化　　　　CpG

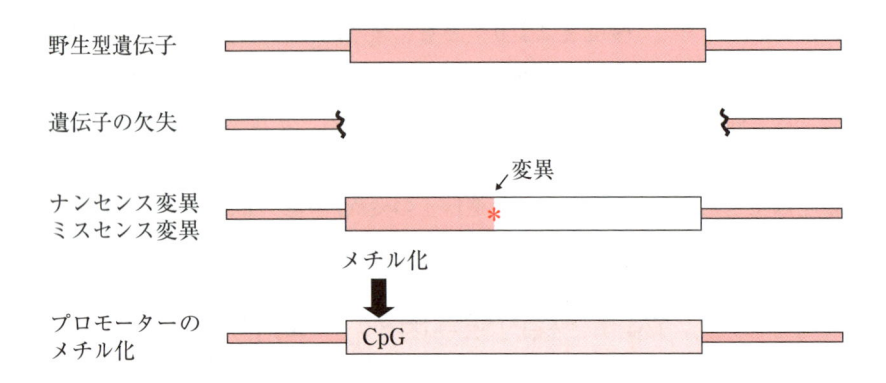

図7.13　がん抑制遺伝子の機能喪失のメカニズム

がん抑制遺伝子の変異による機能喪失には，遺伝子自体が欠失により失われる場合や，タンパク質コード領域にナンセンス変異やミスセンス変異が生じて，機能的なタンパク質が産生されなくなる場合がある．また，遺伝子配列自体は変化しなくとも，プロモーター領域の CpG 配列のメチル化によって，遺伝子発現が低下する場合もある．

能的なタンパク質が産生されなくなる場合，ミスセンス変異により正常な機能をもつタンパク質ができなくなる場合などがある．また，遺伝子配列自体は変化しなくとも，プロモーター領域の CpG 配列のメチル化によって，遺伝子発現が低下する例も多くのがんで知られている（図7.13）．

　がん抑制遺伝子の存在が想定されたのは，実際にがん抑制遺伝子が単離されるずっと以前のこ

表7.4　おもながん抑制遺伝子

がん抑制遺伝子	機　能
Rb	細胞周期チェックポイント
p53	細胞周期停止，アポトーシス誘導
INK4	細胞周期停止
NF1	Ras の抑制因子
PTEN	PI3 キナーゼの抑制因子
BRCA1	ゲノム安定性
BRCA2	ゲノム安定性
TβRII	TGF-β 受容体
SMAD2, SMAD4	TGF-β シグナル伝達
APC	ゲノム安定性
DCC	細胞接着因子

ヒトから単離されたおもながん抑制遺伝子をまとめた．詳細は本文を参照のこと．

とである．がん細胞と正常な細胞は，培養時にさまざまな性質の差が認められることを 7.2 節で見たが，がん細胞と正常細胞を融合させると，その性質は正常細胞に近いものとなる．この結果は，正常細胞にはがん細胞の性質を抑制する因子が存在することを示している．融合細胞をずっと培養すると，過剰な数の染色体は漸減していく．そして特定の染色体が脱落すると，またがん細胞としての性質が復活する．したがって，脱落した染色体上にはがんの性質を抑制する因子の遺伝子が存在することが示唆される．さらに，多くのがんではそのがんに共通に認められる染色体欠失が存在し，こうした領域にはがんの発症を抑制する遺伝子が存在し，その遺伝子が欠失することによって発症がもたらされると考えられていた．おもながん抑制遺伝子を表 7.4 にまとめた．

7.5.2　*Rb* 遺伝子

Rb は最初に単離されたがん抑制遺伝子である．遺伝的に小児の**網膜芽細胞腫 retinoblastoma** を発症する家系の疫学的な解析から，1971 年に**クヌードソン Alfred G. Knudoson** は「**two hit theory**」を発表した．遺伝性と孤発性の症例を集め，横軸に年齢を，縦軸にその時点で発症していない患者の割合の対数をプロットする．その結果，遺伝性の症例では，1 か所の遺伝子変異で，孤発性の症例では 2 か所の変異が，発症の律速段階であることがわかった．このデータをもとに，クヌードソンは，網膜芽細胞腫の発症を抑制する遺伝子 X が存在し，遺伝的にこの腫瘍を発症する家系では，出生時から片方の遺伝子 X の機能が損なわれており，生後もう一方の遺伝子

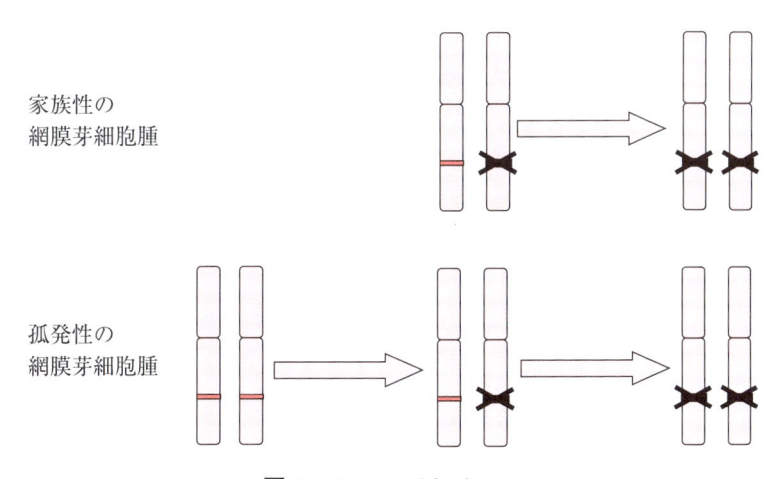

図 7.14　two hit theory

小児の網膜芽細胞腫の疫学的な解析から，クヌードソンは「two hit theory」を発表した．網膜芽細胞腫の発症を抑制する遺伝子 X が存在し，遺伝的にこの腫瘍を発症する家系では，出生時から片方の遺伝子 X の機能が損なわれており（×印で表示），生後もう一方の遺伝子に変異が生じると発症するとした．孤発性の症例では，2 か所の変異が必要であるとした．

に変異が生じると発症するとした．孤発性の症例では，2か所の変異が必要である（図7.14）．

この仮説は，遺伝性家系の13番染色体に共通の欠失が存在していること，欠失領域から網膜芽細胞腫の発症を抑制する遺伝子 *Rb* が単離されたこと，網膜芽細胞腫の細胞では，**Rb遺伝子**が2つともに機能を喪失していることから，正しいことが認められた．Rbは第6章に詳述されているように，細胞周期が G_1 期からS期へ進行する際の G_1 チェックポイントを構成する因子であり，細胞周期制御において極めて重要な機能を担う因子である．

7.5.3　*p53* 遺伝子

p53 は多くのがんでその遺伝子が変異しており，その割合はがん全体のほぼ半数に達する．この割合は，ヒトがんにおける遺伝子変異の率として最も高いものである．p53は転写因子であり，ゲノムの異常を感知して，細胞周期を停止し修復にあたる時間的余裕を生み出す（図7.15）．また，ゲノム損傷が甚だしい場合には，**アポトーシス**を誘導して異常な細胞が増殖することを防止する．*p53* 遺伝子変異は，p53のDNA結合能を失わせる．p53は4量体として機能し，4つのサブユニットのいずれかが変異してもその活性を失うことから，2つの遺伝子のどちらかに変異が生じると，事実上その機能は失われる．p53が転写を誘導する遺伝子として，細胞周期を停止するp21をコードする *INK4* 遺伝子などや，アポトーシスを誘導する *PUMA*，*Noxa* などがある．

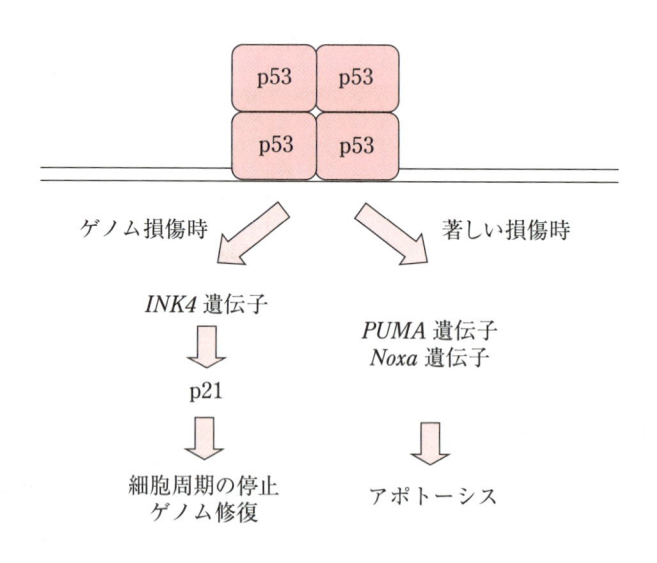

図 7.15　p53 の機能

p53は4量体として機能する転写因子である．ゲノム損傷時に活性化され，*INK4* 遺伝子の転写を促進し，*INK4* 遺伝子産物p21は，細胞周期を停止させる．ゲノム損傷が甚だしい時には，*PUMA*，*Noxa* などアポトーシスを誘導する遺伝子の転写を促し，細胞をアポトーシスへ導く．

INK4 遺伝子もまた多くのがんで機能喪失が見られることから，がん抑制遺伝子である．

7.5.4　Ras およびその下流を抑制する遺伝子

NF1（**neurofibromatosis type I, 神経線維腫症 I 型**）は，最も頻度の高い劣性遺伝性疾患であり，良性の皮膚の腫瘍をおもな病態とする疾患である．この家系では，NF1 遺伝子の一方が機能を喪失している．NF1 は，**Ras** の GTPase 活性促進因子であり，Ras を負に制御する因子である．NF1 の機能喪失は，恒常的な Ras の活性化につながり，NF1 を発症する家系では，若年性白血病やその他の悪性腫瘍を発症するリスクが高い（図 7.16）．

PTEN は，PI3 キナーゼの産物であるホスファチジルイノシトール-3 リン酸（PIP_3）を加水分解する酵素をコードする遺伝子である．PIP_3 は Akt キナーゼの活性化を介して，**アポトーシス**抑制をする結果，がん細胞の生存が促進される．*PTEN* 遺伝子が機能を喪失すると，PI3 キナーゼ経路のブレーキ役が不在となり，発がんにつながる（図 7.16）．*PTEN* 遺伝子の機能喪失は，多くのがんで認められる．Ras に対する NF1，PI3 キナーゼに対する PTEN は，がん遺伝子産物の活性をがん抑制遺伝子産物が抑制する好例である．

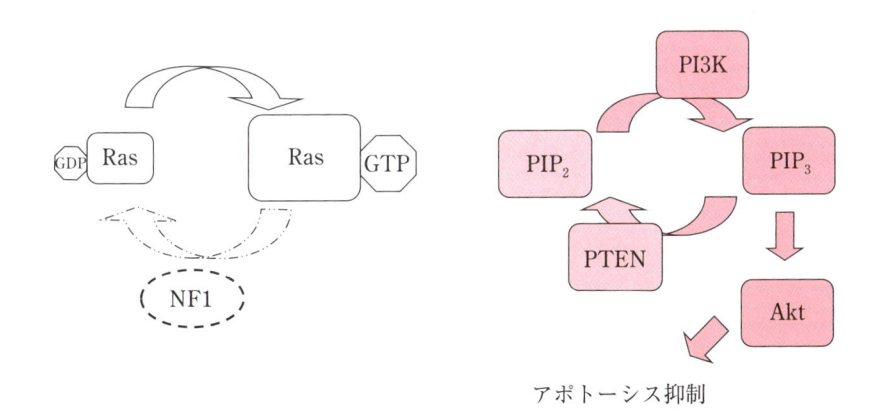

図 7.16　NF1 および *PTEN* がん抑制遺伝子の喪失

NF1 は複数の Ras の GAP の 1 つであり，その喪失は Ras の活性化をもたらす（左）．PTEN は PI3 キナーゼ産物 PIP_3 を加水分解する酵素であり，PI3 キナーゼ経路を抑制する因子である．Akt は，PIP_3 によって活性化されるキナーゼであり，アポトーシスを抑制する機能がある．*PTEN* 遺伝子の機能喪失は，この経路を活性化し，がん細胞の生存に有利に働く（右）．

7.5.5　*BRCA1* および *BRCA2* 遺伝子

　乳がんで高頻度の機能喪失が見られる遺伝子に *BRCA1* および *BRCA2* がある．遺伝性に乳がんを発症する症例は，乳がん全体の数%〜10%程度であるが，その症例のほとんどで *BRCA1* または *BRCA2* 遺伝子の異常が見つかるとされている．乳がんは早期発見により，病巣部のみ切除可能であるので，こうしたハイリスクのグループの人々には，定期的な検査が推奨されている．

　その他のがん抑制遺伝子として，**TGF-β/Smad** 系の遺伝子がある．TGF-β は，細胞の増殖を抑制する可溶性因子であり，そのシグナルは受容体を介して Smad を活性化し，Smad は核に移行して，細胞増殖抑制の遺伝子発現を促す．このシステムを構成する因子の機能喪失も多くのがんで認められる．

7.6　ウイルスおよび細菌感染によるヒトのがんの発症

　マウス，ラット，ネコ，サルなどには，がんをつくるレトロウイルスが存在し，接種するだけでがんを誘発することを述べたが，ヒトではこのような腫瘍レトロウイルスは知られていない．ウイルスが関与するヒトのがんは，5つ知られている（表7.5）．B型およびC型肝炎ウイルスによる肝がん，ヒトT細胞白血病ウイルスによる成人T細胞白血病，ヒトパピローマウイルスによる子宮頸がん，EBウイルス（Epstein Barr virus）によるバーキットリンパ腫，ヒト免疫不全症ウイルス感染によるカポジ肉腫である．またヘリコバクター・ピロリ菌感染は，胃がんの発症リ

表7.5　ヒトがんの原因となるウイルスおよび細菌

ヒトパピローマウイルス	子宮頸がん
B型肝炎ウイルス C型肝炎ウイルス	肝がん
ヒトT細胞白血病 ウイルス	成人T細胞白血病
EBウイルス	バーキットリンパ腫
ヒト免疫不全症ウイルス	カポジ肉腫
ヘリコバクター・ピロリ	胃がん

ヒトがん発症に関与するウイルスおよび細菌についてまとめた．詳細は，本文を参照のこと．

スクを著しく高める．B型およびC型肝炎ウイルス，ヒトパピローマウイルス，ヒト免疫不全症ウイルスの感染は性感染症であり，防止することができる．また，B型肝炎ウイルスやヒトパピローマウイルスに対するワクチン接種も，有効な予防手段である．

7.6.1 ヒトパピローマウイルスと子宮頸がん

子宮頸がん患者のほとんどから，パピローマウイルスのゲノムあるいはゲノム断片が検出されるが，すべてウイルス初期遺伝子（感染後すぐに発現する遺伝子）*E6*および*E7*の領域を含んでいる．E7タンパク質は，細胞周期で極めて重要な役割を果たすRbタンパク質を結合し，不活化する機能がある（図7.17）．その結果，細胞周期のG_1期からS期への移行のチェックポイントであるG_1/Sチェックポイントが機能せず，細胞増殖は亢進する．また，E6タンパク質は，p53と結合し分解へと導く．p53が不活化する結果，ゲノムが異常に複製されてもアポトーシスは誘導されないので，ゲノムは不安定さを増す．これらの過程で，遺伝子変異が蓄積し，がんの発症につながると考えられる．

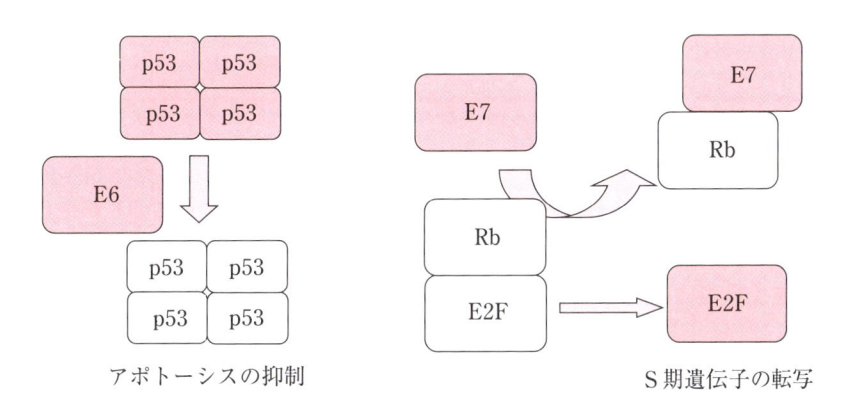

図7.17 ヒトパピローマウイルス初期遺伝子産物の機能

ヒトパピローマウイルスのE6タンパク質は，p53タンパク質の分解を促進し，細胞のアポトーシスを抑制する．細胞周期S期のDNA複製に必要な遺伝子の転写を促進する転写因子E2Fは，通常Rbタンパク質によって抑制されている．E7タンパク質は，Rbと結合し，E2Fを遊離させることで，この抑制を解除し，細胞をS期へと導く．

7.6.2 肝炎ウイルスと肝がん

B型および**C型肝炎ウイルス**による肝がんの発症は，肝炎による組織障害と再生の過程を繰り返すことで，遺伝子変異の確率が上昇し，がん発症に必要な遺伝子変異の蓄積が生じると考

えられる．日本における肝がん患者の 95% 程度は，どちらかの肝炎ウイルスに感染しており，これらのウイルス感染を防止すれば，肝がん発症者数は激減すると考えられる．B 型肝炎ウイルス感染者および C 型肝炎ウイルス感染者の，それぞれ約 10% および 5% 程度が最終的に肝がんを発症する．

7.6.3 成人 T 細胞白血病

ヒト T 細胞白血病ウイルスは，T 細胞に感染するレトロウイルスである．ウイルス感染者の分布は，西日本の海岸に限局した分布を示し，沖縄，台湾の分布とも考え合わせると，南方からのウイルス感染者の移動が考えられる．感染者の 2% 程度が生涯を通じて白血病を発症する．この白血病を発症した患者の T 細胞すべてに染色体に挿入されたウイルスが見つかることから，このウイルスが白血病の原因であることがわかる．ヒト T 細胞白血病ウイルスは，宿主細胞に由来するがん遺伝子はもたないが，産生するウイルスタンパク質により，T 細胞のインターロイキン-2 とその受容体の発現がともに亢進し，T 細胞の増殖を亢進させることが発症の要因であると考えられている．

7.6.4 バーキットリンパ腫

EB ウイルスは，p53 の活性を抑制することでアポトーシスを抑制し，さらに細胞増殖を亢進させる結果，増殖過程の中で染色体転座（8 番染色体と 14 番染色体間で起こる）が生じ，免疫グロブリン遺伝子と **c-myc** がん原遺伝子が融合し，c-myc の発現が強力な免疫グロブリンプロモーターの制御を受けて亢進する（図 7.18）．その結果，細胞増殖がさらに促進され，発がんに

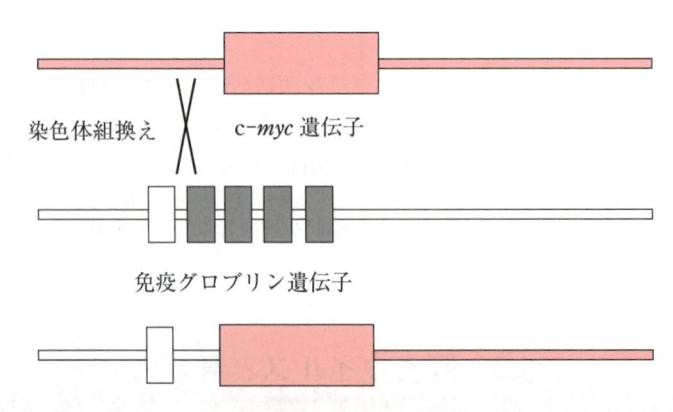

図 7.18 バーキットリンパ腫における c-myc 遺伝子の転写活性化

バーキットリンパ腫では，8 番染色体と 14 番染色体の間で転座が生じ，c-myc 遺伝子は免疫グロブリン遺伝子のプロモーターと融合することで，その転写が強く促進される．

つながると考えられる．**カポジ肉腫**は，本来であれば排除されるようながん細胞が**ヒト免疫不全症ウイルス**感染による免疫不全状態で，免疫監視を逃れて発症する．

7.6.5　ヘリコバクター・ピロリ菌感染と胃がん

これらウイルス感染による発がん以外に，**ヘリコバクター・ピロリ**菌感染は，**胃がん**の原因となることが示されている．日本人の胃がんのほとんどの症例は，ピロリ菌感染者でもある．ピロリ菌は，cagA という菌体成分を胃がん上皮粘膜細胞に注入する．cagA タンパク質は，細胞内でチロシンリン酸化を受け，その下流で Ras，ERK などの因子を活性化し，細胞増殖を亢進させる．また，隣接した細胞間や基質との細胞接着を弱め，上皮細胞としての性質を失わせる．

7.7　多段階発がん

化学発がんの研究から，細胞のがん化の過程には2段階あり，細胞が不可逆的に潜在的ながん細胞となるイニシエーションと潜在的ながん細胞が増殖を繰り返すことにより悪性化するプロモーションの過程があるとされていた．がんを誘発する化学物質は，それぞれの過程を促進する発がんイニシエーターとプロモーターとに分類されていたが，その分子的な基盤は不明である．現在では，遺伝子変異の蓄積の程度により，がんの発生初期の，細胞増殖が活発化されるが正常な細胞に近いものから，活発な増殖の結果遺伝子変異が蓄積していき，細胞が悪性化するまでに多くの段階を踏むとする**多段階発がん**仮説へと集約されている．変異の蓄積はまれな事象であり，変異によって周囲の細胞に比べてより成育しやすくなる細胞が生じると考えられる．このようなことから，がんは始め1つの細胞から生じると考えられ，これをがんの**単クローン性**という．

7.7.1　大腸がんの段階的発症

大腸がんの発症を例にとると，腺腫を前がん病変とし，さらに遺伝子変異が蓄積すると悪性化して発症するとする仮説が提唱されている（図 7.19）．すなわち，最初にがん抑制遺伝子 ***APC*** の機能が失われて低異型性腺腫が生じ，さらに ***Ki-ras* 遺伝子**の変異による活性化や **TGF-β** シグナル伝達に関与するがん抑制遺伝子の機能喪失が生じると高異型性腺腫となる．この段階では粘膜内にとどまっており，まだ浸潤能を獲得してはいない．さらに，***p53* 遺伝子**や ***DCC* がん抑制遺伝子**が機能を失うと，浸潤能を獲得して転移性をもつ悪性のがん腫となる，とするものであ

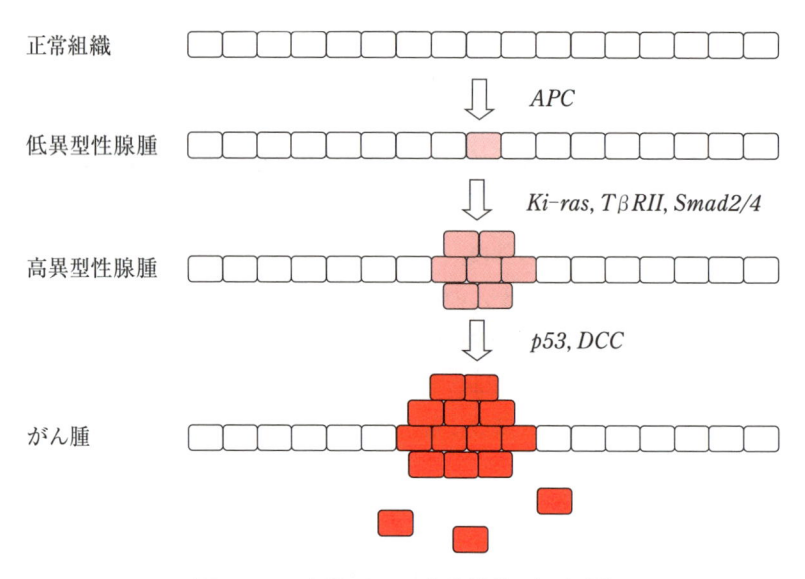

図 7.19　大腸がんの多段階発がん仮説

大腸がんの初期では，APC がん抑制遺伝子の機能喪失が生じ，ゲノムが不安定化する．さらに Ki-ras 遺伝子の活性化変異や TGF-β シグナル伝達系遺伝子の機能喪失によって高異型性腺腫となり，細胞の増殖能は亢進する．p53, DCC がん抑制遺伝子などの機能喪失によってさらに悪性化し，浸潤・転移能を獲得したがん腫となる．

る．同時にこの他のがん抑制遺伝子の機能喪失も認められている．多くの研究がこの多段階発がん仮説を支持するが，他のルートによって大腸がんが発症するとする考え方もある．

　大腸がんの多段階発がん仮説に基づけば，がんの発症に必要な遺伝子変異の数がわかる．がん抑制遺伝子の機能喪失は，遺伝子2コピーともに変異が生じることが必要である．がん原遺伝子の変異による活性化は，片側の遺伝子のみでよいので，1回の変異である．p53 の遺伝子変異は特殊であり，p53 は四量体で機能しいずれかのサブユニットが変異型であると機能を失うことから，片側遺伝子の変異のみで機能を失う．したがって，APC および DCC 遺伝子の機能喪失にともに2回の変異が，**Ki-ras 遺伝子**の変異による活性化，p53 の機能喪失にはともに1回の変異が必要であり，最低でも合計6回の変異がいる．ゲノム上にランダムに生じる遺伝子変異が，この6か所の遺伝子に生じることは極めてまれな事象であり，がんの発症には長い年月を要することがわかる．細胞の異常な増殖は，遺伝子変異のチャンスを大幅に増加させると考えられる．

7.8 がん治療のための薬剤

　がんは個体の中で最も増殖が盛んな組織であることから，細胞増殖を阻害する薬剤が**抗がん薬**として開発されてきた．細胞が増殖するためには，ゲノムを複製する必要があることから，**DNA 合成**の阻害薬が多数開発されてきた．DNA 合成の阻害薬には，DNA 合成の基質となるプリン–ピリミジン塩基のアナログや，チミジル酸の合成に必要な葉酸の代謝酵素やチミジル酸シンターゼを阻害する薬剤がある．DNA ポリメラーゼの活性を阻害する薬剤も臨床に用いられる．DNA 複製時には，DNA のねじれを解消するトポイソメラーゼの活性が必須であるので，多くの**トポイソメラーゼ阻害剤**が抗がん薬として上市されている．DNA をアルキル化するアルキル化薬，DNA と直接相互作用する白金錯体もある．また，細胞分裂時には複製された染色体を 2 つの娘細胞に分配する必要があり，この際に機能する分裂装置の構成成分である微小管を阻害する薬剤もたくさん開発されている．**微小管阻害薬**には，重合を阻害するものと重合した微小管の脱重合を妨げる薬剤がある．

　しかし，こうした薬剤は個体の中で細胞増殖が盛んな組織にすべて作用するので，がん以外の組織にも大きな影響を及ぼし，重篤な副作用を生じることがある．体内で増殖が盛んな細胞には，血液細胞の前駆細胞や小腸の上皮細胞などがある．例えば，赤血球の寿命は約 120 日であり，日々更新されている．その分，骨髄で赤血球の前駆細胞が盛んに増殖して失われた赤血球を補う必要がある．また，小腸上皮細胞は，多くの物質に曝露されているので傷害を受けやすく，約 4 日で入れ替わる．したがって，貧血や下痢は抗がん薬の副作用の代表的なものである．

7.8.1 分子標的薬

　こうした副作用を軽減するため，近年がん細胞だけで亢進しているシグナル伝達系を標的とする薬剤が開発され，一部の薬剤はすでに臨床に用いられるようになった．こうした薬剤を**分子標的薬**と呼ぶ．分子標的薬の開発には，治療の対象となるがんで，どのような因子が活性化しているかを明らかにすることが必要である．細胞の増殖を制御するシグナル伝達系の，中心的な機能を果たす因子を標的とすることは合理的である．また，固形がんは塊として増殖するが，中心部にまで栄養と酸素を供給するためには，新規に血管を導き入れる必要がある．多くの固形がんは，**血管新生**を誘導することから，血管新生に機能する増殖因子やその受容体を阻害する薬剤が開発されている．まだ研究段階であるが，がん細胞で亢進している**テロメラーゼ**を阻害する薬剤も将来の有力な抗がん薬として，その開発が進められている．DNA 複製の際に，染色体末端は複製することができず，染色体は複製ごとに短縮していく．この短縮した末端を補うのがテロメ

表 7.6　おもな分子標的薬

薬剤名	分類	標的分子	適用
ゲフィチニブ	低分子	EGF 受容体	肺がん
エルロチニブ	低分子	EGF 受容体	肺がん
クリゾチニブ	低分子	ALK 融合タンパク質	肺がん
セツキシマブ	抗体	EGF 受容体	大腸がん
トラスツズマブ	抗体	HER2	乳がん
ラパチニブ	低分子	HER2	乳がん
タモキシフェン	低分子	エストロゲン受容体	乳がん
ベバシズマブ	抗体	VEGF	大腸がん，乳がん，肺がんなど
ソラフェニブ	低分子	VEGF 受容体	腎がん，肝がん
スニチニブ	低分子	VEGF 受容体	腎がん，消化管間質腫瘍
パゾパニブ	低分子	VEGF 受容体	腎がん
エベロリムス	低分子	mTOR	腎がん，免疫抑制剤
リツキシマブ	抗体	CD20	悪性リンパ腫
イブリツモマブ	抗体	CD20	悪性リンパ腫
イマチニブ	低分子	Bcr-Abl	慢性骨髄性白血病，消化管間質腫瘍
ニロチニブ	低分子	Bcr-Abl	慢性骨髄性白血病
ダサチニブ	低分子	Bcr-Abl	慢性骨髄性白血病

臨床に用いられている分子標的薬について，標的分子，適用がん種等を記載した．詳細は本文を参照のこと．

ラーゼであり，がん組織ではこの活性が高い．従来の抗がん薬も特定の標的分子をもつが，分子標的薬はその開発の段階から特定の分子に標的を定めている点が特徴である．

　分子標的薬には，低分子化合物とタンパク質医薬品がある．低分子化合物は，細胞膜を透過し，細胞内で標的とする因子の酵素活性を阻害する薬剤である．低分子の分子標的薬は，阻害薬 inhibitor に因み，化合物名の末尾に ib を付けるのが一般的である．例として，後述するゲフィチニブ gefitinib，ソラフェニブ sorafenib，イマチニブ imatinib などがあげられる．

　タンパク質医薬品には，**抗体医薬品**や受容体の一部を遺伝子組換えで作成したものがある．抗体医薬品は，単クローン抗体 monoclonal antibody に因み，名称の末尾に mab を付ける．単クローン抗体とは，1つの B リンパ球に由来する形質細胞（プラスマ細胞）が産生する抗体のことであり，通常マウスに抗原を免疫して作成する．ところが，マウスの抗体はヒトに対しては異物であり，臨床に用いることができない．そこで，抗体の抗原結合部位のみを生かし，他の領域はヒトの抗体に由来するハイブリッド型の抗体が遺伝子組換え法によって作成されて用いられる．

また，マウスの免疫グロブリン遺伝子領域をヒトの当該領域で置換した動物も作成されている．抗体医薬品は，標的分子の活性を阻害する他にも，抗体依存性細胞傷害によって，標的分子を細胞膜上に発現しているがん細胞を傷害する効果もある．

抗体医薬品は，抗体遺伝子を導入した哺乳動物細胞を大規模なタンクで培養し，分泌された抗体を高度に精製する必要がある．したがって，低分子医薬品に比べて一般的に高価である．例えば，乳がんの治療に用いられるトラスツズマブは，1回の治療に十数万円必要である．

受容体は，細胞外のリガンドを結合して初めて活性化するが，リガンドを血液中でトラップしてしまい，受容体に結合させなくするものが開発されている．受容体の細胞外領域だけを作成すると，これは血液中に分布し，リガンドを結合する．その結果，本来の受容体はリガンドを結合できなくなる．こうした原理に基づく医薬品も開発されている．おもな分子標的薬を表7.6にまとめた．このうち代表的なものについて述べる．

7.8.2　Bcr–Abl 阻害薬

慢性骨髄性白血病（CML）の90%以上，**急性リンパ性白血病（ALL）**の約20%の症例で，フィラデルフィア染色体（Ph染色体）と呼ばれる異常な染色体が認められ，*abl*遺伝子と*bcr*遺伝子が融合し，融合タンパク質**Bcr-Abl**ができる．Bcr–Abl融合タンパク質のチロシンキナーゼは常に活性化している．その結果，細胞の異常な増殖が認められる（図7.9）．

イマチニブ imatinibは，Abl**チロシンキナーゼ**を阻害する薬剤であり，フィラデルフィア染色体陽性の白血病に適用される．イマチニブはこれらの白血病に著効を示し，従来の治療法である**インターフェロン**とシトシンアラビノシド（ヌクレオシドアナログ）の併用よりもはるかに優れている．フィラデルフィア染色体をもつ白血病細胞の完全な消失が，87%の患者で認められたのに対して，従来の治療法では34%にとどまっている．こうした結果を受け，アメリカでは2001年5月に，日本でもそのわずか6か月後という異例のスピードで認可された．現在では，これらフィラデルフィア染色体陽性の白血病の第一選択治療薬となっている．慢性骨髄性白血病を治療しなかった場合には，数年の慢性期を経て，急性転化してほとんど死亡するが，イマチニブで治療した場合には，15〜16年で50%の死亡に抑えられると推定されている．

チロシンキナーゼ領域の変異によって，イマチニブ耐性の細胞が出現することが近年の研究により示されている．これらイマチニブ耐性となった白血病に対しては，イマチニブの高用量投与よりも別のBcr–Abl阻害薬の投与の方が有効である．

7.8.3　EGF 受容体阻害薬

一部の**肺がん**では，**EGF受容体**遺伝子に変異や増幅が認められ，EGF受容体からの細胞増殖シグナルが亢進している．そこで，EGF受容体を標的とした医薬品が開発された．**ゲフィチニ**

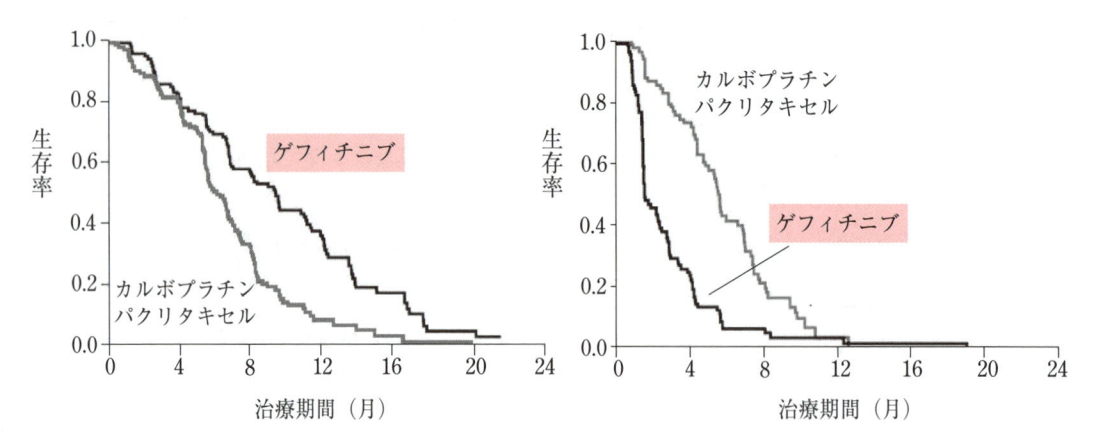

図 7.20　肺がん治療における従来の抗がん薬療法とゲフィチニブ治療の効果の比較

肺がん患者に対し，カルボプラチンとパクリタキセルの併用療法またはゲフィチニブ投与を行い，経時的に症状の増悪を伴わない生存率をプロットした．EGF 受容体遺伝子に変異がある症例（左）では，従来の化学療法より優れた効果が認められるが，変異なしの症例（右）では逆の関係となっている．
（データは，New Engl. J. Med. 361, 947–957, 2009 より引用，改変した）

ブ gefitinib は，2002 年に日本において世界に先駆けて承認された医薬品である．ゲフィチニブは低分子化合物であり，細胞内で EGF 受容体がもつチロシンキナーゼ活性を阻害する．当初は期待された薬効があまり発揮されず，むしろ副作用である間質性肺炎の問題が生じていた．その後の研究から，ゲフィチニブは，キナーゼ領域に変異をもつ**変異型 EGF 受容体**には極めて親和性が強く，その活性を強く阻害するが，正常型の EGF 受容体には阻害効果が低いことが明らかにされた．そこで，変異型受容体を発現している肺がん患者と，正常型遺伝子の増幅により肺がんを発症した患者の 2 群に分けて治験を行ったところ，変異型受容体の患者には従来の化学療法（カルボプラチン（白金錯体）とパクリタキセル（微小管阻害薬）の併用）よりも効果があること，正常型遺伝子の患者では従来の化学療法よりむしろ効果が低いことが確認された（図 7.20）．現在では，変異型受容体を発現している肺がんに用いられる．エルロチニブ erlotinib は，同様な EGF 受容体阻害薬であり，肺がんおよび膵がんに適用される．

　EGF 受容体を起点とする増殖シグナルは，他のがん種でも亢進しており，こうしたがんにも EGF 受容体阻害薬が適用される．**セツキシマブ cetuximab** は，EGF 受容体上の EGF 結合部位に結合する**抗体医薬品**であり，EGF の受容体へ結合を妨げる結果，EGF 受容体は活性化されない．また細胞膜上の EGF 受容体を細胞の中へ取り込ませる機能もある．その結果，がん細胞は EGF 受容体からのシグナルを受け取ることができずにアポトーシスに陥る．セツキシマブは，**大腸がん**に適用される．なお，EGF 受容体からの細胞増殖シグナルは，その下流の Ras タンパク質により中継される．もし *ras* 遺伝子に変異が生じて，その産物 **Ras** が常に活性化している状態では，

たとえ EGF 受容体を阻害しても細胞増殖シグナルは，亢進したままである．したがって，このような ras 遺伝子に変異が生じている症例にはセツキシマブは適用されない．

7.8.4 乳がん治療薬トラスツズマブ

乳がんでは，EGF 受容体ファミリーに属する **HER2**（**human ErbB2** の略称）が過剰に発現している症例が，全体の 20% 程度を占めている．このような症例には，抗 HER2 抗体である**トラスツズマブ trastuzumab** が投与される．臨床の治験研究では，従来の化学療法薬単独に比べ，トラスツズマブ併用群では有意に治療効果が高いことが示されている．治療の分子機序としては，がん細胞の細胞膜上の HER2 に抗体が結合することにより，補体依存性および抗体依存性の細胞傷害が生じると考えられている．

7.8.5 抗 CD20 抗体による悪性リンパ腫の治療

B 細胞系列の細胞は，細胞膜上に CD20 抗原を発現している．このような細胞が起源の**悪性リンパ腫**に対しては，**リツキシマブ rituximab** などの抗 **CD20** 抗体の投与が有効である．その治療の機序として，トラスツズマブと同様に細胞表面の CD20 抗原にリツキシマブが結合することによる補体依存性および抗体依存性の細胞傷害が考えられている．

7.8.6 VEGF およびその受容体に対する薬剤

多くのがんから分泌される内皮細胞増殖因子は，血管内皮細胞の増殖を促進し，毛細血管の形成を促す．新たに血管をつくることで，自らの栄養と酸素の供給を保つためである．そこで，血管新生の主要な誘導因子である **VEGF**（**vesicular endothelial growth factor**）とその受容体である **VEGF 受容体**を標的とする薬剤が開発されている．血管新生を抑制することによって，がんへの栄養と酸素の供給源を断つ治療法である．

ベバシズマブ bevacizumab は，VEGF に対する**抗体医薬品**であり，大腸がんの治療に用いられる．ベバシズマブが結合した VEGF はその受容体に結合することはできない．VEGF 受容体は，細胞内にチロシンキナーゼをもち，その活性化が血管新生に必要である．**スニチニブ sunitinib** および**ソラフェニブ sorafenib** は，この VEGF 受容体チロシンキナーゼ活性の阻害薬である．これらのキナーゼ阻害薬は，VEGF 受容体以外にも，PDGF 受容体や c–Kit 受容体のキナーゼ活性をも阻害することが見いだされ，これらのキナーゼが活性化している**消化管間質腫瘍**や**腎がん**などにも臨床応用がなされている．

7.9 がん治療の展望

　がんの発症原因が解明され，医療が進歩し分子標的薬が開発された今日でも，がんは最も手強い病気であることに変わりはない．がんに対処するには，予防医学や早期発見も含めた包括的な対策が望まれる．ウイルスやヘリコバクター・ピロリ感染によるがんは，ヒトのがんのかなりの割合を占める．こうした感染症はワクチンや個人の注意で防ぐことが可能である．がんの早期発見は，治癒率を高める最大の要因である．大腸がん，胃がん，子宮頸がんなどは，内視鏡や細胞診で発見できる．さまざまながんで遺伝子融合や遺伝子増幅が発症の原因となっているが，これらは，分子生物学的な手法で簡便に検出することができる．こうした予防や早期発見が，がんを減らす対策として重要である．

　分子標的薬は，従来の抗がん薬に比べて特異性が高く，副作用は低いとされている．特定のがんで亢進しているシグナル伝達系をより詳細に解明することは，多くの治療標的をもたらすことになる．ゲノム解析技術が飛躍的に進み，がん組織と正常組織のゲノムを解読し，発症の原因となる遺伝子変異を大規模解析するプロジェクトも進行中である．薬剤の治療選択肢が増えることで，薬剤耐性となったがんにも他の薬剤を処方できる．こうしたさまざまな治療戦略を総合的に適用していくことが必要であろう．

参考図書
1) がん遺伝子の発見―がん解明の同時代史　黒木登志夫（中央公論社　1996/3）
2) がん遺伝子に挑む〈上〉〈下〉ナタリー・エインジャー著，野田洋子，野田　亮訳（東京化学同人　1991/4）
3) 絵ときシグナル伝達入門　第2版　服部成介（羊土社　2010/3）
4) よくわかるゲノム医学―ヒトゲノムの基本からテーラーメード医療まで　服部成介，水島-菅野純子著（羊土社　2011/11）

第8章

個体の発生・細胞の分化・老化・死とは

到達目標

- 生殖細胞の形成過程について説明できる．
- 受精と発生の過程を説明できる．
- 幹細胞と細胞の分化機構について説明できる．
- アポトーシスとネクローシスについて説明できる．

序 発生とは

　高等生物の個体の始まりは，1個の受精卵である．1つの細胞が分裂を繰り返し，分化することで機能を分担し，1個の生命活動を営む個体となる．発生とは1個の受精卵から成熟した個体が形成される過程のことである．本章では受精卵を生み出すための配偶子の形成過程および受精と発生の過程について学ぶ．さらに分化，老化や細胞死についても学び，細胞・個体の一生について理解する．

8.1　有性生殖

　個体の命は有限であるが，子孫を残すことで種は存続し，保存されていく．生物が子孫を残す方法は無性生殖と有性生殖がある．無性生殖は1つの個体から新しい個体が形成される生殖方法

で，ゾウリムシなどの単細胞生物が分裂してそれぞれが新しい個体となる場合や，山芋のむかごなどの栄養生殖やヒドラの出芽がそれにあたる．有性生殖は，2つの個体が互いの遺伝子を交換，または提供して新しい個体を形成する生殖方法である．無性生殖と有性生殖はそれぞれに長所と短所をもつ．無性生殖は1個体で増殖が可能である．つまり，無性生殖では1個体でいわば無限に増殖可能である．しかしながら，無性生殖では世代を重ねても遺伝子の変化がないので，環境の変化が起きた場合に適応できず絶滅する可能性がある．これに対して有性生殖では増殖には2個体が必要である．有性生殖では個体密度が一定の値を下回ると繁殖効率が著しく落ち，絶滅の原因となる．ただし，有性生殖では遺伝子の組合せが変化するので，環境が変化した場合でもいろいろな組合せの遺伝子の中に新環境へ適応できる個体が生じ，生き延びる可能性が高くなるという利点がある．このように有性生殖，無性生殖どちらにも長所，短所がある．原核生物は無性生殖を行う．真核生物のうち無性生殖を行うほとんどの生物は，環境に応じて有性生殖も行う．ヒトは有性生殖のみを行う．

　有性生殖を行う場合には，多くの場合で2つの個体はそれぞれ生殖のための細胞，配偶子を形成し，配偶子が接合（受精）し，分裂・分化することで個体へと発生する．ヒトのように形成される配偶子の大きさが著しく異なる場合，大きく，ほとんど動かない配偶子を卵子，小さく，運動能力のある配偶子を精子といい，卵子を形成する個体をメス，精子を形成する個体をオスと定義する．

8.2　生殖細胞分裂・配偶子形成

　精子や卵子などの配偶子は生殖細胞と呼ばれ，生殖巣，すなわち精巣もしくは卵巣内で精母細胞もしくは卵母細胞から減数分裂の過程を経て形成される．生殖細胞の元となる細胞から精子や卵子へと分化する過程を配偶子形成といい，配偶子が形成される過程について学ぶ．

コラム　胚細胞腫瘍・奇形腫群腫瘍

　原始生殖細胞は，生殖細胞の元として，あらゆる細胞に分化する能力を有している．原始生殖細胞が腫瘍化したものが胚細胞腫瘍で卵巣や精巣に発生するものが多い．性腺以外の場所にも発生することもあり，これは遊走の途中で正常な移動ルートからはずれた原始生殖細胞が腫瘍化したものと考えられ，このため身体の至るところで発生する．

8.2.1 原始生殖細胞

配偶子を形成する生殖細胞の元となる**原始生殖細胞 primodial germ cell（PGC）**は発生のごく初期（ヒトでは胎生3週頃）に卵黄嚢のあたりに出現する（図8.1）．原始生殖細胞はアメーバ運動で遊走し，後に生殖腺原器となる生殖隆起へ到達する．原始生殖細胞は遊走中，および生殖巣中で体細胞分裂を行って数を増やす．このように次の世代のための生殖細胞となる原始生殖細胞は，生殖巣とは別の部位で発生し，精巣，卵巣内に移動して最終的に精子と卵子に分化するという特徴をもつ．

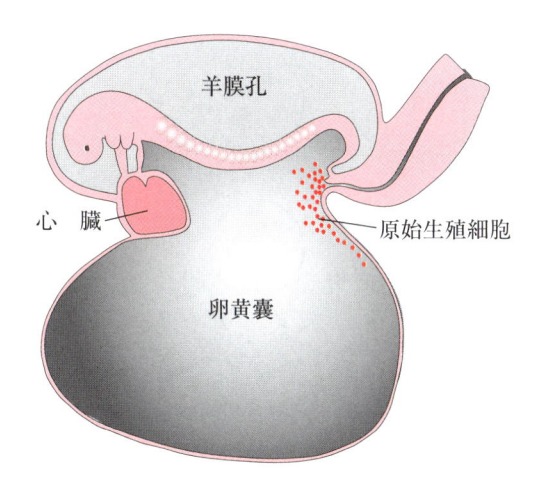

図8.1　原始生殖細胞の出現位置
卵黄嚢のふちに出現した原始生殖細胞はアメーバ運動で生殖巣原器へと移動する．

8.2.2 減数分裂

生体を構成する細胞内のDNA量は$2n$であることは第6章で学んだ．卵子と精子が受精して$2n$のDNAをもつ受精卵が形成されるので，卵子と精子のDNA量はそれぞれnである．このような$2n$の細胞からnの生殖細胞を形成する過程を**減数分裂 meiosis**という．

生殖巣原器に到達した原始生殖細胞は，精原細胞もしくは卵原細胞となり，さらに体細胞分裂を行って最終的にそれぞれ一次精母細胞，一次卵母細胞となり減数分裂を開始する．こうして生じた精母細胞，卵母細胞はDNAの複製を行い，$4n$となる．その後2回の分裂が起こり，減数分裂が完了する．**1回目を第一減数分裂，2回目を第二減数分裂**と呼ぶ（図8.2）．

染色体はヒトでは46本で，そのうち常染色体は22種類が2本ずつと性染色体が一対の組合せ

母親由来の染色体
父親由来の染色体

染色体の複製

相同染色体の対合
乗り換え

第一減数分裂

第二減数分裂

配偶子

図 8.2　減数分裂

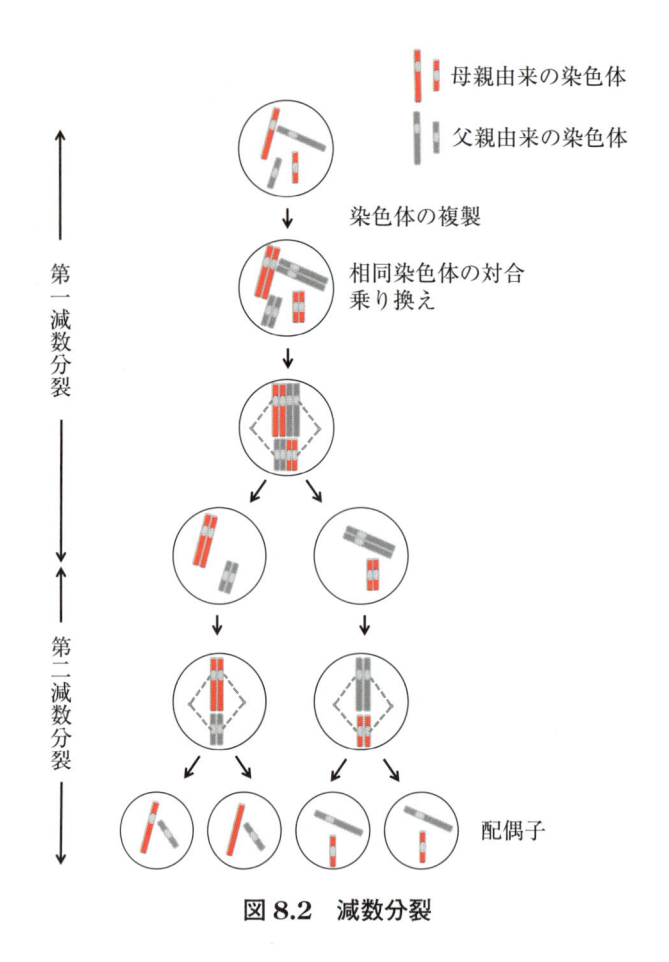

である．この2本のうち1本は父方由来の染色体で，もう1本は母方由来の染色体である．他の生物も基本的に同じ染色体を2本ずつ有している．この同じ染色体を相同染色体といい，同じ位置に同じタンパク質をコードする遺伝子が位置している．

　第一減数分裂の前期に相同染色体は互いに同じ部分が接近して並ぶ対合 synapsis をすることにより **2価染色体** となる．対合した2価染色体では相同染色体の同じ部分で，部分的な染色体の入れ替えである **乗り換え（交叉）** が起こる（図8.3）．交叉が起こっている部分を **キアズマ** と呼ぶ．交叉は相同染色体の同じ位置で起こるため交叉後の染色体で遺伝子の過不足が起こることはない．2価染色体は，対合したまま動原体に紡錘糸が結合することで赤道面に並ぶ．第一減数分裂後期に染色体は2つの極に移動するが，このとき動原体は，2つに割れることなく相同染色体が別々の極へ移動する．したがって第一減数分裂の結果できた二次卵母細胞の染色体の数は半分，すなわちヒトでは23となる．母方由来の染色体と父方由来の染色体が二次卵母細胞の2個のどちらに入るかはランダムであるので，二次卵母細胞での染色体の組合せはヒトの場合 2^{23} 通りとなる．また，交叉は1つの相同染色体上で複数の箇所で起こるため，さらに非常に多くの遺伝子の

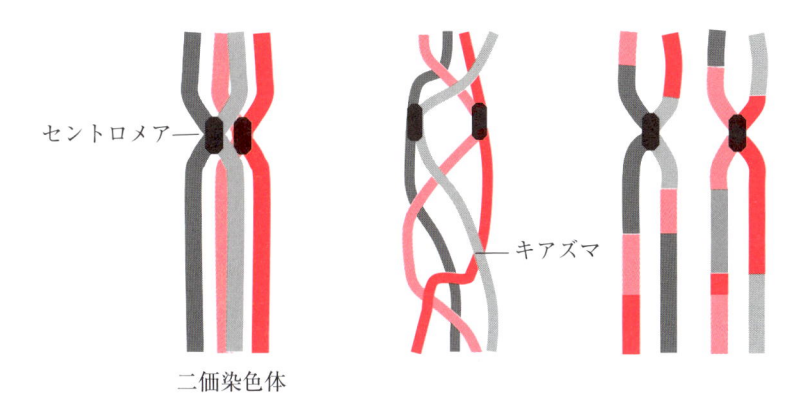

図 8.3　減数分裂前期に起こる乗り換え

組合せが生まれることとなる．引き続いて起こる第二減数分裂ではDNAの複製は起こらず，分裂期に入り，動原体で結合していた姉妹染色分体は分離し4つの細胞となる（図8.2）．

減数分裂の過程での乗り換えによる遺伝子の組換えや，染色体の分配の仕組みに雌雄の差はないが，哺乳動物では減数分裂の起こる時期と生殖細胞形成過程は雌雄で異なる．雌では胎生期に卵原細胞は減数分裂を開始し，減数分裂前期で分裂を停止し，出生後個体が成熟するまで減数分裂前期にとどまる．雄は精原細胞のまま個体が成熟するまでとどまり，その後減数分裂を開始する．また，卵母細胞は第一減数分裂の際に不等分裂を起こし，大きい細胞と非常に小さい細胞に分かれる．大きい細胞は二次卵母細胞となるが，小さい細胞は**極体**と呼ばれ卵子にはならない．次の第二減数分裂でも二次卵母細胞は不等分裂し極体を排出する．一次減数分裂の際に出された極体も分裂し，減数分裂が終わった時点で，3つの極体と卵子が形成される．卵子は周りを取り囲む顆粒層細胞が栄養分を供することによって卵黄を蓄える（図8.4(a)，(b)）．哺乳類では排卵時

コラム　染色体不分離と先天異常

減数分裂の過程で染色体が2つの極に等分に分配されず，特定の染色体が2本入った配偶子や，特定の染色体が欠けた配偶子が形成されることがある．この配偶子が受精すると，特定の染色体を3本もつ受精卵や1本しかない受精卵が生じる．染色体を3本もつ場合をトリソミー，1本しかもたない場合をモノソミーという．この不分離はすべての染色体について起こり得るが，ほとんどの場合これらの受精卵はごく初期に発生が止まり，誕生しない．

ダウン症候群は21番染色体がトリソミーの場合で，運動能力や知能の発達に遅れが生じる．ターナー症候群はX染色体がモノソミーの場合で，低身長，性腺機能不全が生じる．

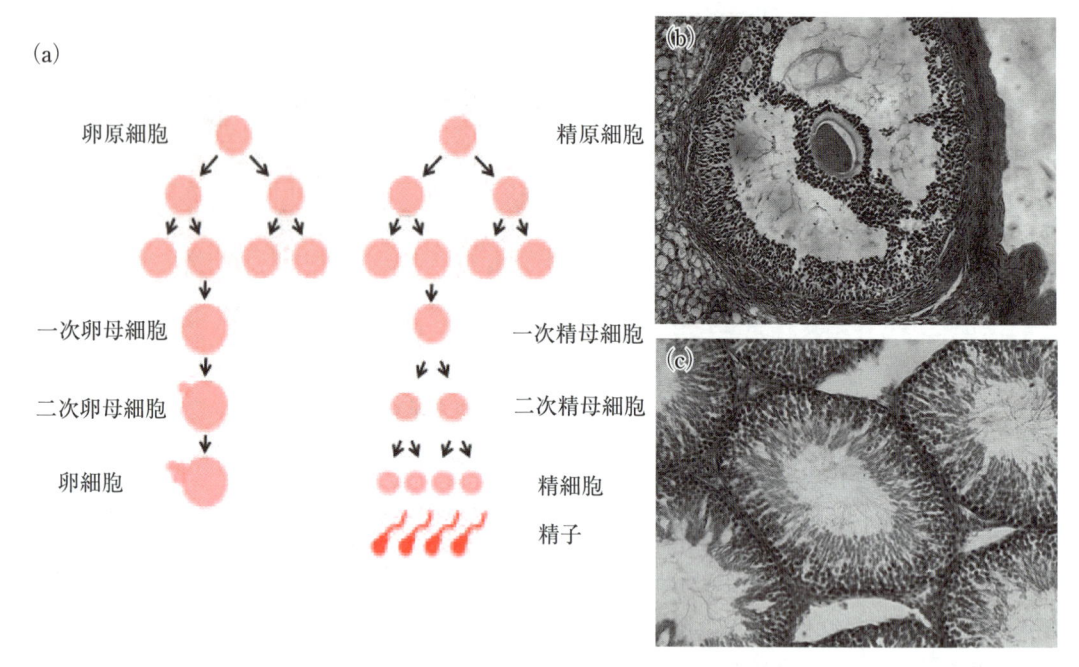

図 8.4　配偶子形成
(a) 卵子，精子形成の模式図，(b) 卵巣，(c) 精巣

に卵子は第二減数分裂中期で受精まで停止している．精子は精巣中で形成される．精巣は0.2 mm 程の細い精細管に分かれており，精細管の壁である精上皮に精原細胞が存在し分裂を繰り返し，精母細胞を供給する．精母細胞は減数分裂を行い，分裂した細胞は精細管の中心部へと押しやられていく．精子は第一減数分裂，第二減数分裂ともに等分裂し，すべての精細胞が精子へ変態する（図 8.4(a)，(c)）．精子は，頭部，中片部，尾部よりなり，頭部は DNA を含んでいる．体細胞では DNA はヒストン 8 量体と結合しているが，精子頭部ではヒストンは，プロタミンという塩基性の強い小さいタンパク質に置き換えられる．DNA がプロタミンと結合することにより，より頭部を小さくすることができ，運動性が増す．頭部の先端には先体と呼ばれる部分が存在する．先体は精子が卵子まで到達した時に，卵子の周りを取り囲む透明帯を溶かすためのタンパク質分解酵素を含んでいる．中片にはミトコンドリアが集まり，運動のエネルギーをつくり出す．尾部は中心に1本の鞭毛をもち，鞭毛が波打つことで前進する．鞭毛は鞭毛共通の構造，9＋2構造をもつ．

8.3 受精と発生

8.3.1 受精と着床

　哺乳動物の精子は，精巣で変態し，形態的には完成する．しかし，形態的に完成した精子は，まだ受精能をもたず，精巣と精子を貯蓄する精嚢の間に存在する精巣上体を通る間に受精可能な潜在能力を獲得する．これを精子の成熟という．そして雌の体内（腟，子宮）を通過することで，最終的に受精可能となる．これを**受精能獲得 capacitation** という．

　卵子の近くに到達した精子は，卵子の外側にある透明帯と接し，**先体反応 acrosome reaction** を起こす．先体反応によって，精子の先体から透明帯を溶かすアクロシンなどの酵素が放出され，精子は透明帯の中を進み，卵子の細胞膜と融合し，精子は卵内に進入し，**受精**が成立する．このとき，卵子の中に入ることのできる精子は1個のみである．最初の精子が卵子の細胞膜に到達し，精子の細胞膜と卵子の細胞膜の融合が起こると，卵子の細胞膜に変化が起こり，他の精子の進入を阻害する．精子が卵内に進入すると卵子は止まっていた減数分裂を再開し，第二極体を放出する．その後卵子の核と精子の核は互いに近づき融合することで，$2n$ の**受精卵**が完成する．こうして新たな生命の始まりとしての受精卵は分裂，すなわち発生を開始する（図8.5）．

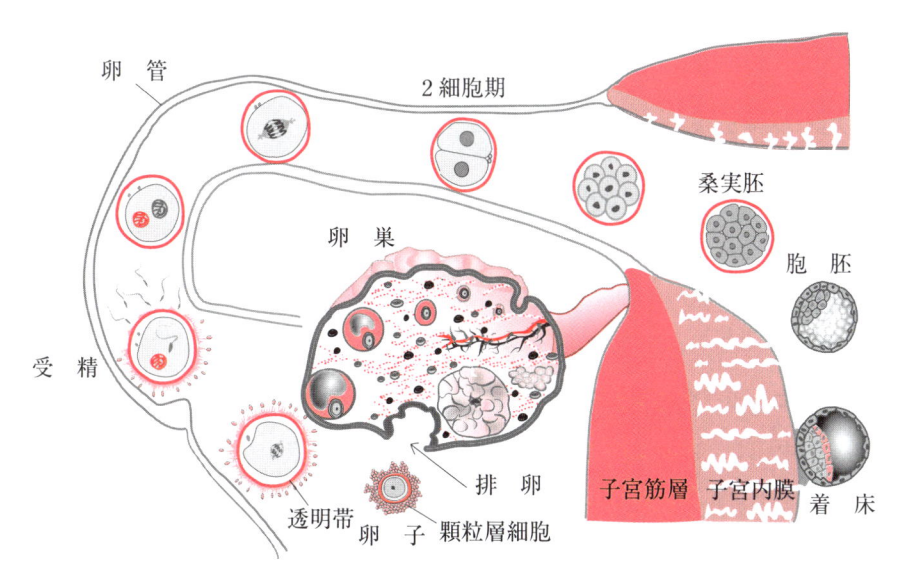

図 8.5　受精および着床過程

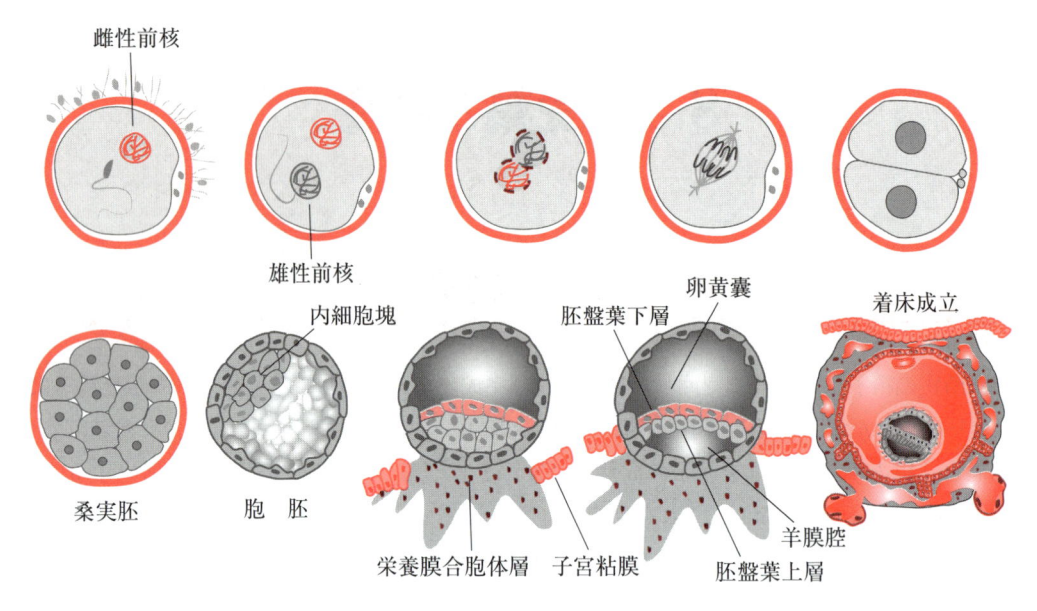

図8.6 初期発生（二葉性胚盤まで）

受精は卵管の入り口付近で起こり，受精卵は卵管の中を細胞分裂すなわち卵割をしながら子宮へと移動していく．第一卵割は受精後約30時間である．受精後4日で**桑実胚**となり子宮に到達する．この頃に細胞同士の接着が強固となるコンパクションが起こり，外側の細胞と内部の細胞に分かれる．胞胚期になると将来栄養膜となり，胎盤を形成する細胞と将来胚となる内部の細胞である**内細胞塊 inner cell mass** に明瞭に分かれる．胞胚期に胚は外側を覆っていた透明帯から抜け出す．これを孵化 haching という．孵化後，胚の栄養膜の外側にタンパク質分解酵素を分泌する栄養膜合胞体層が形成され，胞胚は，子宮粘膜を溶かしながら子宮内部へ進入する．こうして**着床**が成立する（図 8.5，8.6）．

8.3.2　胚葉の分化

着床を始める頃，胚盤胞の内細胞塊は二葉性胚盤となる．二葉性胚盤は胚盤葉下層と胚盤葉上層からなる．胚盤葉上層の表面に原始線条というしわができ，胚盤葉上層の細胞は，そこから胚

コラム　3胚葉から発生する組織，器官

外胚葉，中胚葉，内胚葉の3つの胚葉は，それぞれ特定の組織や器官を形成する．外胚葉由来の主な組織，器官としては，神経，皮膚，水晶体などがあげられる．中胚葉由来の主な組織，器官は，筋肉，心臓，腎臓，真皮で，内胚葉由来の主な組織，器官としては，消化管，膵臓，肝臓，肺がある．

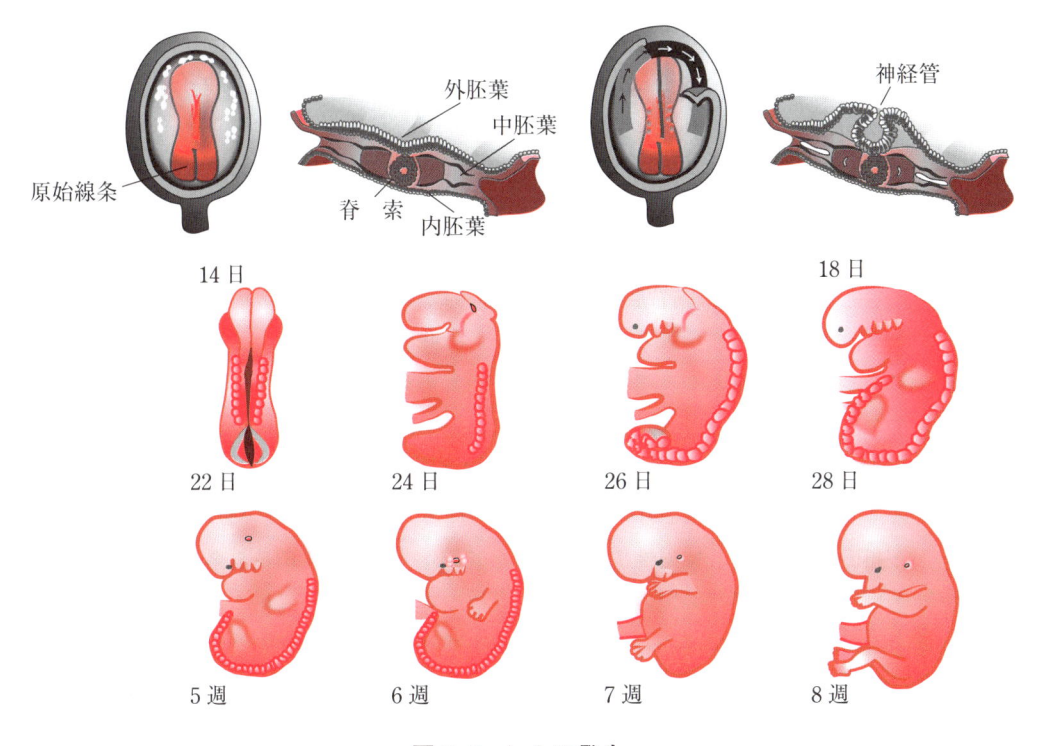

図 8.7　ヒトの発生

盤葉下層と胚盤葉上層の間に遊走し，**内胚葉 endoderm** と **中胚葉 mesoderm** となる．胚盤葉上層は**外胚葉 ectoderm** となり，外胚葉，中胚葉，内胚葉の3葉構造が完成する（図8.7）．その後中胚葉から脊索が分化し，脊索は外胚葉に働きかけ，脊髄，脳の元となる神経管を分化させる．神経にそって体節が現れ，受精後22日頃には，体節数は7〜10となる．24日には心臓隆起ができる．26日頃に上肢芽が，28日頃下肢芽が出現する．また28日頃には眼胞が現れ，水晶体の形成が始まる．耳は22日頃外胚葉が肥厚し（耳板）後に陥没して4週頃に外胚葉から分離し，内耳へと分化する．中耳は4週頃，内胚葉から発生する．受精後9日から60日までを主要器官形成期と呼び，主だった器官の形態が形成される．この後60日から誕生までを胎児期といい，形成された器官は大きさを増し，機能も完成する（図8.7）．

8.3.3　催奇形因子と臨界期

　先天的異常・奇形は遺伝的因子によって起こるものと環境因子によって起こるものに分けることができる．先天的異常・奇形を起こす環境因子を**催奇形因子**という．この催奇形因子への感受性は，その因子への暴露の時期によって異なり，それぞれの器官の胚子形成期に感受性は最も高くなる．

催奇形因子で明らかになっているものとして，感染因子，X線，化学物質，有機水銀，鉛，ホルモンなどがあげられる．感染因子としては，風疹ウイルス，サイトメガロウイルス，HIV，トキソプラズマ，梅毒が，化学物質としては，サリドマイド，ジフェニルヒダントイン，バルプロ酸，ワルファリン，コカイン，アルコールなどが知られている．風疹は一本鎖RNAウイルスで，妊娠初期に妊婦が風疹ウイルスに感染することによって新生児に白内障，緑内障，心臓異常等のさまざまな症状を起こす．サイトメガロウイルスの感染は，多くの場合母体は無症状であるが，新生児は発育遅延，小頭症，脳内石灰化，早産，小頭症等を起こす．サリドマイドは1957年，ドイツのグリュネンタール社が催眠薬として開発した．妊娠中に服用した場合，重症の四肢の欠損症（無肢症，海豹肢症，奇肢症，母指三指節症）や耳の障害（難聴，無耳症，小耳症）や胎児の死亡を引き起こす．ジフェニルヒダントインはてんかん治療に用いられている抗けいれん薬で，口蓋裂，口唇裂，心奇形，精神発達遅滞などを起こす．妊娠中の大量のアルコール摂取は，特徴的な顔貌（不明瞭な人中（鼻と唇の間の2本の縦筋），薄い上唇，短い眼瞼裂など），発育の遅れ，脳の発達障害を起こす．胎児性アルコール症候群，アルコール関連神経発達障害と呼ばれる．胎児発育の段階で最も外的要因の影響を最も受けやすい時期は，妊娠2〜12週である．外的要因に感受性の高い時期は臓器によって異なり，この時期は各臓器が形成される器官形成期と重なる．各々の臓器で最も外的要因の作用を受けやすい危険な時期を**臨界期**と呼ぶ．神経系は3週から6週まで，上下肢は4週半から7週まで，歯は7週から8週まで，外性器は7週から11週ま

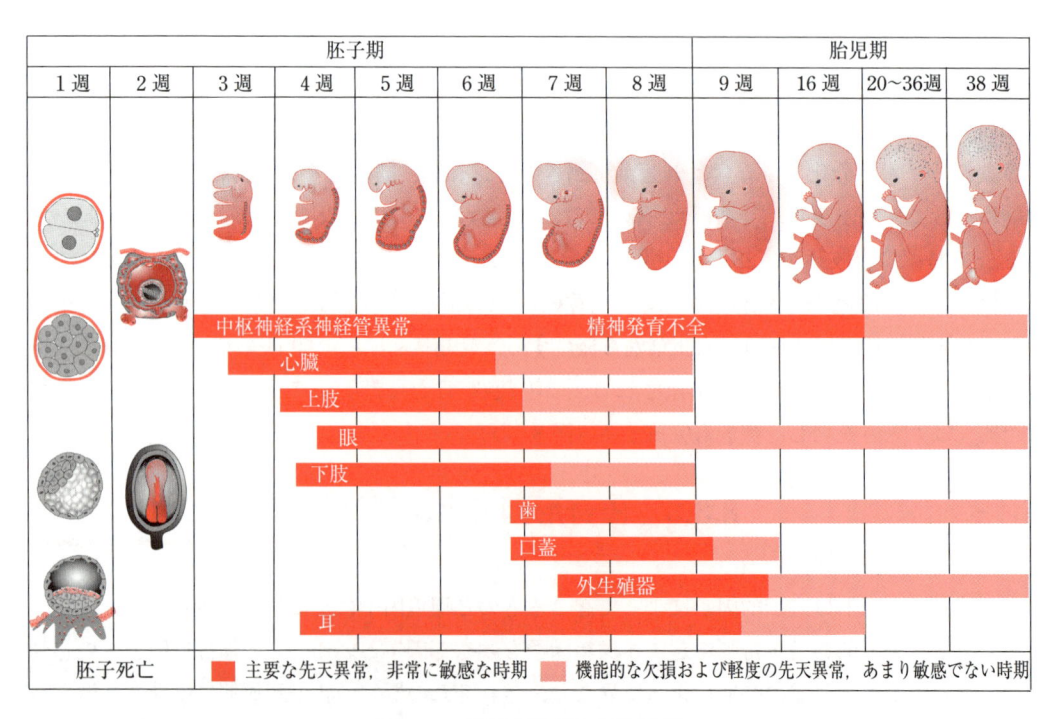

図 8.8　催奇形因子の臨界期

で，心臓は3週半から6週半まで，眼は4週半から8週まで，口蓋は7週から10週まで，耳は4週から10週までである．催奇形因子は，胎児の遺伝子に作用して，変化させるわけではない．因子によってその作用は異なるが，転写因子に作用することで，その時期に活性化するべき遺伝子が阻害されることによって，発生が困難となる場合や，血流が妨げられることによって発生が阻害される場合などがあげられる．このように催奇形因子は細胞内の遺伝子は正常でも母体が外界から受ける要因によって奇形を起こす．ヒトの妊娠期間は約40週であるが，そのうちのはじめの10週のうちにすべての組織の臨界期が存在する（図8.8）．妊娠5か月以降は外的要因によって奇形が生じることはないが，胎児の発育や機能に外的要因が影響を及ぼす場合がある．このことを胎児毒性と呼ぶ．例えば，非ステロイド性消炎鎮痛剤は胎児の動脈管を収縮させ，胎児の尿の産生抑制，羊水過少を生じさせたり，新生児に強いチアノーゼを起こす場合もある．すべての外的要因，薬品が催奇形性や，胎児毒性をもつわけではないが，妊婦への薬物の投与は投与時期を考慮し，安全性に十分配慮する必要がある．

8.4 分 化

8.4.1 細胞の分化

たった1個の受精卵から始まった個体は，細胞分裂を繰り返し，ヒトの場合60兆個ともいわれる数まで細胞数を増やす．その分裂の過程で細胞はそれぞれの役割を定められ，形，機能ともに特化していく．例えば心臓，肝臓，水晶体はそれぞれ主な細胞として，心筋細胞，肝実質細胞，水晶体線維細胞があるが，それぞれ特徴的な形態をもち，産生するタンパク質も異なる．このようにそれぞれ異なる役割に特化していくことを**分化 differentiation** という．

分化の過程では個々の細胞がその機能を果たすために必要なタンパク質を合成することに加え，形を形成することが重要である．分化の過程でそれぞれの器官に必要な形が形づくられることを形態形成という．形態形成には，個々の細胞が全体の中でどの位置に自分が存在しているかという位置情報が重要である．例えば指が形成されるとき，肢芽の先端の細胞はその位置によって，自分が親指や小指，または水かきの部分になるなどその先の運命が決定されるからである．

8.4.2 誘 導

シュペーマン Spermann, Hans とマンゴルト Mangold, Hilde は，イモリの原腸胚の原口背唇部

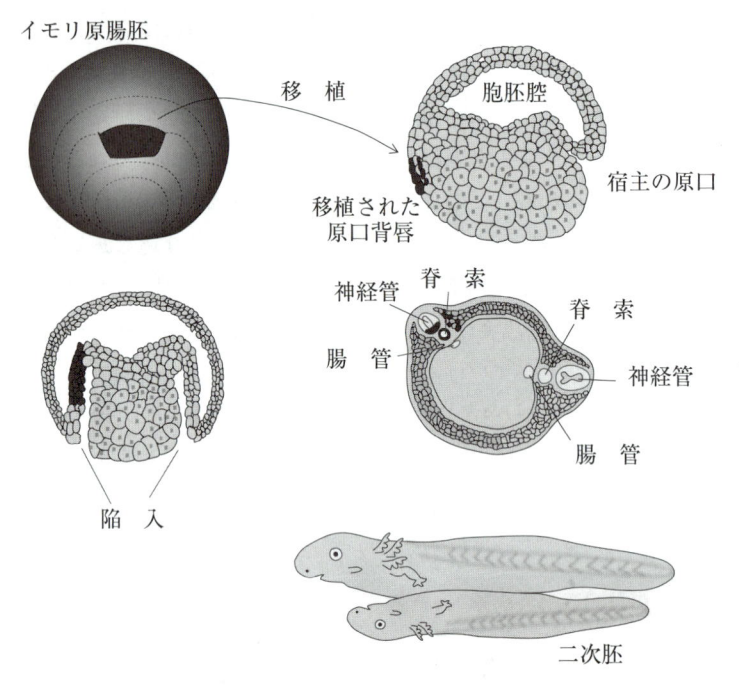

図 8.9　オーガナイザーの働き

を同じ発生ステージにある他のイモリの将来腹になる部分に移植すると，そこに新たな胚が形成されることを発見した．原口背唇部は本来腹になる部分に働きかけ，神経を分化させ，続く発生の過程も連鎖的に起こり，結果として二次胚が生じたのである．このように，原口背唇部は，胚の発生とともに胞胚腔に向かって陥入して行き，接触している外胚葉に働きかけ神経を分化させる．原口背唇部は，本来腹になる部分へ移植後も接している細胞に働きかけて，神経に分化させる働きをもつ．これを**誘導 induction** といい，誘導を起こさせる部分を**オーガナイザー organizer**（形成体）という（図 8.9）．誘導は発生のいろいろな段階で起こっているが，ここではその一例を紹介する．両生類の原口背唇部は哺乳類では原始結節 node にあたる．原始結節は二葉性胚盤期の胚に形成される原始線条の頭側の端の部分にあり，胚結節の細胞は，原始線条から胚盤葉下層と胚盤葉上層の間に遊走し，脊索に分化する．脊索は外胚葉に作用し，神経を誘導する（図 8.7）．

　眼組織は，神経管の前脳が突出した部分，すなわち眼胞が起源となっている．前脳は将来間脳となる部分である．眼胞が外胚葉に働きかけることで，眼胞と接した部分の外胚葉は肥厚する．この肥厚した部分を水晶体板と呼ぶ．水晶体板は，眼胞に向かい落ち込み，最終的に外胚葉から離れ，水晶体胞となる．肥厚した水晶体板が眼胞に向かって落ち込んでくるのと同時に眼胞にくぼみが形成され，眼杯となる．外胚葉は水晶体に，眼杯は網膜に分化する．水晶体はさらに，外胚葉に働きかけ，角膜を誘導する．眼胞を切り取ってしまうと外胚葉の肥厚が起こらず，水晶体

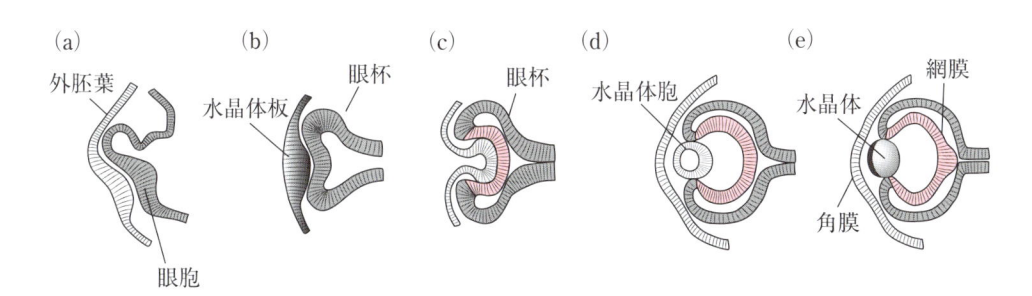

図 8.10　水晶体の発生過程における誘導現象

ができない．このことから眼胞が水晶体を誘導したことがわかる．また，外胚葉の側にも誘導を受け入れる能力，応答能 competence が存在することで，眼胞からの誘導に反応し，外胚葉は水晶体へと分化する（図 8.10）．

未分化の細胞はオーガナイザーによって誘導を受けることで分化の方向が決定する．連続した分化の決定によって胚は発生し，細胞は最終的に分化した細胞となる．既に運命が決定している細胞に対しては誘導を起こすことはできない．このように一般的に分化は一方向で後戻りはできない．

8.4.3　分化と遺伝子

細胞は分裂を繰り返すが，そのたびに DNA の複製を行い，分裂装置によって染色体を等しく分配する．そのため，何度分裂を繰り返してもすべての細胞の中の核は最初の受精卵と同じ遺伝子のセット，すなわちゲノムをもつ．例外として，脱核を起こす皮膚のケラチノサイト，赤血球，水晶体線維細胞，減数分裂後の生殖細胞が知られているのみである．ゲノムは同じでも，それぞれの細胞はそれぞれ特定の遺伝子を発現しているため異なるタンパク質を産生し，異なる機能をもっている．

遺伝子の発現は高度に制御されている．転写因子がプロモーター部位に結合することで遺伝子の転写は開始するが，クロマチンが凝集しているなど遺伝子が不活性化していると転写は起こらない．遺伝子の発現には，様々な制御機構が働き，異なる組織の細胞では異なる遺伝子が働く．

受精卵は発生の過程で分裂を繰り返し，次第に神経や心臓などに分化するが，その際には，多数の遺伝子の発現制御が行われる．1つの遺伝子の発現が起こることで，次の遺伝子の発現が活性化もしくは不活性化かされるというように，連鎖的に遺伝子の制御が行われ，遺伝子発現が順序だてて起こり，1つの組織や器官が形成されてくる．

分化が起こる際，細胞内では発現している遺伝子に変化が起こる．発生の過程で発現する遺伝子は種を超えて共通のものが数多く存在する．これにはホメオティック遺伝子，アクチビンなどが知られている．

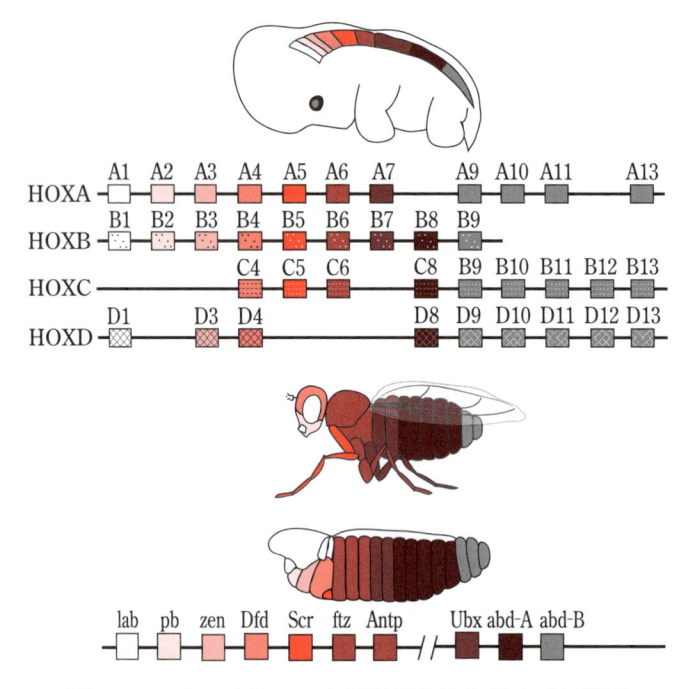

図 8.11　ホメオティック遺伝子の染色体上での配置

　ホメオティック遺伝子群は体の前後軸の決定に関わる遺伝子群で，転写因子をコードしている．どのホメオティック遺伝子を発現するかで，どの体節に分化するかが決定される．ホメオティック遺伝子は体節の「根元のスイッチ」の役割を果たしていて，足をもつ体節で働く遺伝子が頭で働くと，触角の代わりに足が生えたショウジョウバエが生まれる．このホメオティック遺伝子群は 1 つの染色体上に体の前後軸と同じ順序で並んでいる．またマウスやヒトでもホメオティック遺伝子群はショウジョウバエと同様に 1 つの染色体上に体の前後軸と同じ順序で並ぶ（図 8.11）．

　アクチビンは中胚葉誘導因子の 1 つである．中胚葉遺伝子の発現した細胞はヒトでは原始線条，両生類では原口へと分化する．アクチビン遺伝子からつくられたアクチビンは細胞外に分泌され，隣接する細胞を中胚葉に分化させる．両生類の未分化細胞（アニマルキャップ）は低濃度（$0.25 \sim 0.5\,\mathrm{ng/mL}$）のアクチビンでは血球や体腔内上皮に，中濃度（$1 \sim 10\,\mathrm{ng/mL}$）では筋肉や神経に，高濃度（$50\,\mathrm{ng/mL}$）では脊索に分化する．このように，アクチビンは濃度依存的に細胞分化を誘導する（図 8.12）．

　Wnt タンパク質は発生の様々な段階で分泌され，誘導を起こす．Wnt タンパク質は，細胞外に分泌されシグナルとして働く．Wnt タンパク質は 19 種類が知られ，それぞれの Wnt シグナルが時間的，また空間的に発現することで，様々な形態形成の場面において誘導因子として働く．例

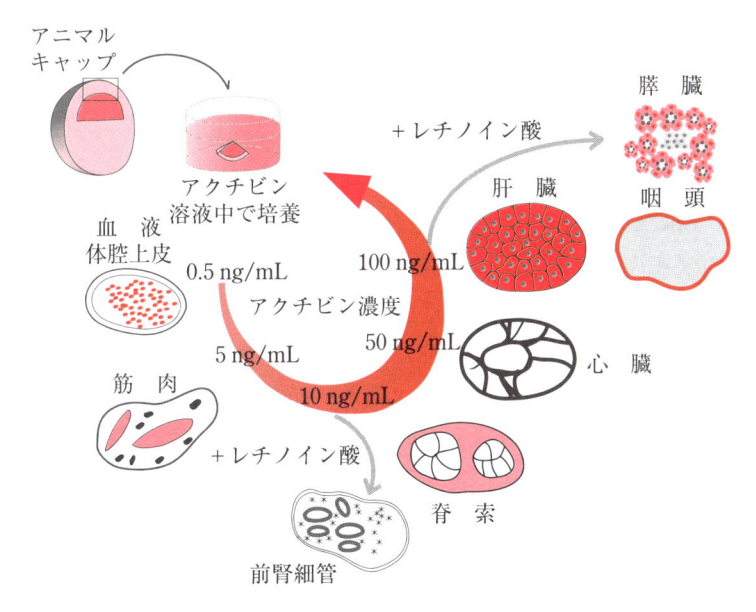

図 8.12 アクチビンの作用

えば，両生類では，受精後ごく初期に Wnt シグナルが活性化され，背腹が決まる．Wnt-7a は，四肢の親指から小指へかけての前後軸の決定に関与している．

このように，様々な遺伝子が時間的空間的に秩序立てて発現することで，胚発生における形態形成が行われていく．

8.4.4 エピジェネティクス

個体の中では，すべての細胞の核の中のゲノムは等しい．しかしながら組織によって細胞の形，合成しているタンパク質，働きが異なっている．これは，それぞれの組織によって活性化している遺伝子が異なることによる．また，遺伝子型が全く等しい一卵性双生児でも，異なった身体的特徴を示す．このように DNA の配列に変化を伴わず，遺伝子の機能を変化させ，使う遺伝子と使わない遺伝子を決める制御のことを**エピジェネティクス epigenetics** という．エピジェネティクスは DNA の塩基配列の違いによらない遺伝子発現の多様性を生み出すしくみで，多細胞生物には必須である．受精卵は一度すべての遺伝子の不活性化が解かれるが，その後分化に伴い，それぞれの組織，器官に特異的な遺伝子の不活性化が起こり，組織，器官の特徴を備えて行く．分化とは，使う遺伝子と使わない遺伝子を決定し制御することともいえる．そして決定した不活化遺伝子の情報は，細胞分裂の際に娘細胞に伝達される．また哺乳類の雌（XX）では発生の初期に 2 つの X 染色体のうち片方が不活性化される．これもエピジェネティクスの一例である．クロマチンが凝集すると転写が不活性化し，ゆるむと転写が活性化する．エピジェネティクス

コラム　DNA とヒストンの修飾

　これまでに報告されているエピジェネティック制御の方法として，DNA のメチル化，ヒストンのメチル化，アセチル化が知られている．動物の DNA のメチル化は，塩基配列が 5′–CG–3′ である部分のシトシンに起こる．塩基対の C–G と区別するために CpG と表す．CpG 配列は遺伝子全体に散在しているが，プロモーター部位には非常に高頻度でこの 5′–CG–3′ 配列が現れ，CpG アイランドと呼ばれる．CpG アイランドのシトシンがメチル化されるとプロモーターは不活性化し，転写が抑制される．

　ヒストンは塩基性タンパク質で，酸性の DNA を巻きつけている．塩基性タンパク質なのでアミノ基を多く含むが，このアミノ基がアセチル化されるとヒストンの塩基性が消失し酸性である DNA との親和力が低下し，DNA がヒストンから離れやすくなる．この状態のクロマチンは「緩んだ」状態で，遺伝子の転写が起こりうる状態となる．

　8 量体を形成しヒストンコアを形成しているヒストンは，ヒストンテイルと呼ばれるヒゲのようにヒストンコアからはみ出た部分が存在する．この部分のリジンがメチル化されることを「ヒストンのメチル化」という．各ヒストンからヒストンテイルは出ているが，主に，ヒストン H3 のテイルのメチル化が遺伝子発現調節に重要であると考えられている．リジンはメチル基の結合が 3 つまで可能である．2 つのメチル基が結合することをジメチル化，3 つのメチル基が結合することをトリメチル化という．ヒストンはメチル化されるリジンの位置と，結合したメチル基の数で遺伝子発現への作用が異なる．ヒストン H3 の 4 番目のリジンのジメチル化は遺伝子発現を活性化する一方で，ヒストン H3 の 9 番目のリジンのジメチル化と，ヒストン H3 の 27 番目のリジンのトリメチル化は遺伝子発現を抑制する．

コラム　DNA メチル化による遺伝子のサイレンシング機構

　CpG アイランドがメチル化されていない時，周辺のヒストンはアセチル化され，クロマチンは緩んだ状態となっている．CpG アイランドがメチル化を受けると，メチル CpG 結合タンパク質（MBD）が，メチル化 CpG を認識・結合する．MBD はヒストン脱アセチル化酵素（HDAC）と結合し，HDAC はヒストンを脱アセチル化する．このことは DNA とヒストンの結合を強くし，転写が抑えられる．さらに MBD は，ヒストンメチル化酵素（HMT）とも結合し，アセチル基が取り除かれたヒストンはメチル化される．メチル化ヒストンにヘテロクロマチンタンパク質 HP1 が結合することで，クロマチンは凝縮し不活化する．このように，DNA のメチル化を起点としてヒストンの修飾やタンパク質の結合によってクロマチンの凝集の制御が行われ，発現が制御されている．

はクロマチンを構成する DNA とヒストンを修飾することで転写の活性化を制御し遺伝子発現を制御している．

8.5 幹細胞

　皮膚の表皮の中間層を構成する有棘細胞は分裂を繰り返し，次第に角質細胞へと変化し，表皮から脱落していく．有棘細胞は有棘細胞が分裂して生み出されてくるのではなく，基底膜に接したところに存在する表皮幹細胞が供給する．表皮幹細胞に限らず，幹細胞 stem cell は未分化な細胞で，分裂をした際に幹細胞を維持する能力（自己複製能）と他の細胞へ分化する能力（多分化能）を合わせもっている細胞である（図 8.13）．筋幹細胞のように分化する細胞が 1 種類の場合もあれば，胚性幹細胞のように，あらゆる細胞に分化できる（全能性）幹細胞も存在する．

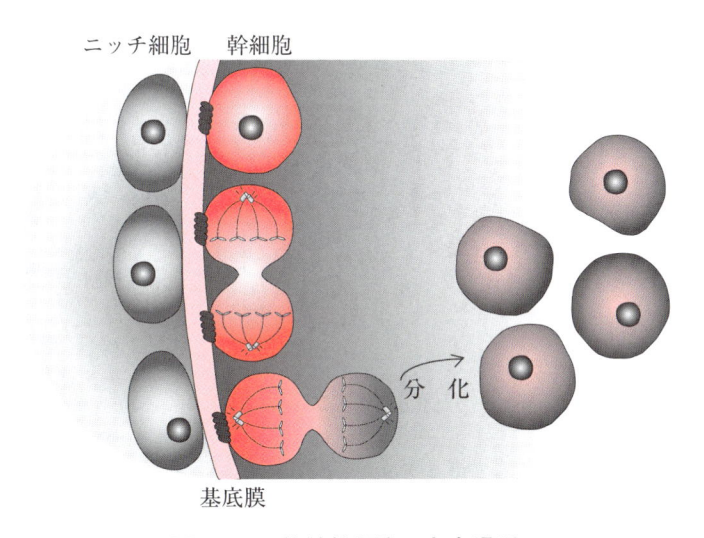

図 8.13　体性幹細胞の存在場所

8.5.1　体性幹細胞

　分化した組織の中に存在し，その組織内で必要な細胞を供給しているのが，**体性幹細胞 somatic stem cell** である．以前は，神経や網膜のようにほとんど分裂を行わない組織には幹細胞は存在しないと考えられていたが，現在は調べられたすべての組織で幹細胞が存在することが

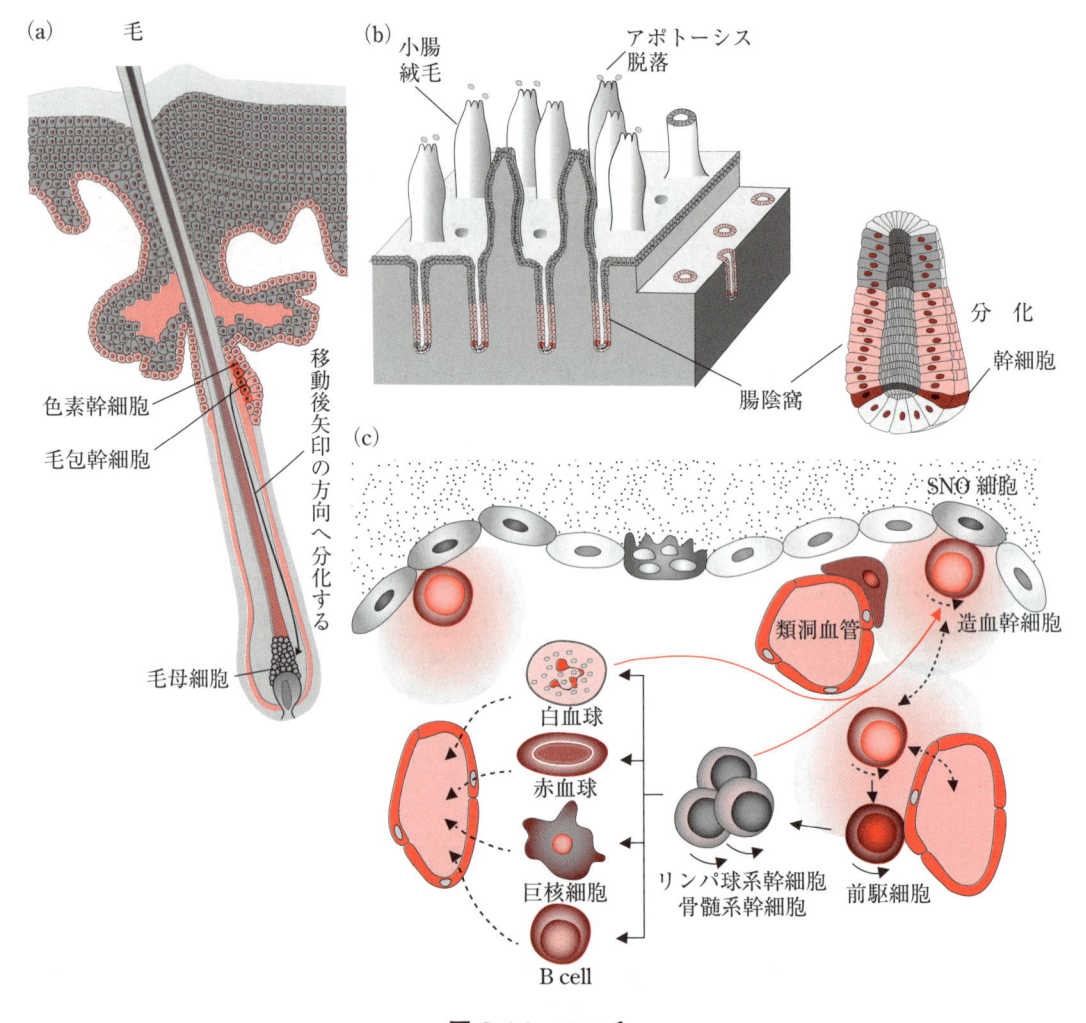

図 8.14　ニッチ

報告されている．皮膚や毛，小腸の細胞のように常にターンオーバーしている細胞では体性幹細胞は，定常的に分裂し，分裂後に生じた2つの細胞のうち，一方の細胞は幹細胞としてとどまり（自己複製），もう一方の細胞は分化し有棘細胞や毛髪（図8.14(a)），小腸上皮細胞（図8.14(b)）など組織を構成する分化した細胞となる．骨髄に存在する造血幹細胞も同様に常時分裂し，赤血球をはじめとし，好中球，好酸球などの顆粒球，リンパ球などを供給している（図8.14(c)）．このほか，神経組織や網膜，肝臓，心臓，骨格筋などのほとんどの器官においても幹細胞は存在し，細胞に欠落などが起こったときに細胞の供給を行う．

8.5.2 ニッチ

　自己複製能と分化能をもつことが幹細胞の特徴であり，幹細胞が分裂してできた2つの細胞のうち1つは幹細胞となり，もう1つは分化の方向に向かう．このように幹細胞が分裂してできた2つの細胞は異なる性質をもつ．1つの細胞から生じた2つの娘細胞が異なる性質をもつことになるメカニズムいくつかが知られている．

　ニッチ niche とは幹細胞を維持する働きをもつ，幹細胞を取り巻く微小環境のことである．例えば毛の根元に存在する毛包幹細胞は，毛包の中ほどの少し隆起するバルジ領域部分に位置し，TGF-β を介して，色素幹細胞を維持する働きをもっている．すなわち毛包幹細胞は色素幹細胞のニッチとして機能している．色素幹細胞が分裂し，毛包幹細胞に接しなくなると幹細胞としての性質が失われ，細胞は分化の方向に向かう（図8.14(a)）．

　骨髄に存在する造血幹細胞は，骨髄の内骨膜に存在するN-カドヘリンを発現し，紡錘形の骨芽細胞（SNO細胞）にN-カドヘリンを介して接している．造血幹細胞はSNO細胞からアンジオポエチンなどのシグナルを受け取ることで幹細胞であることが維持されている．細胞分裂を起こし，SNO細胞との接着がなくなると血球への分化を始める（図8.14(c)）．このように，組織に含まれる幹細胞はそれぞれ特定の場所に存在し，未分化な状態を保ちながら，組織が必要とする細胞を供給している．そして，それぞれの組織の幹細胞は，幹細胞として存続するために組織ごとに異なるニッチを必要とする．

8.5.3 胚性幹細胞

　哺乳類の胚は胞胚期に将来胎盤を形成する細胞と将来胚となる内細胞塊に分かれる（図8.6）．この内細胞塊の細胞の1つを同じ時期の他の胚に移植すると，移植先の胚の細胞とともに個体を形成する．このように内部細胞塊の細胞は未分化であり，個体のすべての細胞に分化する能力をもつ．

　この胞胚期の内細胞塊の細胞を分離し，適切な条件で培養すると，未分化な状態を保ったまま無限に増殖させることが可能となる．これが **ES細胞（胚性幹細胞）embryonic stem（ES）cells** である（図8.15）．ES細胞の特徴は，様々な細胞に分化する能力（多能性）をもつことと，増殖能力が非常に高いということである．ES細胞は一定の条件で培養すると，未分化なままで，分化多能性を保ったまま細胞を増殖させることができ，また，特定の培養条件に変えることでいろいろな細胞に分化させることも可能である．ES細胞は，このような性質から医療への利用が期待されている．例えば，ES細胞をランゲルハンス島 β 細胞へ分化させ，膵臓に生着させることで糖尿病を治療するなど，肝疾患，心臓疾患，網膜疾患などの疾患で，肝臓，心筋，網膜細胞などに分化させたES細胞をそれぞれの組織に入れるなど，さまざまな治療に応用することが期待

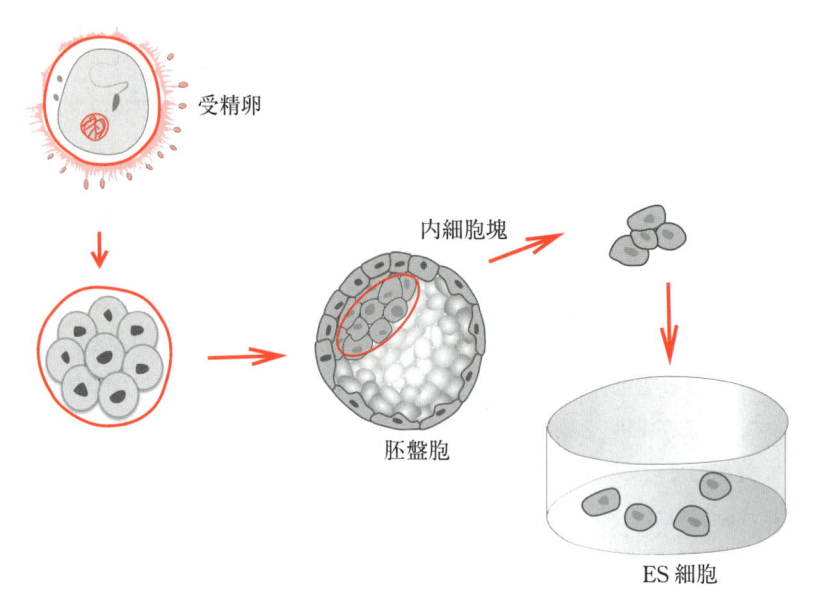

図 8.15　ES 細胞

されている．しかしながら例えば心疾患のために心筋細胞を得たい場合，すべての細胞を心筋の細胞に分化させることが必要となる．これまで ES 細胞は多能性をもつために，すべての細胞を目的の細胞に分化させることは困難であったが，最近では，100% に近い細胞を心筋など特定の細胞に分化させることに成功している．しかし，腫瘍化や免疫的拒絶の問題など解決しなくてはならない問題が残されている．

8.5.4　iPS 細胞

　iPS 細胞とは，**人工多能性幹細胞 induced pluripotent stem cell** のことで，2006 年に京都大学の山中らによって発表された．山中らは，データベースから，ES 細胞の中で働き，分化した細胞では働いていない遺伝子候補を 100 程度リストアップし，さらにその中から 24 個の遺伝子を選んだ．24 の遺伝子から 1 つ除いた 23 の遺伝子を細胞に導入することで，除いた遺伝子が多能性細胞に必須であるかを検討し，最終的に 4 つの遺伝子，すなわち，*Oct3/4*，*Sox2*，*Klf4*，c–*myc* を幹細胞に必須の遺伝子として選定した．この 4 つの遺伝子を細胞に導入すると，細胞は未分化で，あらゆる細胞に分化する可能性をもち，無限に増殖する能力のある，人工多能性幹細胞となった．iPS 細胞は，ES 細胞のように受精卵を用いるのではなく，本人の皮膚細胞から作成するので，倫理的問題が回避でき，さらに拒絶反応問題が起こらないという優れた利点がある（図 8.16）．

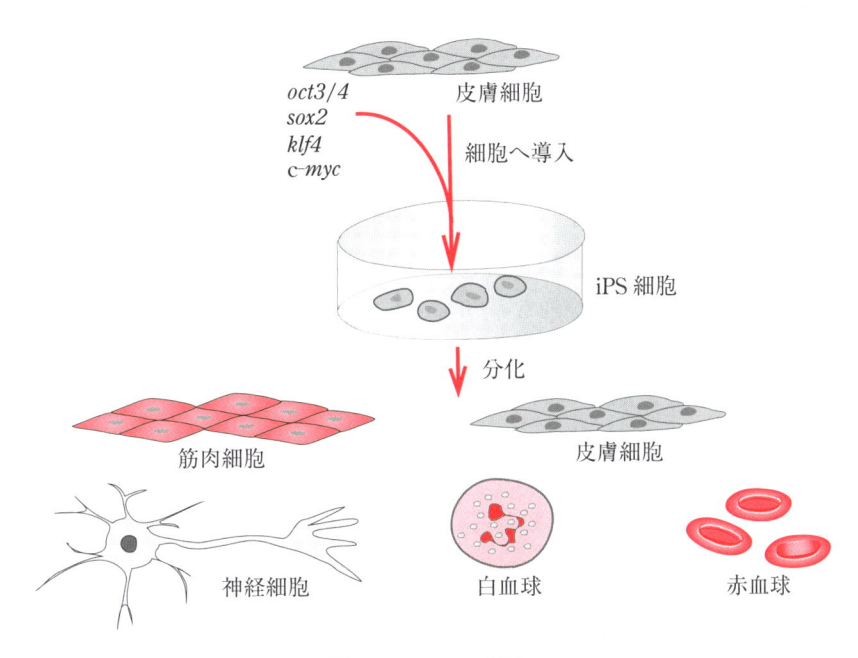

図 8.16　iPS 細胞

8.6 老　化

　加齢に伴って，個体のさまざまな生理的機能が減退することを老化という．老化による機能の減少としては，グルコースの代謝能力の減少，筋肉の萎縮，筋力の低下，水晶体の混濁，内耳の感覚毛の減少による難聴，真皮が薄くなることによる皮膚のしわなどがあげられる．

　老化のメカニズムには数々の説があるが，大まかには，遺伝子に老化がプログラムされていると考えるプログラミング説，生物が生きている過程で，DNA 複製中のミスや，紫外線や酸化ストレスなどの外界からの影響で受けた障害が蓄積すると考えるエラー蓄積説，細胞が生きていくために必須なものが，加齢に伴い徐々に消耗し，細胞が機能を失うことで老化すると考える消耗説に分けられる．以下に老化，寿命に関与していると考えられる要因のいくつかを紹介する．

　老化を起こす原因の 1 つに活性酸素などのラジカルがある．ミトコンドリアは細胞が必要とするエネルギー（ATP）の大半を産生し，ATP を産生する過程で酸素を消費する．体内に取り込んだ酸素のほとんどはミトコンドリアが消費しており，酸素が消費される過程で，酸素の 0.1～2% が活性酸素に変わる．この活性酸素はミトコンドリア自身や，細胞内のタンパク質や DNA を障害し，老化を起こすと考えられる．

インスリン/インスリン様成長因子（IGF-1，IGF-2）は細胞膜にあるインスリンレセプター，IGF-1R，IGF-2Rに結合し，細胞内にインスリン/インスリン様成長因子シグナル（IIS）経路と呼ばれるシグナル伝達経路を活性化する．このIIS経路を阻害すると寿命が延長する．この現象は線虫，ショウジョウバエ，マウスなど幅広い動物で観察され，また，IIS経路に変異があるとストレス耐性が上がることから，インスリン/インスリン様成長因子と寿命との関係はストレス応答と関連性が深いと考えられている．

食事制限を行い，摂取カロリーを通常の70%くらいに抑えると，線虫，ショウジョウバエやマウスで寿命の延長が見られることがわかっている．カロリーの制限がどのようにして寿命を延長するか不明な点が多いが，候補の1つにサーチュイン遺伝子がある．サーチュイン遺伝子は，1999年にレオナルド・ガレンテらのグループによって酵母から見いだされた．サーチュイン遺伝子はヒストン脱アセチル化酵素，サーチュインをコードする．サーチュイン遺伝子は，カロリー制限によって活性化されることから長寿遺伝子であると示唆されるが，サーチュイン遺伝子の寿命延長効果は異論もあり，まだ確定していない．

長生きの人は両親も長生きであったことが多く，遺伝子が寿命に関与していることは明らかである．しかし，一卵性双生児であっても，寿命が大きく違う場合もあり，環境による影響も大きいことも確かである．現在寿命に関与している遺伝子は50程度と推測されている．

8.7　細胞死：ネクローシスとアポトーシス

個体が死亡した場合以外にも細胞は死にいたる場合がある．細胞が死ぬ様式には**ネクローシス nerosis** と**アポトーシス apoptosis** の2通りがある．ネクローシスは，外傷や飢餓などで細胞は望まないが，細胞活動が維持できなくなり死ぬ場合であり，アポトーシスは，個体の中で細胞が不要になった場合に起こる死であり，個体に必要な細胞死といえるものである．

ネクローシスは，壊死ともいい，細胞の酸素の供給が不足したり，毒物などの影響で，細胞が必要なATPが供給できなくなった場合，何らかの損傷を受けた場合に起こる．ネクローシスでは，ATP不足などにより細胞膜のポンプの機能が失われ，塩素イオンの流入が起こる．細胞内塩素イオン濃度の上昇はリソソームの破綻を引き起こす．そのため細胞は，まず徐々に膨らみ，ミトコンドリアが膨らんでやがて崩壊する．また細胞膜が破れて中身が流れ出す．破裂した死細胞から放出された細胞内容物が周辺組織に炎症反応を引き起こし，新たなネクローシスを起こすため，ネクローシスによる細胞死は長期間にわたって漸次進行していく．

8.7.1 アポトーシス

　細胞が生体内の細胞環境を保つために死ぬようにプログラムされ，自ら死ぬ過程をアポトーシスという．細胞がアポトーシスを起こすと，細胞は縮み，核が凝縮し，細胞表面の微絨毛は消失する．やがて**核が断片化**し，続いて細胞も断片化して**アポトーシス小体**と呼ばれる大小の小胞になる．アポトーシス小体はマクロファージなどに貪食されて除去される．このため，アポトーシスによる細胞の死は隣接している細胞に影響を及ぼすことがなく，ネクローシスのように，周囲の細胞の死を誘導し細胞死が拡大することはない．

　アポトーシスによる細胞の死は必要とされているところで起こり，個体が生命活動を営んでいく上で必須のものである．アポトーシスの生体内での役割は，発生中の形態形成のためのプログラム細胞死，正常細胞の交替のためのアポトーシス，生体防御のためのアポトーシスに大別される．

8.7.2 発生中の形態形成のためのプログラム細胞死

　哺乳類，は虫類，鳥類では，指四肢の形成過程で指が形成されるときアポトーシスが起こる．四肢は最初小さな突起として手足の予定領域にできてくる．その後，中に軟骨が形成され，軟骨の間，いわゆる「みずかき」の部分の細胞がアポトーシスを起こすことで指が分離する（図8.17）．

　発生の初期段階の中枢神経系では神経管に存在する神経上皮細胞がニューロンを過剰に産生する．ニューロンはその後最終定位置まで移動した後神経突起を伸ばし，シナプスを形成する．シ

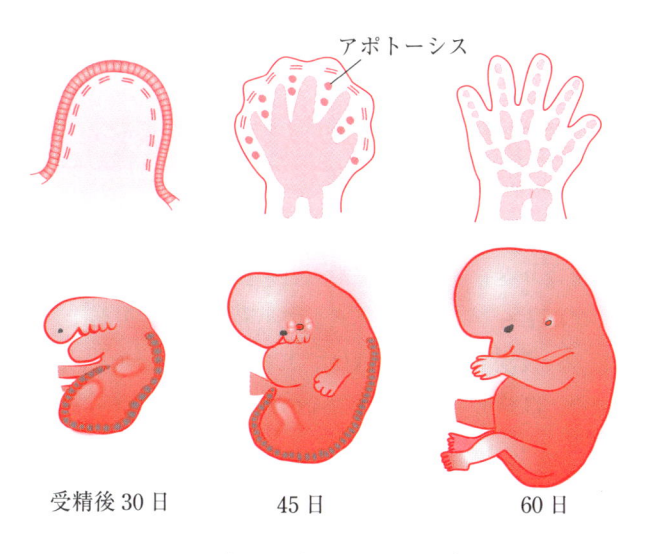

図 8.17　指の発生におけるアポトーシス

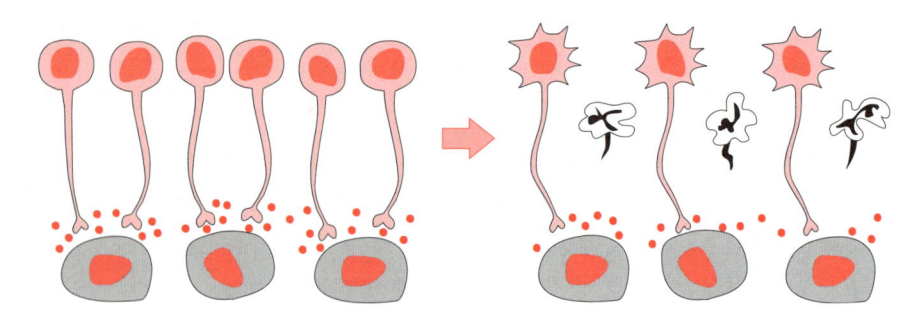

図 8.18　神経発生過程におけるアポトーシス

　ナプスが形成できた神経細胞は相手の細胞から神経栄養因子（neurotrophin など）と呼ばれるシグナル因子を受け取ることができ，生存するが，受け取ることができなかった細胞はアポトーシスを起こして死んでいく（図 8.18）．

　免疫を司る細胞の一種であるT細胞は免疫の司令塔とも呼ばれ，ヘルパーT細胞，キラーT細胞など種類によって役割に違いはあるが，共通の役割として，細胞性免疫で働くと同時に，自己，非自己を識別する．骨髄中の造血幹細胞から分化した幼若なT細胞前駆細胞は，胎生8週頃から胸腺原基への移動を開始する．幼若なT細胞前駆細胞は増殖を繰り返し，それぞれ異なる抗原を認識するT細胞となる．その後自己の主要組織適合遺伝子複合体（MHC）と反応するT細胞はアポトーシスを起こすことで取り除かれる．このようにして発生のある段階で，胎児に存在していた自己のMHC抗原に対して攻撃するT細胞が取り除かれることで自己に対して自己の免疫細胞が攻撃しない，自己寛容を獲得する．

　この他，オタマジャクシがカエルへ変態する際に尾が消失するが，これも尾の細胞がアポトーシスを起こすことで起こる．

8.7.3　正常細胞の交替のためのアポトーシス

　小腸上皮細胞は絨毛の表面を覆う細胞である．絨毛の根元のあたりにある幹細胞が分裂して生じた小腸上皮細胞は分裂を繰り返し，絨毛の先端へと移動していく．終末分化した細胞は絨毛の先端まで移動していき，アポトーシスにより死滅して小腸の内腔に脱落する（図 8.14(b)）．

　血球は一般に寿命が短い．役割を終えた血球はアポトーシスを起こし，マクロファージに貪食される．その他皮膚の細胞，肝臓の実質細胞等寿命の来た細胞はアポトーシスを起こし，順次入れ替わる．

8.7.4　生体防御のためのアポトーシス

生体内では，内部に異常を生じた細胞や修復不可能なほどDNAに損傷のある細胞，がん化した細胞が日常的に発生しており，これらの細胞のうちほとんどの細胞はアポトーシスによって取り除かれている．このように，生体の中では様々な場面でアポトーシスが起こり，個体の正常な機能を果たすためにはアポトーシスはなくてはならないものである．

8.7.5　アポトーシスに働く主要分子カスパーゼ

アポトーシスでは**カスパーゼcaspase**と呼ばれるシステインプロテアーゼがアポトーシスのシグナル伝達経路の重要な部分を司っている．哺乳動物ではカスパーゼ–1からカスパーゼ–14までの14種類が見つかっている．カスパーゼはその働きによって大きく2つのグループに分けられる．すなわち，イニシエーターカスパーゼとエフェクターカスパーゼである．アポトーシスを実際に起こすのはエフェクターカスパーゼで，イニシエーターカスパーゼは，エフェクターカスパーゼを活性化させる役割をもつ．イニシエーターカスパーゼには，カスパーゼ–2, –8, –9, –10が，エフェクターカスパーゼには，カスパーゼ–3, –6, –7が知られている．

アポトーシスのシグナルを受けると，イニシエーターカスパーゼが活性化され，活性化イニシエーターカスパーゼがエフェクターカスパーゼを活性化する．活性化されたエフェクターカスパーゼはDNA分解酵素（caspase activated DNase：CAD）に働きかけ，CADによりDNAのヌクレオソーム単位での切断が起こる．

8.7.6　アポトーシスの2つの経路

アポトーシスの経路には大きく分けて2つある．1つは細胞外からのシグナルによってアポトーシスが誘導される経路で，もう1つは，細胞内からアポトーシスが誘導されてくる経路である．

1つ目の経路は，**デスリガンド**によるアポトーシスである．Fasリガンド，TNF–αはアポトーシスを起こさせるサイトカイン（デス因子）である．これらのリガンドが細胞にあるデスレセプターである，Fas，TNFレセプターに結合するとレセプターの細胞内部分にFasにはFas結合デスドメインタンパク質Fas–associated death domain protein（FADD）が，TNFレセプターにはTNFレセプター関連デスドメインタンパク質TNF receptor–associated death domain（TRADD）がアダプタータンパク質として結合する．FADDはカスパーゼ–8を結合する．こうしてできたFas–FADD–カスパーゼ複合体によってカスパーゼ–8は活性化型に変わる．またTRADDは，FADDまたはreceptor interacting protein（RIP）と結合する．RIPはRIP–associated protein with a

コラム　TUNEL法

TUNEL（TdT-mediated dUTP-biotin nick end labeling）法はアポトーシスを検出する方法である．terminal deoxynucleotidyl transferase（TdT）を用いて，ビオチン標識したdUTPをDNAの3′末端に結合させる．ビオチンはアビジンと親和性が高いことを利用し，西洋わさびペルオキシダーゼで標識したアビジンと反応させ，西洋わさびペルオキシダーゼをDAB（diaminobenzidine）で青く発色させる．つまりDNAの3′末端が青く反応することとなる．アポトーシスを起こした細胞は，DNAが断片化していることから3′末端の数が増え，正常な細胞に比べ青く染まるのである．

death domain（RAIDD）と結合し，カスパーゼ-2を活性化する．このように，細胞外からもたらされた，死のシグナル分子，FasリガンドやTNF-αは細胞内でのカスパーゼ経路を活性化し，アポトーシスを誘導する．

　もう1つの経路は，内因性の経路である．内因性の経路ではミトコンドリアが重要な役割を果たす．ミトコンドリア外膜には，VDAC（voltage-dependent anion channel）が存在し，アポトーシス刺激によって，VDACが開口し，シトクロム c が細胞質に放出される．シトクロム c は Apaf-1

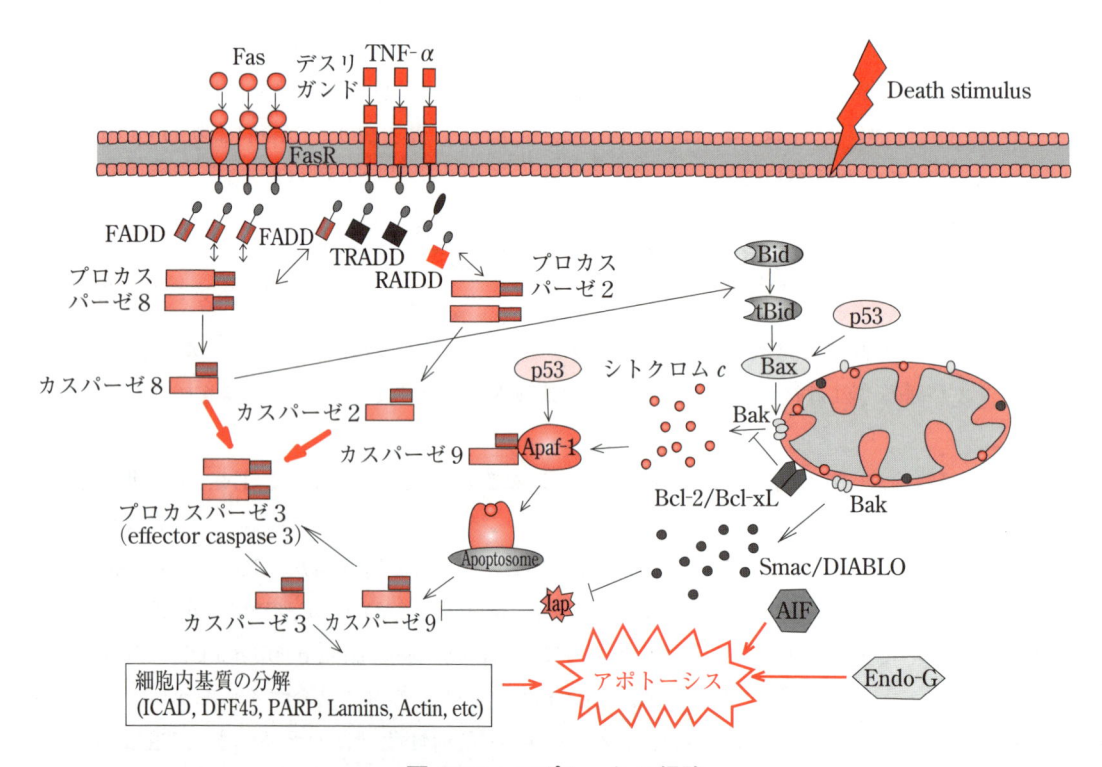

図8.19　アポトーシス経路

と結合し，カスパーゼ–9を活性化する．カスパーゼ–9はカスパーゼ–3を活性化することにより最終的にアポトーシスを誘導する（図8.19）．

8.7.7　Bcl–2 ファミリーによるアポトーシスの制御

　Bcl–2 ファミリーは，共通の構造として，Bcl–2 homology（BH）ドメインをもっている．Bcl–2 ファミリーにはアポトーシスを抑制する Bcl–2, Bcl–xL, アポトーシスを促進する Bax, Bak がある．Bcl–2, Bcl–xL はミトコンドリア外壁に存在し，シトクロム c のミトコンドリアからの放出を抑制し，Bax, Bak は，ミトコンドリアからの放出を促進する．ミトコンドリアでのシトクロム c の放出を制御することで Bcl–2 ファミリーはアポトーシスを制御している（図 8–19）．

8.7.8　アポトーシスにおける p53 の働き

　p53 は転写因子である．細胞周期の見張り番ともいわれ，DNA の損傷を感知すると細胞周期を止め，DNA の修復を行う．Bcl–2 ファミリーの Bax の転写因子でもあり，DNA 損傷の修復が修復が不可能な場合には細胞をアポトーシスに導く．

第9章 遺伝

到達目標

・遺伝の法則について説明できる．
・多形と染色体異常について説明できる．

序　遺伝とは

　遺伝とは形質（形や性質）が親から子へ伝わることである．これまでに，配偶子の形成過程と受精について学んだ．配偶子を経て親から子へ渡される情報，例えば，花の色，葉の形，種子の形など遺伝情報を規程する個々の因子が遺伝子である．実際の遺伝の仕組みは非常に複雑であるが，近年進歩の目覚ましい分野でもある．この章では遺伝の法則について学び，遺伝の仕組みの基礎を学ぶ．

9.1 遺伝の法則

9.1.1 優性と劣性

　子は親から様々な形質を受け継ぐ．人の子は人でありネコの子が生まれることはない．指が5本，耳介をもつなど人間の基本の形はもちろんのこと，まぶたの一重と二重，髪の毛の直毛とくせ毛，瞳の色などさまざまな形質が親に似る．アルコールに強いまたは弱いなどの性質や，性格も親から子へ遺伝する．このような親から受け継ぐ要素，1つ1つを**遺伝子**という．子は，1つの形質について父親と母親からそれぞれ遺伝子を受け取るので同じ形質に対する遺伝子を2つずつ

> **コラム　メンデルの遺伝法則**
>
> 　親から受け継ぐ形質の現れ方に法則を見いだしたのはメンデル Mendel, Gregor Johann（1822–1884）である．彼はエンドウ豆の7つの形質，種子の色，種子の形，鞘の色，鞘の形，花の色，草の背丈，花の付く位置に着目し，まず自家受粉を繰り返すことで純系（同じ遺伝子型を持っている個体），例えば種子の形が丸としわを得た．これを親（P）として，種子の形が丸のエンドウのめしべに種子の形がしわのエンドウの花粉を受粉させたところ，得られた子世代（F1）のエンドウの種子はすべて丸となった．このF1を自家受粉させると，丸の種子のエンドウとしわの種子のエンドウが約3：1で出現した．メンデルはこのような実験を他の形質についても行い，形質の遺伝はあたかも粒子の分配のように起こることを見いだした．
>
> **図9.1　優性の法則**
>
> 2つの要素の組合せで，種子の丸としわの2つの要素（遺伝子）を同時にもっている個体は種子の形は丸となるように，形質が現れやすい遺伝子（優性）と優性遺伝子と同居した場合には形質の現れない遺伝子（劣性）があることを発見した．これを優性の法則という．また劣性遺伝子であっても個体の中で失われることはなく，生殖細胞形成時には受け継がれ，隠れていた形質も遺伝子の組合せで子孫に再び現れることも同時に見いだした．これを分離の法則という．

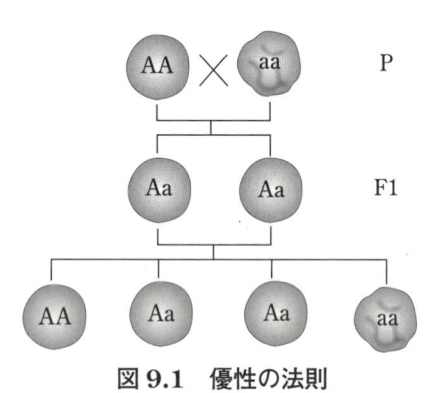

もつ．この2つの遺伝子の遺伝子構成を**遺伝子型**という．Aという遺伝子を2つもっている場合にはAAというように表す．受け取った遺伝子のうち形質の現れやすい遺伝子を**優性**，現れにくい遺伝子型を**劣性**という．遺伝子のうち優性をA，劣性をaとすると，遺伝子型がAAとAaの個体の形質は優性のAとなる．この見かけの形質のことを表現型という．例えば，まぶたの一重と二重では二重が優性である．二重の母親AAと一重の父親aaから生まれる子供はAaで，表現型は二重となる．優性，劣性とは，あくまでも形質が現れやすいか否かであって，その形質の優劣ではない．

12番染色体長腕に存在するフェニルアラニン水酸化酵素遺伝子に変異があるとフェニルアラニン水酸化酵素が働かないために，フェニルアラニンからチロシンへの変換が行われなくなり，フェニル乳酸やフェニル酢酸が蓄積し，フェニルケトン尿症となる．この変異は劣性で，両方の親から変異のある遺伝子を受け取った場合にのみ発症する．フェニルケトン尿症は，フェニルアラニンが代謝されないことで，血中に蓄積し，大脳の発達が障害され精神遅滞を起こす．食事中のフェニルアラニンの量を特に幼児期において厳密にコントロールすることで正常に発育することが可能である．この他常染色体劣性遺伝としては，メープルシロップ尿症，福山型先天性筋ジストロフィー等が知られている．一方，家族性アルツハイマー病，あるタイプのパーキンソン病，ハンチントン舞踏病，家族性大腸腺腫症，ロドプシンの変性を伴う網膜色素変性症は常染色体優性遺伝する．

9.1.2　不完全優性

マルバアサガオの赤花と白花を交配したF1の花の色はピンクである．このように，両親のどちらかの形質ではなく，両方をあわせた中間型の表現型をとる遺伝様式を**不完全優性**という．人の血液型の遺伝子は，A，B，Oの3種類であるが，このうちAとBはOに対して優性で，Oは劣性である．AとBをもつ個体の血液型はAB型で不完全優性を示す．アルコールの分解は2段階で起こり，エタノールはアセトアルデヒドに変換された後に無害な酢酸になる．飲酒の際主にアセトアルデヒドを酢酸に代謝する酵素は2型アルデヒド脱水素酵素（ALDH2）である．アセトアルデヒド分解活性のある正常な酵素をN型とすると，アジア人（蒙古系人種）のは，一定の割合で酵素活性のほとんどないD型遺伝子をもつ．両親から受け継いだ遺伝子がNN型の場合，アルコールに強くなる．逆にDD型の場合アルコールが全く飲めなくなる．ND型の場合はアセトアルデヒドの分解能力が弱く少量のアルコールで赤くなるなどする．このようにアルデヒド脱水酵素活性は不完全優性型の表現型を示す．

9.1.3　独立の法則

これまで，1つの遺伝子の遺伝について考えてきたが，複数の遺伝子の遺伝について考える．

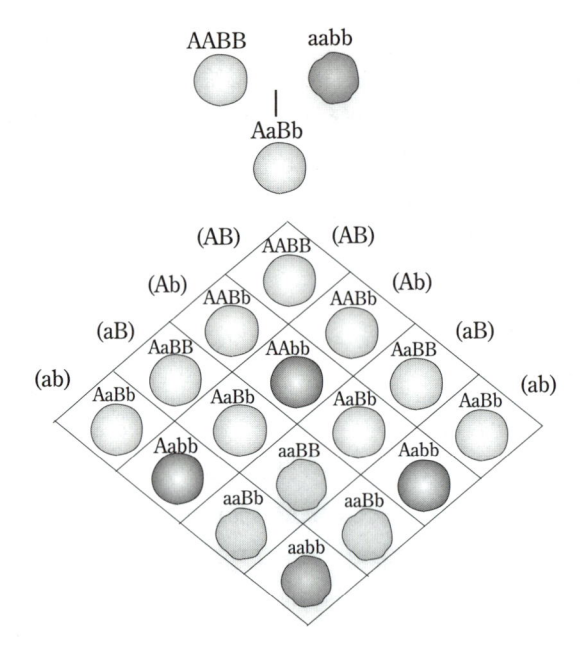

図 9.2 分離の法則

例えばメンデルが研究したエンドウ豆の形質のうち種子の形（丸 AA としわ aa）と色（黄色 BB と緑 bb）を考える．丸くてきいろ（AABB）のエンドウとしわで緑（aabb）のエンドウを掛け合わせた F1 はすべて丸くて黄色（AaBb）となる．この F1 のつくる配偶子は，AB，Ab，aB，ab でこの配偶子が組み合わせてできる孫 F2 世代の組合せは 16 通りである．表現型は，［丸・黄色］，［丸・緑］，［しわ・黄色］，［しわ・緑］の 4 つで，9：3：3：1 の割合である．このとき種子の形，丸としわの形質だけに着目すると 3：1 になっている．また，種子の色，黄色と緑も 3：1 である．このように複数の形質が存在する場合についても，それぞれの形質について遺伝の法則，分離の法則が成り立つ．これを**独立の法則**という（図 9.2）．

9.1.4 連鎖

キイロショウジョウバエの体の色に関する遺伝子と羽の形に対する遺伝子は両方とも第 2 染色体に存在する．体の色は灰色（B）が野生型で，黒色（b）の変異体は劣性である．翅の形が正常な野生型（V）に対して，小さくちぢれた痕跡翅（v）と呼ばれる羽の遺伝子は劣性である．このように異なる遺伝子が同じ染色体にあることを連鎖しているという．野生型ホモである灰色正常翅（BBVV）と変異型ホモである黒色痕跡翅（bbvv）の親から生まれる F1 はすべて灰色正常翅（BbVv）である．この F1 同士を交配する場合を考える．灰色正常翅（BbVv）のつくる配偶子は，B と V，b と v が同じ染色体上にあるので，交叉が起こらないと仮定すると，BV と bv である．

図 9.3　連　鎖

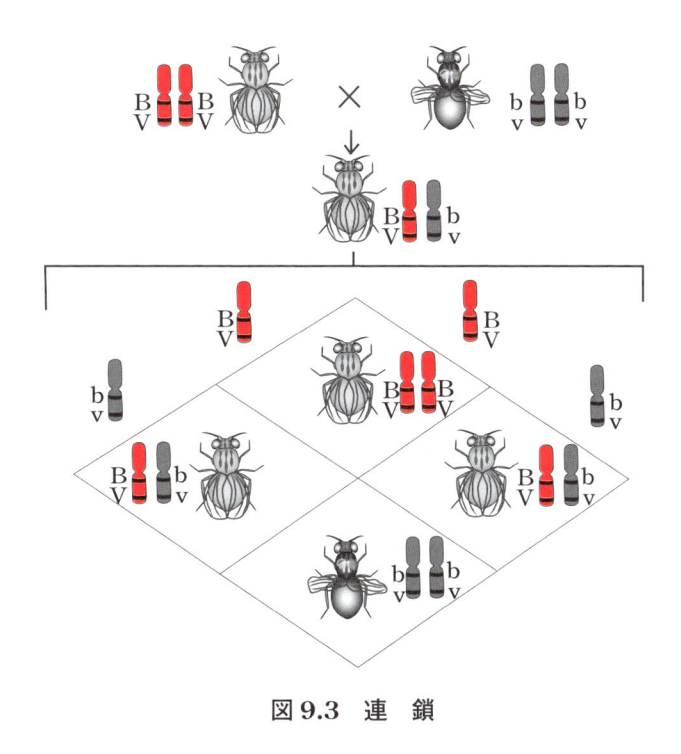

よってその子供（F2）は，BBVV と BbVv と bbvv が 1：2：1 で生じる．

ヒトの遺伝子は約 3 万といわれている．染色体は常染色体 22 対プラス性染色体の 46 本なので，多くの遺伝子が連鎖している（図 9.3）．

9.1.5　伴性遺伝

ヒトの性染色体は女性は XX で，男性は XY である．色覚に関与するタンパク質オプシンは X 染色体上にコードされている．オプシンには赤オプシンと緑オプシンがあり，さらに遺伝子は複数のコピーを持っていて，それらが X 染色体の近い場所に並んでいる．赤オプシン，緑オプシンのどちらに変異が生じても色覚異常となる．今，単純化のためオプシン遺伝子をひとまとめとし，1 つの遺伝子として扱う．この変異は劣性であり，変異のある遺伝子を 1 本の染色体にもっている女性の色覚は正常である．男性は X 染色体を 1 本しかもたないので，オプシン遺伝子に変異があると色覚異常となる．このように X 染色体にコードされている遺伝子による遺伝を**伴性遺伝**という．男性は X 染色体を 1 本しか持たないために，X 染色体の変異は表現型となって現れる．伴性遺伝の例として，赤緑色覚異常，血友病，デュシェンヌ型筋ジストロフィーなどがある（図 9.4）．

図 9.4　伴性遺伝

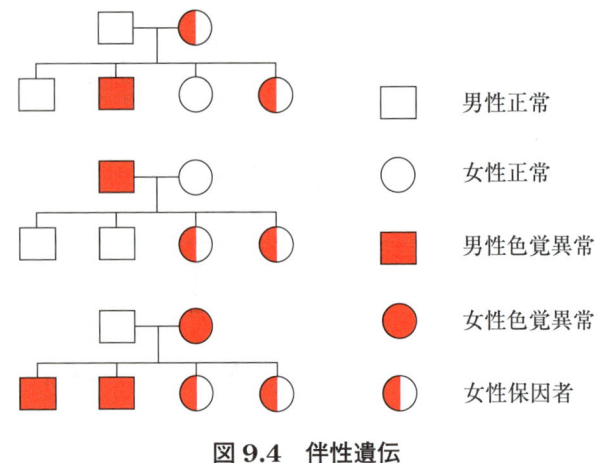

9.2　多　型

　ヒトの細胞に存在するDNAは約60億塩基対である．この中には，個体によって異なる塩基配列をもつ場合も多い．このような遺伝子の変化のうち，病的な影響を起こさない変化で，集団の中で1%以上の割合で存在する変異を**多型**という．それより少ない変異は**突然変異**という．この多形のうち，遺伝子の配列の中で一塩基だけ異なる多形を遺伝子一塩基多形 single nucleotide polymorphism（SNP，複数の場合SNPs）という．SNPsは1000塩基に1程度の頻度で存在し，ヒトゲノムでは，300万か所以上あると考えられている．例えば2型アルデヒド脱水素酵素の酵素活性がないD型遺伝子は，日本人では5〜25%（地域によって異なる）である．白人，黒人にはこの変異はみられない．酵素活性があるN型と活性のないD型は，487番目のアミノ酸が，D型ではグルタミン酸（GAA），N型ではリジン（AAA）であり，塩基配列はグアニンとアデニンの1塩基が異なるだけである．鎌状赤血球貧血症はアフリカ地域に多い赤血球の異常で，ヘモグロビンβ鎖の6番目のアミノ酸は，正常βヘモグロビンはグルタミン酸（GAG）で，鎌状赤血球貧血症のβヘモグロビンはバリン（GTG）であり，塩基配列はアデニンとチミンが異なるだけである．この変異をホモでもつと重症の貧血症となるが，ヘテロの場合はマラリア原虫が増えにくいためマラリアが蔓延する地域では生存に有利である．300万か所以上あると考えられているSNPsであるが，多くはイントロンの中にあったりして，アルデヒド脱水素酵素やβヘモグロビンのようにはっきりと異なる形質となって現れることはまれである．

9.3 染色体異常

9.3.1 数の異常

ヒトの染色体は22対と性染色体の46本であるが，何番目かの染色体が1本多く，3本になっている場合を**トリソミー**，1本少なく一対のうち1本だけの場合を**モノソミー**という．

トリソミーは減数分裂の不分離で起こる．ダウン症は21番染色体がトリソミーになっているもので，多くの場合，平坦な顔立ち，切れ上がった目，知的発達の遅れなどが見られる．卵子の第一減数分裂時の不分離が大半を占め，出生時の母親の年齢が高いほど発生率は高くなる．その他，18番染色体，13番染色体，8番染色体トリソミーは出生し，生存する場合があるが，その他の常染色体がトリソミーとなった場合には発生せず，初期の段階で流産することがほとんどである．また，2本の染色体のうち1本が欠けているモノソミーはほとんどの場合発生できない．唯一X染色体についてはモノソミーが生存可能である．性染色体は，女性はXXであるが，男性はXYであることからもわかるように，X染色体は1本でも生存可能である．XO（Oはないという意味）のヒトでは低身長，二次性徴欠如が特徴であるターナー症候群となる．性染色体の数の異常は生存にあまり影響せず，XXY，XYY，XXXなどが存在する．

9.3.2 染色体の構造の異常

染色体の異常には，染色体の一部が多い場合や欠けている場合がある．それぞれ，**重複**，**欠失**という．通常のギムザ分染法では発見できないが，Fish染色やPCR等の方法で異常が発見できるような少量の染色体欠失や重複により疾患が生じる．15番染色体長腕の微細欠失でPrader–Willi症候群が起こる．低緊張，アーモンド様の眼瞼裂，手足が小さいなどの症状を持つ．Angelman症候群は，15番染色体15q11–13の欠失により，重度精神遅滞，てんかん，低色素症などを特徴とする．Williams症候群は7番染色体7q11.23の欠失で起こる．心血管系の奇形と額の広い特徴的な顔貌を有する．このように少しの欠失でも大きな障害が起こる．染色体の一部が切断され，別の染色体と結合している場合を転座という（図9.5）．染色体に過不足が起こらないので正常に発生，発育する．しかし，配偶子形成の際に減数分裂で生じる染色体の組合せによって，4つの組合せが生じる（図9.5 A～D）．このうちAとBは染色体に過不足はないので正常であるが，CとDは過剰または不足が生じる．染色体に過不足があると受精卵は正常に発育できないため，流産を繰り返す．このために検査を行い，それまで気づかなかった転座が発見される場合がある．

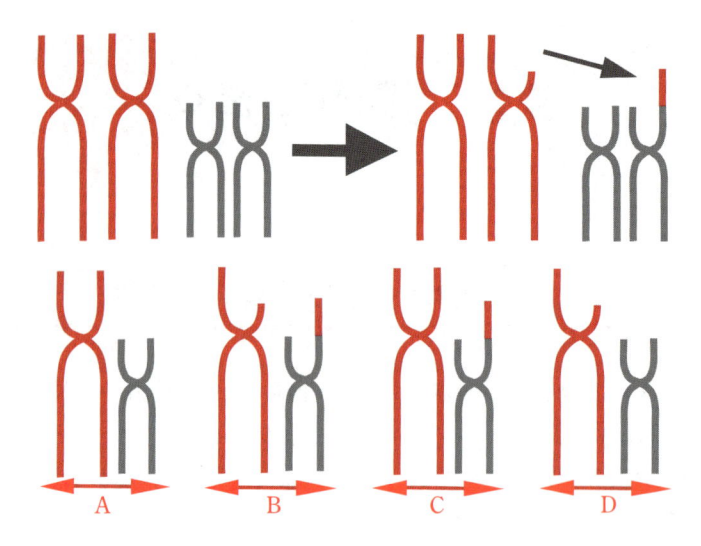

図 9.5 転 座

転座（上段）と転座のある細胞から生じた配偶子（下段）．B は転座があるが染色体に過不足はないため，受精した場合，正常に発生する．C と D は障害が発症したり発症せず流産となる．

9.3.3 細胞質遺伝

　遺伝子の本体は DNA であり，減数分裂で生じた配偶子へ分配された遺伝子によって，子の形質が規定されることを学んだ．しかし，核以外の要素によって遺伝するものもある．その1つが細胞質遺伝である．ミトコンドリアと葉緑体は太古の昔に真核生物に飲み込まれた好気性細菌と光合成細菌が共生したものと考えられている．このためミトコンドリアと葉緑体は独自の DNA をもっている．動物では受精が起こる時，卵細胞のミトコンドリアだけが受精卵に受け継がれ，精子のもつミトコンドリアは卵子の外に残される．また植物では胚珠の細胞のもつミトコンドリアと葉緑体が受け継がれ花粉のそれは受け継がれない．このように，子のもつミトコンドリアは先祖代々の母親から受け継いだものである．

日本語索引

ア

アクアポリン　41
悪性リンパ腫　213
アクチノマイシン D　158
アクチビン　228
アクチン結合タンパク質　100
アクチンフィラメント　97, 99, 122
　　機能　104
　　伸長と短縮　100
アクトミオシン　108
足場依存性増殖　143
アストロサイト　26
アスパラギン　3
アスパラギン酸　3
アセチル CoA　64
アセトアルデヒド　68
アデニル酸シクラーゼ　132
アデニン　9, 10
アドヘレンスジャンクション　122
アニマルキャップ　228
アノマー　6
アノマー炭素　6
アファディン　122
アポトーシス　199, 202, 203, 236, 237
アポトーシス小体　237
アポトーシス抑制
　　シグナル伝達系　194
アミノ酸　2
アミノ末端　2
アラキドン酸　12
アラニン　3
アルギニン　3
アルコール代謝　68
アルツハイマー病　93, 113
アルデヒドデヒドロゲナーゼ　68
アルドース　5
D-アルドース　6
アンキリン　104

アンキリンリピート　175
アンチポート　44
アンフォールディング　92
α-アミノ酸　2
　　構造　3
α ヘリックス　4, 36, 75
α-リノレン酸　12
α, β 立体異性体　6
alk 遺伝子　195
I-cell 病　89
iPS 細胞　199, 234
R 点　170
Rb 遺伝子　202

イ

イオン結合　4
イオンチャネル　45
イオンチャネル共役型受容体　135
胃がん　199, 207
異質クロマチン　184
異質染色質　54
異染性白色ジストロフィー　89
イソロイシン　3
市川厚一　186
一次構造　4
一次性能動輸送　44, 47
一次リソソーム　88
1 回膜貫通型タンパク質　76
一酸化窒素　135
遺伝子　244
　　複製　152
遺伝子一塩基多形　248
遺伝子型　245
遺伝子増幅　191
遺伝子変異　191
遺伝情報　11
イノシトール -1,4,5-三リン酸　79, 134
イマチニブ　211
イミノ酸　3
飲作用　50
飲食作用　50, 88

インスリン / インスリン様成長因子　236
インターフェロン　211
インテグリン　105, 115, 119
インポーチン　57
EB ウイルス　204, 206
EGF 受容体　197
EGF 受容体阻害薬　211
Ink4 ファミリー　175

ウ

ウイルスがん遺伝子　192
ウラシル　9
Williams 症候群　249

エ

エイコサペンタエン酸　12
エキソサイトーシス　50, 81, 86
液胞　29
エクスポーチン 1　57
エピジェネティクス　59, 229
エフェクター　129
エラスチン　147
エルロチニブ　212
塩基
　　分類と種類　9
塩基性アミノ酸　3
エンドクリン伝達　128
エンドサイトーシス　50, 88
エンドサイトーシス経路　87
エンドソーム　50
ABC 輸送体　44
abl 遺伝子　195
Abl チロシンキナーゼ　196, 211
ADH 系　68
Angelman 症候群　249
AT 塩基対構造　10
ATP-ADP トランスロカーゼ　66
ATP-ADP 輸送体　66

日本語索引

ES 細胞　233
F アクチン　100
Fas 結合デスドメインタンパク質　239
H⁺ポンプ　48
Ha-ras 遺伝子　191
M 期　152, 164, 165
M 期促進因子　177
N-アセチルグルコサミン　77
N-グリコシド結合型糖鎖　77
N 末端　2
N-メチルマレイミド　86
Na⁺-グルコース共輸送体　48, 49
Na⁺チャネル　45
NADH-ユビキノンオキシドレダクターゼ　65
Na⁺-H⁺交換体　49
Na⁺-K⁺ポンプ　47, 48
　構造　46
NO 合成酵素　135
S 期　164, 170

オ

横紋　24
横紋筋
　収縮機構　109
　組織　24
岡崎フラグメント　155
オーガナイザー　226
オキシダーゼ　67
オクルディン　121
オートクリン伝達　128
オートファゴソーム　88
オートファジー　88
オートファジー経路　89
オプシン　247
オリゴデンドロサイト　26
オリゴ糖　5
オリゴ糖転移酵素　77
オルガネラ　18, 26
オレイン酸　12
O-グリコシド結合型糖鎖　77

カ

開口分泌　50, 81
外胚葉　223
外膜　62
　機能　63
化学進化説　16
核　26, 54
核外膜　55
核酸　8
　構造　10
核質　54
核内受容体　141
核内膜　55
核排出因子　57
核分裂　162
核膜　26, 55
核膜腔　55
核膜孔　55
　構造　56
核膜孔複合体　55
核様体　26
核ラミナ　55, 116
カスケード反応　129
カスパーゼ　239
カタラーゼ　67
カタラーゼ系　68
活性型ビタミン D₃　141
滑走機構　109
滑面小胞体　70
カドヘリン　105, 118, 122, 233
カドヘリンスーパーファミリー　118
カベオラ　40
カベオリン　40
カポジ肉腫　207
鎌状赤血球貧血症　248
D-ガラクトース　6
ガラクトセレブロシド　14, 32
カルジオリピン　13, 62
カルシニューリン　135
カルタゲナー症候群　115
カルネキシン　77
カルボキシ末端　2
カルモジュリン　111, 134

カルレティキュリン　77
加齢　235
がん　185
がん遺伝子　189, 192, 193
肝炎ウイルス　205
肝がん　205
間期　164, 170
がん原遺伝子　192
がん研究　186
還元末端　8
幹細胞　231
がん細胞　188, 190
カーンズ・セーヤー症候群　66
がん抑制遺伝子　199, 200
含硫アミノ酸　3
γ-リノレン酸　12

キ

キアズマ　218
機械刺激依存チャネル　45
器官　21
奇形因子　223
奇形腫群腫瘍　216
D-キシロース　6
基底膜　22, 148
希突起膠細胞　26
キネシン　112
逆転輸送　74
逆行性輸送　78, 112
ギャップジャンクション　121, 124
球状アクチン　99
急性リンパ性白血病　195, 211
狂牛病　93
共輸送　44
極性　100
極性中性アミノ酸　3
極体　219
筋細胞　24
筋ジストロフィー　105
筋収縮　107
　滑走機構　108
筋小胞体　79
筋節　109
筋線維　24

筋組織　22
筋肉組織　22

ク

グアニン　9, 10
クエン酸回路　61
クヌードソン　201
組換え酵素　162
クラスリン　51, 52, 83
クラスリン被覆　52
クラスリン被覆小胞　51, 83
クラスリン被覆ピット　51
グリア細胞　25
グリオキシソーム　68
グリオキシル酸回路　68
グリコサミノグリカン　82, 149, 150
グリコシド結合　6
グリコシド結合型糖鎖　77
グリコシルホスファチジルイノシトール　36
グリコホリン　104
グリシン　3
クリステ　63
D-グリセルアルデヒド　6
グリセロ脂質　12
グリセロ糖脂質　12
グリセロリン脂質　13, 29, 31, 71
　構造　13
グルコース　77
　環状構造　7
D-グルコース　6
グルコーストランスポーター　46
グルコース輸送体　46, 47
グルコセレブロシド　31, 32
グルタミン　3
グルタミン酸　3
クロイツフェルト・ヤコブ病　93
クローディン　121
クロマチン　54, 227
　構造　57
クロマチン再構成複合体　58
クロマチン繊維　182, 183
クロロプラスト　29

ケ

蛍光顕微鏡　16
形質転換実験　190
形成体　226
系統樹　17
血液　24
血管新生　209
結合組織　22, 145
　一般的構造　23
欠失　249
血小板由来増殖因子　197
血友病　247
ケトース　6
D-ケトース　6
ゲフィチニブ　211
ケラタン硫酸　150
ケラチン　103
原核細胞
　一般的構造　27
原核生物　17, 26
原子間力顕微鏡　16
原始生殖細胞　217
減数分裂　152, 162, 217
顕微鏡　15
KDEL 選別シグナル　81
KEN ボックス　173
Ki-ras 遺伝子　207, 208

コ

コアセルベート　16
コアセルベート説　16
コアヒストン　183
効果器　129
光学顕微鏡　16
抗がん薬　158, 209
後期　167
後期エンドソーム　81
交叉　218
甲状腺がん　196
甲状腺ホルモン　141
構成性エキソサイトーシス　52
抗体医薬品　210, 212
抗 CD20 抗体　213
黒色細胞腫　199

古細菌　17
五炭糖　5, 6
骨格筋　25
骨芽細胞　24
骨細胞　24
骨組織　22
コネキシン　125
コネクソン　124
コハク酸-ユビキノンオキシドレダクターゼ　65
コヒーシン複合体　179
コラーゲン　145
コラーゲン線維　145
　合成　146
ゴルジ体　28, 79
　シス面　33
　トランス面　33
ゴルジ扁平嚢　33
コレステロール　14, 15, 31, 32, 71
コレラ毒素　132
コンドロイチン 4-硫酸　150
コンドロイチン 6-硫酸　150

サ

サイクリック AMP　132
サイクリック GMP　135
サイクリン　172
サイクリン依存性キナーゼ　172
サイクリンボックス　173
サイクリン B-Cdc2（Cdc1）複合体　177
サイクリン-Cdk 複合体　172
催奇形因子　223
　臨界期　224
サイトゾル　28, 53
細胞　15
　移動　106
　構造と種類　26
細胞外基質　22, 143
細胞外マトリックス　82, 143, 145
細胞がん遺伝子　192
細胞間接着依存伝達　126
細胞骨格　97

254　日本語索引

　　機能　98
　　構成タンパク質　99
　　線維構造　98
細胞死　236
細胞質　53
細胞質遺伝　250
細胞質分裂　111, 162, 165, 168
細胞周期　152, 164
　　制御　172
細胞周期エンジン　173
細胞小器官　26, 53
細胞ストレス　92
細胞接着
　　シグナル伝達　144
細胞接着タンパク質　120
細胞増殖
　　シグナル伝達系　194
細胞内共生説　18
細胞内小器官　26
細胞皮層　104
細胞分裂　111, 151, 152, 162, 163
細胞壁　28
細胞膜　26, 29
　　裏打ち　37, 104
サーチュイン遺伝子　236
サブユニット　4
サーマルサイクラー　17
サルコメア　109
酸化的リン酸化　65
三次構造　4
酸性アミノ酸　3
三炭糖　5, 6
三量体Gタンパク質　132
三量体GTP結合タンパク質　130

シ

ジアシルグリセロール　134
子宮頸がん　205
軸索　25
シグナル伝達　125, 181
シグナル認識粒子　73
シグナル配列　72
シグナル変換　126
自己複製能　1

自己分泌伝達　128
支持組織　22
脂質　11
　　細胞膜内分布　37
　　非対称性　37
脂質二重層　16, 30, 40
脂質ラフト　39
糸状仮足　106
自食作用　88
システイン　3
ジストロフィン　105
シス囊　80
シスプラチン　158
シス網　80
ジスルフィド結合　4, 72
シトクロム c　64
シトクロム c オキシダーゼ　65
シトクロム P450　71
シトシン　9, 10
シナプス　26
シナプス伝達　127
ジヒドロキシアセトン　6
ジヒドロピリジン受容体　79
脂肪細胞　24
脂肪酸
　　種類　12
脂肪族アミノ酸　3
ジホスファチジルグリセロール　13
終期　167
収縮環　111
重層扁平上皮　23
重複　249
樹状突起　25
受精　221
受精能獲得　221
受精卵　221
受動輸送
　　駆動力　43
シュペーマン　225
受容体依存性エンドサイトーシス　51
受容体型セリン/トレオニンキナーゼ　141
受容体型チロシンキナーゼ　136
受容体タンパク質　128

腫瘍レトロウイルス　189
シュワン細胞　26
順行性輸送　78, 112
消化管間質腫瘍　197, 213
小膠細胞　26
上皮　22
上皮成長因子　197
上皮組織　22
　　分類　23
小胞　32
小胞体　28, 70
小胞体関連分解　93
小胞体シャペロン　93
小胞体ストレス　93
小胞体ストレス応答　93
小胞輸送　80
食作用　50
食胞　50
真核細胞
　　一般的構造　28
　　DNA ポリメラーゼ　157
真核生物　17, 26
腎がん　213
心筋　25
神経栄養因子　238
神経膠細胞　25
神経細胞　25, 127
神経線維腫症Ⅰ型　203
神経組織　22, 25
神経伝達物質　26
人工多能性幹細胞　234
真正クロマチン　184
真正染色質　54
シンタキシン　85
シンポート　44
C型肝炎ウイルス　204, 205
C末端　2
Ca^{2+}/カルモジュリンキナーゼ　135
Ca^{2+}チャネル　79
cAMP依存症プロティンキナーゼ　133
CAMキナーゼ　135
Cdk
　　活性制御　175
　　阻害因子　174
cGMP依存性キナーゼ　135
Cip/Kipファミリー　175

日本語索引

c-*kit* 受容体遺伝子　197
COP I 被覆小胞　84
COP II 被覆小胞　84
CpG アイランド　230
c-*ret* 遺伝子　195
　　変異　196
G アクチン　99
G_0 期　164, 170
G_1 期　164, 170
G_2 期　164, 171
G タンパク質　82
G タンパク質共役型受容体　130
GC 塩基対構造　10
GDP 結合型チューブリン　102
G_{M1} ガングリオシドーシス　89
GPI アンカー　36
GTP キャップ　102
GTP 結合型チューブリン　102
GTP 結合タンパク質　82, 129, 130
GTP タンパク質共役受容体　131
JAK-STAT 活性化　140

ス

膵がん　197
髄鞘　26
水素結合　4
スクロース　7
ステアリン酸　12
ステロイド　15
　　構造　14
ステロイドホルモン　141
ステロール　30, 31
ストレスファイバー　105
スニチニブ　213
スフィンゴ脂質　15
　　構造　14
スフィンゴシン　14
スフィンゴ糖脂質　14, 15, 71
スフィンゴミエリン　14, 15, 31, 32, 71
スフィンゴリン脂質　14, 15, 31
スペクトリン　104
滑り込み　109
スライディング・クランプ　154

セ

静止期　164
星状膠細胞　26
正常細胞　188, 190
成人 T 細胞白血病　206
生体膜　29
　　基本構造　29
　　形成　32
　　構成成分　29
　　流動性　33
生物の 3 ドメイン説　17
生物の 3 ドメインの系統図　18
セカンドメッセンジャー　129
脊索　226
赤色ぼろ線維・ミオクローヌスてんかん症候群　66
赤緑色覚異常　247
セツキシマブ　212
接触型シグナル伝達　126
接触阻害　126, 188
接着結合　105, 122, 123
接着分子　119
セラミド　71
　　構造　14
セリン　3
セレクチン　121
線維芽細胞　24
線維状アクチン　100
前期　165
染色質　54
染色体　59, 182
　　交叉　218
染色体分離チェックポイント　180
先体　220
先体反応　221
前中期　165
セントラルドグマ　11, 16

線毛　114
Z 線　107
Z 盤　107

ソ

桑実胚　222
増殖シグナル　181
相同組換え　161, 162
相同染色体　218
促進拡散　43
組織　21
疎水性相互作用　4
粗面小胞体　70, 72
ソラフェニブ　213
ソレノイド　183

タ

第一減数分裂　217
対合　218
対向輸送　44
体細胞分裂　152, 162
体性幹細胞　231
大腸がん　197, 207, 212
　　多段階発がん仮説　208
タイトジャンクション　121
ダイナミン　84
第二減数分裂　217
ダイニン　113
タウ　103, 113
ダウン症　219, 249
多型　248
多剤排出輸送体　48
多細胞生物　19
多段階発がん　207
多糖　5
ターナー症候群　219, 249
多列円柱上皮　23
単クローン性　207
単細胞生物　19
単純拡散　43
単純性先天性表皮水疱症　115
炭水化物　5
弾性線維　147
単層円柱上皮　23
単層扁平上皮　23

単層立方上皮　23
単糖　5
タンパク質　2
　品質管理　90
タンパク質ジスルフィドイソメラーゼ　74
タンパク質脱リン酸化酵素　130
タンパク質複合体　65
タンパク質リン酸化酵素　130
単輸送　44
TUNEL法　240
Wntタンパク質　228

チ

チェックポイント　178
チミン　9, 10
着床　222
チャネル　41
　輸送体　42
中間径フィラメント　97, 103
　機能　115
中間嚢　80
中期　167
中心体　18, 97, 101, 165
中性脂肪　12
中胚葉　223
チューブリン　101
調節性エキソサイトーシス　52
チロシン　3
チロシンキナーゼ　194, 195
チロシンキナーゼ会合型受容体　137

ツ

ツェルヴェーガー症候群　69

テ

低分子量Gタンパク質　100
低分子量GTP結合タンパク質　138
低密度リポタンパク質　51
デオキシリボ核酸　8, 26

デオキシリボヌクレオチド　10
デスミン　103
デスモソーム　115, 124
デスモプラキン　115
デスリガンド　239
デュシェンヌ型筋ジストロフィー　247
テーリン　144
デルタ–ノッチシグナル系　126
デルマタン硫酸　150
テロメラーゼ　157, 209
電位依存性チャネル　45
電気化学的勾配　44
電気化学的ポテンシャル差　44
転座　249
電子顕微鏡　16
転写　11, 17
転写因子　142
D型遺伝子　248
Dボックス　173
DCCがん抑制遺伝子　207
DHP受容体　79
DNA
　組換え　161
　修復　159
　損傷　159
　損傷チェックポイント　178
　乗換え　162
　複製　153
　複製に関わる酵素　154
　メチル化　230
DNA依存性DNAポリメラーゼ　155
DNA合成阻害薬　158, 209
DNA鎖
　構造　9
DNAジャイレース　153, 154
DNA分解酵素　239
DNAポリメラーゼ　152, 154, 155
DNA未複製チェックポイント　179
DNAリガーゼ　154
T細胞　238
TNF受容体–NFκB経路

142
TNFレセプター関連デスドメインタンパク質　239

ト

糖衣　38
動原体　113
動原体微小管　166
糖脂質　8, 30, 31
糖質　5
糖タンパク質　8
ドキソルビシン　158
独立の法則　246
ドコサヘキサエン酸　12
ドセタキセル　113
突然変異　248
トポイソメラーゼ　153
トポイソメラーゼ阻害剤　209
トラスツズマブ　211, 213
トランスコロン　73
トランスデューサー　129
トランス嚢　80
トランスポーター　41
トランス網　80
トリアシルグリセロール　12, 30
　構造　13
トリオース　5
トリカルボン酸回路　61
ドリコール　77
トリソミー　219, 249
トリプトファン　3
トレオニン　3
トロポニン　109
トロポニンC　109
トロポミオシン　107

ナ

内細胞塊　222
内胚葉　223
内分泌伝達　128
内膜　62
　酸化的リン酸化　64
　透過　65
7回膜貫通型受容体　130

軟骨組織　22

ニ

2価染色体　218
2型アルデヒド脱水素酵素　248
ニコチン性アセチルコリン受容体　45
二次構造　4
二次性能動輸送　44, 48
二次リソソーム　88
ニッチ　232, 233
二糖
　構造　7

ヌ

乳がん　197, 204, 213
ニューロフィラメント　103
ニューロン　25, 127
ヌクレオシド　8
ヌクレオソーム　58, 59, 182, 183
ヌクレオソームコア　183
ヌクレオチド　8
ヌクレオポリン　56

ネ

ネクローシス　236
熱ショックエレメント　93
熱ショックタンパク質　92
熱ショック転写因子　92

ノ

能動輸送
　分類　44

ハ

肺がん　211
配偶子形成　220
胚細胞腫瘍　216
胚性幹細胞　233
胚葉　222
パキシリン　144

バーキットリンパ腫　206
パクリタキセル　113
破骨細胞　24
発がん
　メカニズム　191
パピローマウイルス　205
パラクリン伝達　128
バリン　3
パルミチン酸　12
パルミトオレイン酸　12
伴性遺伝　247
ハンチンチンタンパク質　93
ハンチントン舞踏病　93
バンド3　104
バンド4.1　104
半保存的複製　153
Harvey肉腫ウイルス　191

ヒ

ヒアルロン酸　150
光回復酵素　160
非還元末端　8
非極性中性アミノ酸　3
微絨毛　105
微小管　97, 101
　機能　112
　伸長と短縮　102
微小管結合タンパク質　103
微小管重合中心　101
微小管阻害薬　209
ヒスチジン　3
ヒストン　57, 58, 183
　メチル化　230
ヒストンコア　59
ヒストンテイル　230
ヒストンH1　183
ヒトパピローマウイルス　204
ヒト免疫不全ウイルス　204, 207
ヒドロキシアミノ酸　3
ビトロネクチン　148
ヒトT細胞白血病ウイルス　204, 206
被覆タンパク質複合体I　83
被覆タンパク質複合体II　83
ピノサイトーシス　50

肥満細胞　24
ビメンチン　103
百日咳菌毒素　132
ピラノース　6
ピリミジン　9
ピリミジン塩基　10
ビンキュリン　144
ビンクリスチン　113
ビンブラスチン　113
B型肝炎ウイルス　204, 205
Bcl-2ファミリー　241
Bcr-Abl阻害薬　211
*p53*遺伝子　207
P糖タンパク質　48
PDGF受容体　197
PDGF受容体遺伝子　195
Ph染色体　195
PI3キナーゼ　139, 197
PI3K/Akt経路　194
*PTEN*がん抑制遺伝子　203

フ

ファゴサイトーシス　50
ファゴソーム　50
フィブロネクチン　147
フィラデルフィア染色体　195
フェニルアラニン　3
フェニルケトン尿症　245
フォーカルアドヒージョン　105, 143, 144
フォーカルアドヒージョンキナーゼ　144
フォーカルコンタクト　105
フォドリン　105
フォールディング　90
孵化　222
不完全優性　245
複合糖質　5, 8
副腎白質ジストロフィー　69
複製　17
複製起点　153, 154
複製フォーク　153, 154
藤浪鑑　186
藤浪肉腫ウイルス　186
物質代謝能　1
物質輸送

分類　42
不飽和脂肪酸　12
プライマー　155
プライマーゼ　154
プラスマローゲン　13
フラノース　6
プリオンタンパク質　93
フリーズフラクチャー法　34
フリッパーゼ　33
フリップフロップ　33
プリン　9
プリン塩基　10
フルクトース
　環状構造　7
D-フルクトース　6
不連続複製　155
プログラム細胞死　237
プロコラーゲン　146
プロタミン　220
26S プロテアソーム　94
プロテアソーム阻害剤　95
プロテインキナーゼ　130
プロテインキナーゼA　133
プロテインキナーゼB　139
プロテインキナーゼC　134
プロテインホスファターゼ　130
プロテオグリカン　8, 82, 149, 150
プロフィラメント　104
プロリン　3
分化　225
分子間相互作用　5
分子シャペロン　74, 90
分子標的薬　209, 210
分泌小胞　81
分泌タンパク質
　合成　73, 74
分離の法則　244
分裂期　164
Prader-Willi 症候群　249
VEGF 受容体　213

ヘ

平滑筋
　収縮機構　110
平滑筋組織　25
ヘキソース　5
ヘテロクロマチン　54, 184
ヘテロ三量体 G タンパク質　130
ベバシズマブ　213
ヘパラン硫酸　150
ヘパリン　150
ペプチド結合　2
ヘミデスモソーム　115, 143
ヘリカーゼ　153, 154
ヘリコバクター・ピロリ　204, 207
ペルオキシソーム
　機能　67
　形態　67
ペルオキシソーム病　69
変異型 EGF 受容体　212
ペントース　5
鞭毛　114
βアミロイドタンパク質　93
β酸化　69
βシート　4, 36
βストランド　4
βバレル　36
β-ヒドロキシ-b-メチルグルタリル CoA　71
PEX 遺伝子　69

ホ

芳香族アミノ酸　3
紡錘糸　113
紡錘体極　165
紡錘体集合チェックポイント　179
飽和脂肪酸　12
ホスファチジルイノシトール　13, 31, 32
ホスファチジルイノシトール-4,5-二リン酸　133
ホスファチジルエタノールアミン　13, 31, 32
ホスファチジルグリセロール　13
ホスファチジルコリン　13, 31, 32
ホスファチジルセリン　12, 13, 31, 32
ホスファチジン酸　13
ホスホコリン　14
ホスホジエステラーゼ　135
ホスホジエステル結合　10
3′, 5′-ホスホジエステル結合　10
ホスホリパーゼC　133
ホメオティック遺伝子　228
ポリン　63
ボルテゾミブ　95
ホルモン　128
ポンプATPase　44
ポンペ病　89
翻訳　11, 17

マ

マイクロフィラメント　97
膜
　非対称性　37
　物質輸送　40
膜間腔　63
　機能　63
膜タンパク質
　合成　75
　構造　36
　細胞膜（生体膜）への結合様式　35
膜動輸送　49
膜輸送タンパク質　41
マクロファージ　24
マトリックス　65
マルトース　7
マンゴルト　225
慢性骨髄性白血病　195, 196, 211
慢性骨髄単球性白血病　197
慢性進行性外眼麻痺症候群　66
マンノース　77
D-マンノース　6
MAP キナーゼ　138
MAP キナーゼカスケード　138, 139, 194

ミ

ミオシン　107

ミオシン軽鎖
　　リン酸化　　110
ミオシン軽鎖キナーゼ　　111
ミクログリア　　26
ミスセンス変異　　192
密着結合　　121, 123
ミトコンドリア
　　起源　　61
　　構造　　62, 63
　　分裂と融合　　61
ミトコンドリア脳筋症・乳酸アシドーシス・脳卒中様症候群　　66
ミトコンドリア病　　66
ミリスチン酸　　12

ム

ムコ多糖症　　89
無糸分裂　　152

メ

メチオニン　　3
1-メチルアデニン　　176
メチルCpG結合タンパク質　　230
免疫グロブリンスーパーファミリー　　119, 120
メンデルの遺伝法則　　244

モ

網膜芽細胞腫　　201
モータータンパク質　　112
モノソミー　　219, 249

ヤ

ヤヌスキナーゼ　　137
山際勝三郎　　186

ユ

有糸分裂　　113, 152, 162, 163, 165

優性　　245
有性生殖　　215
優性の法則　　244
誘導　　226
ユークロマチン　　54, 184
輸送小胞　　78
輸送体　　41, 42
ユニポート　　44
ユビキチン　　95
ユビキチン化　　94
ユビキチン活性化酵素　　95
ユビキチン結合酵素　　95
ユビキチン・プロテアソームシステム　　94
ユビキチンリガーゼ　　177
ユビキチンリガーゼE3　　95
ユビキノール-シトクロムcオキシドレダクターゼ　　65

ヨ

葉状仮足　　106
葉緑体　　18, 29
四次構造　　4

ラ

ラウス　　186
ラウス肉腫ウイルス　　186, 189
ラウリル酸　　12
ラギング鎖　　155
ラクトース　　7
ラミニン　　148
ラミン　　103
卵巣がん　　197
Rabタンパク　　83
ras遺伝子　　197
Rasシグナル伝達経路　　138

リ

リアノジン受容体　　79
リガンド　　128, 197
リガンド依存性チャネル　　45
リコンビナーゼ　　162
リシン　　3

リソソーム　　28, 81, 87
リソソーム・オートファジー　　94
リソソーム病　　89
リツキシマブ　　213
リーディング鎖　　155
リノール酸　　12
リフォールディング　　92
D-リブロース　　6
リボ核酸　　8
D-リボース　　6
リボソーム　　27, 70
リポソーム　　30
リボソームRNA　　27
リボヌクレオチド　　10
流動モザイクモデル　　30, 32
両親媒性物質　　30
緑葉ペルオキシソーム　　68
リンカーDNA　　59, 183
臨界期　　224
リン脂質　　29, 71
　　基本構造　　29
リンパ　　24

レ

レクチン　　39
レチノイン酸　　141
劣性　　245
レトロウイルス　　189
レプリコン　　154
連鎖　　246
Ret受容体　　196

ロ

ロイシン　　3
老化　　235
六炭糖　　5, 6
Rhoキナーゼ　　111
Rhoファミリー　　100, 104

ワ

Watson-Crick塩基対　　10

外国語索引

A

α-amino acid 2
ABC transporter 44
acetyl-coenzyme A 64
acrosome reaction 221
actin-binding protein 100
actin filament 97
actinomycin D 158
active transport 44
actomyosin 108
adenylate cyclase 132
adherens junction 105, 122
adipocyte 24
ADP 65
Akt 139
alanine 3
alcohol dehydrogenase 68
aldose 5
Alfred G. Knudoson 201
ALL 195, 211
Alzheimer's disease 113
amino acid 2
amphiphile 30
anaphase 167
anaphase-promoting complex/cyclosome 177
ankyrin 104
anterograde transport 78
antiport 44
APC 207
APC/C 177
apoptosis 236
aquaporin 41
archaea 17
ARF 84
arginine 3
asparagine 3
aspartic acid 3
ATG 88
atomic force microscope 16
ATP 65
ATPase 100
autocrine 128
autophagosome 88
autophagy 88
autophagy-related gene 88
axon 25

B

band 3 104
band 4.1 104
β-barrel 36
basal lamina 148
basement membrane 22
Bcl-2 homology 241
Bcr-Abl 195, 211
bevacizumab 213
biomembrane 29
Bip 92
blood 24
bone tissue 24
bortezomib 95
BRCA1 204
BRCA2 204

C

Ca^{2+}-ATPase 78
CAD 239
cadherin 105, 118
cagA 207
calcineurin 135
calmodulin 111, 134
calnexin 77
calreticulin 77
cAMP 132
cantral dogma 16
capacitation 221
carbohydrate 5
cardiac muscle 25
cardiolipin 62
cartilage tissue 22
CAS 57
caspase 239
caspase activated DNase 239
caveolae 40
caveolin 40
CD20 213
Cdk 172, 176
cell 15
cell cortex 104
cell cycle 164
cell cycle engine 173
cell membrane 26
cellular *oncogene* 192
cell wall 28
centrosome 18, 97, 101
ceramide 71
cetuximab 212
cGMP 135
channel 41
Chemical evolution theory 16
CHIP 93
chloroplast 18, 29
cholesterol 15, 32, 71
chromatin 54, 57
chromatin remodeling complex 58
cilium 114
cisplatin 158
citric acid cycle 61
CKI 174
clathrin 51, 83
clathrin coated pit 51
clathrin coated vesicle 51
CML 195, 211
c-*myc* 199, 206
coacervate 16
Coacervate theory 16
coat protein Ⅰ 83
coat protein Ⅱ 83
collagen 145
complex carbohydrate 5
c-*onc* 192
connective tissue 22
constitutive exocytosis 52
contact inhibition 126
contractile ring 111
COP Ⅰ 83
COP Ⅱ 83

外国語索引

core histone   183
cotransport   44
countertransport   44
CPEO   66
c-ret   196
cristae   63
C-terminus of Hsc-70-interacting protein   93
cyclic AMP dependent protein kinase   133
cyclic GMP dependent protein kinase   135
cyclin   172
cyclin-dependent kinase   172, 176
cyclin-dependent kinase inhibitor   174
CYP   71
cysteine   3
cytochrome *c*   64
cytochrome P450   71
cytokinesis   162, 165, 168
cytoplasm   53
cytosis   50
cytoskelton   97
cytosol   28, 53

D

DAG   134
dendrite   25
deoxyribonucleic acid   8, 26
desmin   103
desmoplakin   115
desmosome   115, 124
diacylglycerol   134
differentiation   225
discontinuous replication   155
dislocation   74
disulfide bond   72
DNA   8, 26
dolichol   77
doxorubicin   158
dynamin   84
dynein   113
dystrophin   105

E

ectoderm   223
effector   129
elastin   147
electrochemical gradient   44
electrochemical potential difference   44
electron microscope   16
embryonic stem cells   233
endocytosis   50, 88
endoderm   223
endoplasmic reticulum   28, 70
endoplasmic reticulum-associated degradation   93
endoplasmic reticulum stress   93
endoplasmic reticulum stress response   93
endosome   50
epidermal growth factor   197
epidermolysis bullosa hereditaria simplex   115
epigenetics   59, 229
epithelial tissue   22
epithelium   22
ERAD   93
ERK   138
erlotinib   212
ER stress   93
euchromatin   184
eukaryote   17, 26
exocytosis   50, 81
exportin 1   57
external nuclear envelope   55
extracellular matrix   22, 82
extracellular signal-regulated kinase   138

F

facilitated diffusion   43
FADD   239
FADH$_2$ 64
FAK   144

Fas-associated death domain protein   239
fatty acid   12
fibroblast   24
fibronectin   147
fibrous actin   100
filamentous actin   100
filopodium   106
flagellum   114
flip flop   33
fluid mosaic model   32
fluorescence microscope   16
focal adhesion   105, 144
focal adhesion kinase   144
focal contact   105
fodrin   105
furanose   6

G

GAG   82, 149
galactocerebroside   32
Gap 1   164
gap junction   124
gefitinib   211
glial cell   25
globular actin   99
glucocerebroside   32
glucose transporter   46
GLUT   46
glutamic acid   3
glutamine   3
glyceroglycolipid   13
glycerolipid   15
glycerophospholipid   12, 29, 71
glycine   3
glycocalyx   38
glycolipid   30
glycosaminoglycan   82, 149
glycosphingolipid   15, 71
glycosylphosphatidylinositol   36
Golgi body   28, 79
GPCR   130
GPI   36
GPI anchor   36
G protein   82

G-protein-coupled receptor 130
GTP-binding protein 82

H

haching 222
heat shock protein 92
α-helix 4, 36, 75
hemidesmosome 115, 143
HER2 213
heterochromatin 184
hexose 5
histidine 3
histone 57
H^+,K^+-ATPase 48
HMG-CoA 71
HMG-CoA reductase 71
hormone 128
HSE 93
HSF 93
HSP 92
Hsp70/Hsc70 92
human ErbB2 213
β-hydoroxy-β-methylglutaryl-CoA 71

I

I-CAM 120
imatinib 211
importin 57
induced pluripotent stem cell 199, 234
induction 226
inner cell mass 222
inositol 1,4,5-trisphosphate 79, 134
integrin 105, 115, 119
intercellular adhesion molecule 120
intermediate filament 97
intermembrane space 63
internal nuclear envelope 55
interphase 164, 170
ion channel 45
IP$_3$ 79, 134
isoleucine 3

J

JAK 137
Janus kinase 137

K

Kartagener syndrome 115
Kearns-Sayre syndrome 66
keratin 103
ketose 6
kinesin 112
kinetochore 113

L

lagging strand 155
lamelipodium 106
lamin 103
laminin 148
late endosome 81
LDL 52
leading strand 155
leucine 3
ligand 128
ligand-gated channel 45
light microscope 16
lipid 11
lipid bilayer 16, 30
lipid raft 39
low density lipoprotein 51
lymph 24
lysine 3
lysosome 28, 87
lysosome disease 89

M

macrophage 24
Mangold, Hilde 225
mast cell 24
MBD 230
meiosis 162, 217
MEK 138
MELAS 66
membrane transport protein 41

MEOS 68
MERRF 66
mesoderm 223
metaphase 167
methionine 3
1-methyladenine 176
microfilament 97
microscope 15
microsomal ethanol oxidizing system 68
microtuble orgamizing center 101
microtubule 97
microtubule-associated protein 103
microvillus 105
mitochondria 28, 61
mitochondrion 18
mitogen activated protein kinase 138
mitosis 163, 165
mitotic phase 164
molecular chaperone 74, 90
monosaccharide 5
motor protein 112
MPF 177
M phase 164
M-phase promoting factor 177
mtHsp70 92
MTOC 101
multidrug transporter 48
muscle cell 24
muscle fiber 24
muscular dystrophy 105
muscular tissue 22
Myc 199
myelin sheath 26
myosin 107
myosin light chain kinase 111

N

Na$^+$ channel 45
NADH 64
Na$^+$-glucose cotransporter 48

Na$^+$,K$^+$-ATPase　47
Na$^+$-K$^+$ pump　47
N-CAM　120
NEM　86
NEM-sensitive factor　85
nerosis　236
nervous tissue　22
neural cell adhesion molecule　120
neurofibromatosis type I　203
neurofilament　103
neuron　25, 127
neurotransmitter　26
neurotrophin　238
NF1　203
NF-κB　142
niche　233
nicotinamide adenine dinucleotide　64
nicotinic acetylcholine receptor　45
NOS　135
NO synthase　135
NSF　85
nuclear lamina　55, 116
nuclear membrane　26
nuclear pore　55
nuclear pore complex　55
nucleic acid　8
nucleoid　26
nucleoplasm　54
nucleoporin　56
nucleoside　8
nucleosome　58, 183
nucleosome core　183
nucleotide　8
nucleus　26, 54

O

Okazaki fragment　155
oligosaccharide　5
oligosaccharyl transferase　77
oncogene　189, 192
organ　21
organelle　18, 26, 53

organizer　226
osteoblast　24
osteoclast　24
osteocyte　24

P

p53　178, 202, 206, 241
paracrine　128
passive transport　43
PDI　74
pentose　5
perinuclear space　55
peroxisome　67
Peyton P. Rous　186
PGC　217
P-glycoprotein　48
phagocytosis　50
phagosome　50
phenylalanine　3
phosphatidylcholine　32
phosphatidylethanolamine　32
phosphatidylinositol　32
phosphatidylinositol-4,5-bisphosphate　133
phosphatidylinositol-3,4,5-trisphosphate　139
phosphatidylserine　32
phospholipase C　133
phospholipid　29, 71
photolyase　160
PI3 kinase　139
pinocytosis　50
PIP$_2$　133
PIP$_3$　139
PKA　133
PKB　139
PKC　134
PKG　135
plasma membrane　26
platelet-derived growth factor　197
PLC　133
polarity　100
polysaccharide　5
porin　63
primary active transport　44

primary structure　4
primodial germ cell　217
prokaryote　17, 26
proline　3
prometaphase　165
prophase　165
protein　2
protein disulfide isomerase　74
protein kinase　130
protein kinase A　133
protein kinase C　134
protein kinase G　135
protein phosphatase　130
proteoglycan　82, 149
protone pump　48
proto-oncogene　192
PS-341　95
PTB　137
PTEN　203
pump ATPase　44
pyranose　6

Q

quaternary structure　4

R

Rab protein　83
Raf　197
Ran　57
Ras　138, 194, 197, 212
Ras-related nuclear protein　57
Rb　201
receptor　128
receptor-dependent endocytosis　51
receptor interacting protein　239
receptor tyrosine kinase　136
regulated exocytosis　52
replication　17
replication fork　153
replicon　154
restriction point　170
retinoblastoma　201

retrograde transport　　78
Rho kinase　　111
ribonucleic acid　　8
ribosomal RNA　　27
ribosome　　27, 70
RIP　　239
rituximab　　213
RNA　　8
rough-surfaced endoplasmic reticulum　　70
rRNA　　27
RTK　　136

S

sarcomere　　109
sarcoplasmic reticulum　　79
Schwann cell　　26
secondary active transport　　44
secondary structure　　4
second messenger　　129
secretory vesicle　　81
selectin　　121
semiconservative replication　　153
Ser1　　85
serine　　3
SH2　　137
β-sheet　　4, 36
signal recognition particle　　73
signal sequence　　72
signal transducers and activators of transcription　　139
signal transduction　　125, 181
simple diffusion　　43
single nucleotide polymorphism　　248
skeletal muscle　　25
Smad　　141, 204
smooth muscle tissue　　25
smooth-surfaced endoplasmic reticulum　　70
SNAP-25　　85
α-SNAP　　85
SNARE　　83, 85
SNP　　248

sodium-proton exchanger　　49
soluble NSF attachment protein　　85
somatic cell division　　162
somatic stem cell　　231
sorafenib　　213
spectrin　　104
Spermann, Hans　　225
sphingolipid　　15
sphingomyelin　　15, 32, 71
sphingophospholipid　　15
spindle fiber　　113
SR　　79
src　　189, 195
SRP　　73
STAT　　139
stem cell　　231
steroid　　15
sterol　　30
β-strand　　4
stress fiber　　105
stress-gated channel　　45
striated muscle tissue　　24
striation　　24
sunitinib　　213
supporting tissue　　22
symport　　44
synapse　　26
synapsis　　218
synthesis phase　　164, 170

T

tau　　103
TdT　　240
TdT-mediated dUTP-biotin nick end labeling　　240
telophase　　167
terminal deoxynucleotidyl transferase　　240
tertiary structure　　4
TGF-β　　141, 204, 207
thermal cycler　　17
threonine　　3
tight junction　　121
tissue　　21
TNF receptor-associated death domain　　239
TRADD　　239
transcription　　17
transducer　　129
transforming growth factor-β　　141
translation　　17
translocon　　73
transporter　　41
transport vesicle　　78
trastuzumab　　213
triacylglycerol　　12, 30
tricarboxylic acid cycle　　61
triose　　5
tropomyosin　　107
troponin　　109
troponin C　　109
tryptophan　　3
t-SNARE　　85
tubulin　　101
TUNEL　　240
two hit theory　　201
tyrosine　　3

U

ubiquitin-proteasome system　　94
uniport　　44
UPS　　94

V

vacuole　　29
valine　　3
VAMP　　85
vascular cell adhesion molecule　　120
V-CAM　　120
VDAC　　240
VEGF　　213
Velcade　　95
vesicle　　32
vesicle-associated membrane protein　　85
vesicular endothelial growth factor　　213
vesicular transport　　80

vimentin 103
viral *oncogene* 192
vitronectin 148
voltage-dependent anion channel 240
voltage-gated channel 45
v-*onc* 192
v-SNARE 85

Z

Zellweger syndrome 69